绿学·从原点到未来
郭因研究文选

安徽省艺术研究院　编　　李春荣　主编

张莹　常务副主编　　吴衍发　冯冬　副主编

时代出版传媒股份有限公司
安徽文艺出版社

图书在版编目（CIP）数据

绿学·从原点到未来：郭因研究文选/安徽省艺术研究院编；李春荣主编. —合肥：安徽文艺出版社，2023.8
ISBN 978-7-5396-7579-4

Ⅰ. ①绿… Ⅱ. ①安… ②李… Ⅲ. ①美学思想—中国—文集 Ⅳ. ①B83-53

中国版本图书馆CIP数据核字(2022)第201701号

出 版 人：姚 巍
责任编辑：秦知逸　　　　　　　　装帧设计：徐 睿

出版发行：安徽文艺出版社　　　www.awpub.com
地　　址：合肥市翡翠路1118号　邮政编码：230071
营 销 部：(0551)63533889
印　　制：安徽联众印刷有限公司　(0551)65661327

开本：710×1010　1/16　印张：25.5　字数：350千字
版次：2023年8月第1版
印次：2023年8月第1次印刷
定价：98.00元

(如发现印装质量问题，影响阅读，请与出版社联系调换)
版权所有，侵权必究

在郭因学术思想研讨会上的致辞(代序)

李春荣

尊敬的郭因先生,各位领导、各位来宾,同志们、朋友们:

大家上午好!今天群贤毕至,齐聚一堂,为当代著名的美学家、美术史论家郭因先生举行其学术思想研讨会。作为郭因先生工作单位的主要负责人,我谨代表安徽省艺术研究院向大会的召开表示热烈的祝贺,向研讨会的主办方安徽省美学学会、承办方合肥滨湖集团、协办方安徽财经大学艺术学院表示崇高的敬意,向各位嘉宾的到来表示衷心的感谢!

首先,我想谈谈我所认识的郭因先生。郭因先生是我们的楷模,是大家的精神导师。我认识郭因先生的时间几乎与我在单位的工龄等长。1990年夏天我从上海戏剧学院毕业,分配至安徽省艺术研究所工作,刚到单位不久就被我的校友、学长蒋寄梦先生领着去拜见了大名鼎鼎的郭因先生。初见郭因先生,只觉着先生温文尔雅、风趣健谈,对年轻人谆谆教诲、关爱有加。从此,我便被郭因先生领入"绿学会"的工作轨道上,陆续参与了《绿潮》编辑部及绿色文学社的工作,并与郭因先生的女儿胡迟成了工作伙伴和好友。后来因为担任单位负责人,又多次陪同省委宣传部、省委统战部、省文化厅等各级领导看望、慰问郭因先生。由此30多年来,作为晚生后学的我便认识了为人、为文犹如灯塔般存在的郭因先生。我惊奇地发现,在郭因先生的周围总是围绕着、聚拢着一茬又一茬的年轻学人,大家就像卫星般自发地围绕着先生交流探讨、俯拾仰取,收获满满。今天在座的和不在座的安徽文化艺术及美学界的几代学人皆与郭因先生有着长期的联络和深厚的友谊。另一方面,我想这也许就是郭因先生保持思维敏捷、与时俱进、精神不老的法宝之一吧。

郭因先生是当代中国著名美学家、绿色美学首倡者。1998年,时任安徽省副省长的汪洋同志评价郭因先生:"其首倡的绿色文化与绿色美学理论,以天人之间、人际之间、人的身心之间的三大和谐为核心,独树一帜,自成一家,在国内外引起了广泛的注意和研究。同时,绿色理论坚持来源于现实生活,贴近于现实生活,服务于现实生活,为我省可持续发展战略的实施和城镇规划等提供了重要的指导和借鉴。经过十多年的丰富和发展,郭因美学理论已成为安徽文化资源和精神财富的一部分,为我省的两个文明建设做出了重要贡献。"

不仅如此,郭因绿色美学思想还是当代中国美学思想不可或缺的组成部分。郭因继承了蔡元培、朱光潜、宗白华等人所开创的中国美学传统,并从人道主义与人文主义的维度将它大大推进。郭因先生对人类的生存与发展,对民族的现在与未来,对个体的真化、善化和美化表现出浓郁的人道主义情怀与强烈的人文关怀,其情之真、之切,感人之至。

有学者认为,郭因先生努力将马克思主义哲学与美学中国化,将中国传统哲学与美学现代化,将外来哲学与美学民族化,并将它们融通乃至融合起来,建构起新的美学理论体系。郭因的绿色美学理论准确勾画出了中国社会转型期人们的审美视野与期待、审美理想与追求,反映了人们审美活动的心路历程。他的绿色美学和作为新时期主流派的实践派美学并行不悖、优势互补。我深表赞同!如今,绿色美学正从"边缘"逐渐走向"中心",得到越来越广泛的认同,"奔红色革命目标,走绿色发展道路"正成为全社会的共识。

陈望衡先生在谈论世纪之交的美学走向时指出:"美学的生长点一方面在人与自然的关系上,另一方面又在人与社会的关系上。"他认为:"美学的基本问题是建构更适合人类生存、发展的生活方式。诚然,这也是所有学科的基本问题。我们不能回避这一基本问题。"然而,郭因先生早在20世纪80年代初就率先提出建构人与自然、人与社会以及人自身的统一、和谐,即"三大和谐"理论。他的绿色文化与绿色美学充分体现了当代人对生态平衡、人态平衡、心态平衡的一种理想化追求和审美化期待。我相信,初创于改革开放历史转型期、成熟于新时期的郭因美学思想必将在当代中国发挥着越来越重要的作用。

今天来参加郭因先生学术思想研讨会我非常高兴,但是,我也很遗憾且自责。郭因先生与时白林、陆洪非等先生一起,是安徽省艺术研究院功勋卓著、德艺双馨的老一代艺术家代表,但由于单位性质所限及缺乏相关人才,我们对郭因先生美学思想的研究、宣传做得很不够。我们将以今天这个研讨会为契机、为起点,强化对郭因先生学术思想的深入研究,并将他的美学思想广泛传播,从而为新时代美好安徽、美好中国建设尽一份力量。

最后,衷心祝愿郭因先生健康长寿!祝愿郭因美学思想之树长青!祝愿本次郭因学术思想研讨会圆满成功!谢谢大家!

二〇二一年十一月二十日

目　录

郭因绿色美学思想研究

从绿色的原点走向绿色的未来
　　——写在《郭因美学理论研究》前面 / 何迈 003
郭因的人文关怀与绿色美学建构及其当代意义 / 陈祥明 018
天下和谐：郭因学术思想的根本追求 / 余秉颐 034
郭因学术思想的"大处"和"小处" / 钱念孙 040
走向未来的绿色文化 / 陈桂棣 046
从美学到绿学
　　——郭因学术思想的演化 / 洪咸友 051
郭老与朱光潜研究 / 宛小平 054
"道中庸"而"致中和"
　　——对郭因美学思想的理论轴心的诠释 / 刘承华 059
郭因对中国当代美学的贡献 / 孙显元 068
美学无妨大
　　——郭因"大美学"小议 / 汪裕雄 080
郭因绿色美学理论的哲学根源 / 王明居 085
圆圈与螺旋
　　——从"和谐"的演变观照绿学派的"和谐观" / 胡迟 089
论郭因的马克思主义绿色美学观 / 吴衍发 097

郭因及其美学的崇高美／张宪平 117

表现·境界·精神

　　——郭因治学观解读／张先贵 124

初探郭因美学思想的价值／洪树林 150

"三和两美"话绿学

　　——郭因学术思想初探／郑圣辉 163

郭因美学理论是传统美学理论的新跨越／方静 169

郭因美学研究述评与学术史反思／毛锐 179

读郭因先生的"绿色美学"有感／葛建中 197

浅论"绿色美学"的当代社会意义／林天湖 201

"和"——郭因绿色美学思想的核心／韩雪莉 206

绿色美学，红色基因

　　——郭因绿色美学与马克思主义关系论／周红兵 212

哲人的睿智　诗人的情怀

　　——小议郭因关于绘画美学的研究／刘继潮、章飚 227

读郭因先生的《山水画美学简史》／陈明哲 232

郭因美术史论研究述略／郭逍遥 235

和谐为美

　　——郭因的戏剧美学观／王长安 242

被美学家遮蔽的散文家

　　——谈郭因的散文／王达敏 252

郭因绿色美学思想与徽州文化／汪良发　方利山 260

绿色美学与徽州文化／汪振鹏 271

郭因美学思想研究综述／胡泉雨 280

郭因老，中西绘画美学比较研究的开拓者／李传玺 292

郭因绿色美学应用研究

面向现实人生的实践
　　——郭因关于技术美学的思考 / 刘捷 305
绿色美学视域下文化遗产保护与乡村文化生态建设路径研究
　　——以徽州屏山村木雕为例 / 崔杨柳 311
郭因绿色美学思想对当代美丽乡村建设的意义研究 / 刘佳音 323
生态文明视域下郭因绿色美学的当代价值 / 伍佳效 332
新文科建设如何做？
　　——基于郭因的绿色美学 / 杜海阔 338

郭因其人其文研究

郭因——人民的美学家 / 欧远方 349
绩溪两名贤
　　——也谈郭因与胡适 / 鲍义来 351
郭因与胡适——两代徽州文人的隔世情缘 / 胡跃华 362
美学大师郭因的管学情缘 / 龚武 372
郭因老的点滴印象 / 张承权 380
过阳光生活　抱明月情怀
　　——郭因先生在徽州二三事 / 吴军航 385
地球村的村民呼唤"绿色美学"
　　——读郭因《绿色文化　绿色美学》感悟 / 郭道成 393

郭因绿色美学思想研究

从绿色的原点走向绿色的未来
——写在《郭因美学理论研究》前面

何迈

> 我其实是从绿色的原点走向绿色的未来的。
>
> ——郭因

郭因先生是位在国内外享有盛誉的著名美学家。

安徽省绿色文化与绿色美学学会,就是由他亲手创立的一个颇有生气的学术团体。迄今,它已整整十岁了。

十年来,我们在郭因先生的指导下,一直本着他所倡导的一种精神在工作。这种精神就是:举一面绿色旗帜走路,当一名绿色艄公弄潮,推一块绿色巨石上山,播一把绿色种子下地。我们正是这样靠一班人的智慧和力量,为创建绿色文明而学习、而奔走、而呼唤、而奋斗的。

我们这些人为什么对"绿"如此钟情?

因为,郭因先生在《我的绿色观》中表示:

绿色,它象征着蓬勃的生机、旺盛的活力与绵延的生命;绿色,它象征着理解、宽容、善意、友爱、和平与美好。

大地失去了绿,将是一片荒凉,不再有人与自然的和谐而出现生态危机。

　　人间失去了绿，将是一派冷漠，不再有人与人的和谐而产生人态危机。

　　人心失去了绿，将是一腔乖戾，不再有人自身的和谐而萌发心态危机。

　　为此，郭因先生一直不辞劳苦、奔走呼唤："人类的根本任务，在于不断地追求人与自然、人与人、人自身的三大动态和谐"，人类应以最"先进的文明和崇高的审美理想，去建设人类的客观世界，化育人类的主观世界，从而使人类更好地生存与更好地发展"。

　　人类更好地生存和更好地发展，乃是我们绿学会所刻意追求的理想。十年来，我们绿学会所走的，正是一条以此为目标的道路，即追求三大和谐、克服三大危机、推进三大建设、美化两个世界的绿色之路。

　　所谓追求三大和谐，就是追求人与自然协调的生态和谐，人与人协调的人态和谐，人自身协调的心态和谐。

　　所谓克服三大危机，就是克服人与自然失和的生态危机，人与人失和的人态危机，人自身失和的心态危机。

　　所谓推进三大建设，就是通过物质文明建设推进人与自然之间的生态建设，通过制度文明建设推进人与人之间的人态建设，通过精神文明建设推进人自身的心态建设。

　　所谓美化两个世界，就是美化人类的客观世界和主观世界。

　　可以说，我们绿学会同人的全部努力，就是以一个"绿"字去营造一个可持续发展的生态空间、人态空间和心态空间。这个空间也就是有利于人类更好地生存和更好地发展的空间。用郭因先生的话说，就是通过"人类不懈的努力，去达到人类共同幸福、永远幸福的终极目标"。而"这个目标，在我们看来，就是马克思所说的人复归人的本质，全面发展，自由自觉劳动创造，各尽所能，按需分配，人与人、人与自然对立冲突根本解决，人彻底自然主义，自然彻底人道主义"。

于是,郭因先生提出与倡导的"追求三大和谐,美化两个世界,走绿色道路,奔红色目标",就自然而然地成了绿学会全部活动的宗旨。这些年来,我们一直在为之进行一系列的理论探索,同时还在进行一系列具体的社会实践活动,并且取得了一系列看得见、摸得着的成就。而这些成就的取得,当然是与郭因先生的理论研究与实践活动分不开的。

绿学会的思想、理论与学术,都是起源于郭因先生的。他思维之敏捷、思想之超前、见解之深邃、理论之成熟、著作之丰厚、治学之严谨、为人之风采,可说是绿学会赖以创立与发展的基石。绿学会的昨天、今天和明天,实际上就是郭因先生前天、昨天和今天的延伸。

为了进一步强化绿学会的理论建设,深化绿学会的理论研究,提高绿学会的理论水平,扩大绿学会的理论辐射力,我们特于绿学会创建十周年之际,郑重而又审慎地提出并组织开展"郭因美学理论研究"这一专题学术活动。这一学术活动提出以后,立刻得到绿学会同人的赞许、支持和参与,得到中国科技大学、合肥工业大学、安徽大学、安徽师范大学、安徽农业大学、安徽医科大学等院校有关领导和学者的赞许、支持和参与,得到省哲学、美学、文学、艺术学、医学、生态学、环境学、新闻学等各界朋友和省里有关部门的领导同志的赞许、支持与参与。尤其值得一提的是,这一活动一开始就得到了安徽省社会科学界联合会的大力支持和具体帮助。

我们特别感谢张爱萍同志对我们绿色事业的一贯支持,这次在盛暑之日,张爱萍同志在身体欠佳的情况下,仍欣然提笔为《郭因美学理论研究》热情题签。

郭因先生是位众望所归的美学家。他的美学理论确实具有理论价值和实践价值。几十年来,他先后出版的专著有:《艺廊思絮》《中国绘画美学史稿》《中国古典绘画美学中的形神论》《审美试步》《中国古典绘画美学》《先秦至宋绘画美学》《元明绘画美学》《中国近代绘画美学》《山水美与绘画》,以及《绿色文化与绿色美学通论》(合著)、《美学家朱光潜》、《绿色美学的崛起》(合著)等十多部著作。与此同时,他先后在《人民日报》《光明日报》《大公报》《解放日报》《文汇报》《中国文化报》《人民政协报》《安徽日报》《当代》《美学》《美术》《诗刊》《文艺研究》《中国哲学》《社会科学战线》《读书》《书林》《博览群书》《群言》《艺术研究》《文艺评论》《北方文学》《新观察》《美学译林》《美学评林》《美学述林》《江淮论坛》《学术界》《戏剧界》《艺术界》《艺谭》和《当代》(台湾)、《收藏天地》(香港)、《中国和世界》(香港)及多所大学学报上陆续发表过二百多万字的文章。其中,《艺廊思絮》曾获《当代》1979—1981年文论奖,《审美试步》曾获安徽省社会科学1978—1985年优秀成果一等奖,《当代文学的必由之路》曾获《芒种》1982年一等文学奖。《艺廊思絮》《中国绘画美学史稿》等,还被收入《中国名著大辞典》。他的著作还曾被国外翻译、出版与介绍等等。

　　20世纪80年代以来,郭因先生美学思想及其理论经历了一次重大的飞跃。他从人类的根本任务出发,提出了大文化与大美学,进而提出了绿色文化与绿色美学。他既潜心从事这方面的理论研究,又从事推进城乡生态建设的社会实践。为此,他陆续撰写并在报刊上发表了《我的绿色观》《关于绿色文化、绿色美学答客问》《走绿色道路,奔红色目标》《〈中国21世纪议程〉与绿色文化、绿色美学》《呼唤绿色的明天》以及《关于绿色文化、绿色美学再答客问》等几十篇文章,宣传自己的绿色观,并得到了从中央到地方不少具有共识的领导同志、学者与群众的支持。尊重人的创造,就是尊重历史、尊重现实、尊重文明。郭因先生的所思所想、所说所著,引起了国内外有关方面的密切关注。他的简历或传记,在国内被收进《中国当代名人录》《中国当代美学家》《中国作家大辞典》《中国当代艺术家名人录》等等,在国外被英国剑桥世界传记中心收入《杰出人物》第15版、《国际思想家》第10版、《20世纪500名有影响力的杰出人物》等等。美国传记协会亦将他的传记收入《世界500名杰出人物》《有辉煌成就的社会精英》等等。

　　不仅如此,郭因先生还被英国剑桥世界传记中心邀请为终身研究员,同时也是国际人文科学学会会员、全世界500名有杰出贡献人物所组成的荣誉团体的成员。美国传记协会亦邀请他加入其研究学会,成为其研究学会的终身会员。

除此之外,他还曾被国际美学委员会及加拿大美学委员会邀请参加1984年在蒙特利尔举行的第10届国际美学会议,被英国剑桥国际传记中心、美国传记协会联合邀请分别参加于1992年和1993年举行的第19届和第20届世界艺术交流大会。但由于缺乏资助未能成行,未能代表中国、代表安徽、代表绿学会在世界艺术与美学舞台上发表中国人关于艺术美学与绿色美学的演说。而世界各国艺术家和美学家,亦因此而没有听到来自中国的这一位美学家的声音,没有听到由郭因先生首创的绿色美学的声音。对于这一点,至今每每想起,还不免使人感到遗憾。

郭因先生是安徽绩溪人。

绩溪的那一方山清水秀、人杰地灵的水土,赐予了郭因先生爱绿如命的天赋,养育了郭因先生爱美如痴的性格。正是美,牵引着他从他家乡那个原初就存在的天然绿色小原点出发,一步一步地走进了中国传统文化那个"天人合一"的人文绿色大原点,然后又一步一步地走上了美学研究的道路。也正是美,推动着他经过艰辛而苦难的历程,逐步成长为一个有突出贡献的杰出人物,一个国际思想家,一个有影响力、有辉煌成就的社会精英,一个在国内外享有盛名的美学家,一个首倡大文化、大美学的美学家,一个绿色文化与绿色美学的开创者和奠基人。人贵有精神,文贵在创新。郭因先生的大智大勇,在于他一生爱美、求美、发掘美、研究美、宣传美、捍卫美。然而,他不同于前人和他人的地方,还在于他坚持在美学研究中,既不唯上、唯书,更不唯古或唯洋,而是唯实、唯优、唯精、唯未来、唯创新。他几十年如一日,总是以一个探索者的眼光观察世界,以一个求是者的态度研究问题,以一个跋涉者的步履往前赶路。因而,他看了人之未看,求了人之未求,说了人之未说,写了人之未写,著了人之未著。一句话,他发了人之未发。当然,他也就因此而得了人之未得。

郭因先生之所以得了人之未得,正在于他坚持"经世致用之学",杜绝"寻章摘句之学"。他无论对中国的文化、美学与哲学,还是对西方的文化、美学与哲学,都本着好学深思的精神,发掘其中的理论价值与实用价值,经过自己的思考,重新构思,重新立意,重新创作,讲自己的话,作自己的文,立自己的说。正因为如此,他终于"究天人之际,通古今之变",汇各方之学,"成一家之言"。这种治学精神与立说态度,正体现了一个大儒的大家气派。就因此,郭因先生在"一盏似豆孤灯,满窗欺人风雨"下写成的一部部著作,在苦难与幸福中写出的一篇篇文章,具有拓荒性的重要意义,填补了美学界未曾涉足的空白,作了开创性的成功的尝试。

欲知其人之识,须读其人之书。我们只要认真读一读郭因先生约二百万字的《水阔山高——我的审美跋涉》,就会惊人地发现他那扑面而来的敢于独持己见的勇气,一往直前的开拓创新的精神。这主要表现在以下各方面:

正是他,曾经用散文诗、哲理诗的形式,写出了轰动美学界、大学校园的美学著作——《艺廊思絮》。在十年浩劫的黑暗的岁月里,敢于这样把矛头直指"四人帮",非有视死如归的胆识与气魄,是无论如何创作不出那样难得的作品的。

正是他,曾经同样用散文诗、哲理诗的形式,就政治、哲学、历史、人生和文艺等方面的问题,写出了集真善美于一体的《关于真、善、美的沉思刻痕》。他不但通过此书展示了自己求真、崇善与尚美的胸怀,而且还通过此书提出许多独到而精辟的极富新意的见解,并且为人们提供了鉴别真与假、善与恶、美与丑的方案。

正是他,曾经以自度散曲为表现形式,以评论《红楼梦》等为创作内容,写出了独具一格的著作——《红楼人物咏》。他不仅通过《红楼人物咏》提出了许多独特的以古喻今、以文喻政的见解,而且还通过《红楼人物咏》展示出他特殊的审美情趣、情怀与志向,给人以一种富有诗情画意的美感启迪。

正是他,曾经创造性地写出了《中国绘画美学史稿》和山水画美学史,即《山水美与绘画》。这两部书不仅填补了美学史研究中的空白,而且为绘画界提供了提高绘画创作水平的理论武器。

正是他,曾经写出了中国古典绘画美学中形神论问题的专著,即《中国古典绘画美学中的形神论》,以灼见真知独辟蹊径,解决了长期困扰绘画界创作的"形似"与"神似"的难题。

正是他,曾经创办了中国有史以来第一份关于技术美学的刊物,引进与宣传技术美学。而《技术美学》的出版与发行,一时间有力地推进了中国技术美学的研究,在中国大地上兴起了技术美学的研究热潮。

正是他,曾经主张把美学应用于广泛的生产、生活领域,并创办了有关组织进行实践活动,一举打破了美学界的沉闷,促使美学走出书斋而走进火热的生活。

正是他,曾经提出了大文化、大美学,进而提出了绿色文化、绿色美学。这不仅第一次融合了文化与美学,而且使美学由远离生活到走进和干预了生活,从而使美学的发展获得了勃勃生机。

正是他,曾经倡导并推进生态城乡一体化与生态风景旅游区试点工程的规划与创建。这不仅显示了他的思维的现实针对性和超前性,而且给决策层和实践者提供了跨世纪的启示。

正是他,曾经提出并倡导生态食品、生态服装,以及其他生态产品的开发。这不仅在理论上给了人们以超前性的启迪,而且在实践中打开了人们勇于开发的思路。

正是他,曾经倡导发展绿色高新科技,呼吁用绿色高新科技创造绿色文明和绿色世纪,并坚信未来世纪是绿色文明高度发展的世纪。这就从客观上帮助人们坚定了创造绿色文明和绿色世纪的信念与信心。

正是他,曾经呼吁文艺界创作绿色影视剧、绿色书画等等,为创造绿色文明尽一个艺术家应尽的历史职责。这既表明了他的绿色影视观与书画观,同时又激励了影视界、书画界创作更多的绿色作品。

正是他,曾经系统地把马克思主义与人道主义、异化理论、美学联系起来进行考察、研究与阐述,旗帜鲜明地肯定马克思主义是最高的人道主义,肯定社会主义也有异化现象,肯定马克思主义的美学观点、人道主义观点、异化理论的紧密联系,肯定马克思实际上认为"在人看来是和谐的、对人来说是和谐的、人们感受是和谐的东西就是美的东西,达到了最高和谐、实现了彻底人道主义和彻底自然主义的共产主义是最高的美"。同时,他针对"技术异化"现象,提出应以"社会主义现实的人道主义,保证技术进步的人道主义化,实现社会进步与技术进步的统一"。他的题为《马克思主义·人道主义·异化理论·美学》一文,在天津全国美学会议上宣讲之后,天津美院老教授阎丽川先生对他的发言深感敬佩,叹其"有长松倒挂之奇,飞瀑横流之势",并曾就此作一山水画相赠。

而且,也正是他,曾在全国开展批判人道主义与异化理论高潮未落之时,敢冒天下之大不韪,对胡乔木《关于人道主义和异化问题》提出了十个"想不清楚的问题"。这一方面表现了他在学术上的勇气,另一方面又反映了他在政治上的胆识。

而且,也还正是他,曾经站在时代的高处,提出自己关于哲学发展及其前景的主张,认为"未来哲学应是绿色哲学",并且分别从本体论、认识论、方法论等方面,对绿色哲学进行了"点拨式"的论证,指出绿色哲学是"人类走向未来的赖以安身立命的根本观点体系"。这就给传统哲学的改革与发展,注入了绿色的活力,带来了绿色的希望,铺垫出了绿色的思路,勾画出了绿色的前景。

如此等等。

郭因先生之所以能想到、提出、倡导并实行以上诸多的"曾经",主要就因为他的大美学观、绿色美学观。通览并细究一下他的《水阔山高》,便可以从中概括出与他的大美学观、绿色美学观环环相扣的十大主要观点:

人类有一个根本任务:使人类愈来愈好地生存与发展,并且使人类日益完善与完美。

人类面临三大问题:人应该做一个什么样的人?人与人应该有一个什么样

的关系？人类应该有一个什么样的生存与发展的环境，以及人类与环境应该有一个什么样的关系？

人类须进行三个提高：提高人的自身质量；提高人际关系的质量；提高人生存环境的质量，以及人与环境关系的质量。

人类须通过三种建设去实现"三个化"：通过物质文明建设实现真理化，通过制度文明建设实现道德化，通过精神文明建设实现艺术化。

人类应该致力于优化与美化两个世界：优化与美化人类的客观世界，优化与美化人类的主观世界。

人类面临三大危机：人与自然失衡的生态危机，人与人失衡的人态危机，人自身失衡的心态危机。

人类为求克服三大危机，必须致力于追求三大动态和谐：追求人与自然的生态和谐，追求人与人的人态和谐，追求人自身的心态和谐。

人类应该有一种共同的人类精神，即"道中庸"而"致中和"，或简称"由中致和"。用现代语言来说，就是以全面协调的手段去达到整体和谐的目的。

人类应该走向一种最好的社会模式，即生态社会主义社会，或叫绿色社会主义社会。

人类需要一种有利于发扬人类精神的两结合、三兼备、三过程、两阶段的艺术。两结合是理想主义（浪漫主义）与现实主义两结合；三兼备是客体形神美、主体情思美、形式技巧美三兼备；创作三过程是从现实现象到艺术意象，再到艺术形象；创作方式两阶段是使景成意和使意成体。

郭因先生美学思想之博大精深，由此可见一斑。而其博、其大、其精与其深，正是我们所要加以研究的。

郭因先生并不是一个热衷于追求"伟大""辉煌""显赫""了得"的人，而是一个普普通通、不辞劳苦的拓荒者、开创者、建树者，当然更是一个平平常常、普普通通的寻常百姓、平民学者、平民美学家。这里，不妨听一听郭因先生自己在

《自序·艰难的步履》中表露的心声：

> 在我一生的已经逝去的岁月中，我遭受过很大很大的苦难，也享受过很大很大的幸福。正是这些苦难与幸福，促使我丝毫不顾自己的渺小，去为我所居住的这个世界和养育我的这片国土的命运，以及我所能关心的一些文化领域的问题，作了一些非常艰难的思考。

这就是说，他不论是身陷苦难的困境之中，还是身处幸福的氛围之下，他所关心与思考的问题，主要不是小我，不是个人，不是家庭，不是亲友，而是国家的命运、民族的前途、人类的生存与发展。

他的这种精神，不正是当今一个中国人所需要的吗？

郭因先生是个中国人。中国人有中国人的生活方式，中国人有中国人的感情世界，中国人有中国人的思想境界，中国人有中国人的爱与恨。郭因先生爱整个世界的文化、艺术、美学和哲学，但更爱中国的文化、艺术、美学和哲学。正因为如此，他对中国传统文化、传统艺术、传统美学与传统哲学，怀有一种"生死缠绵"的深情。尤其是对中国传统文化、传统美学和传统哲学的精髓——"以人为本""以和为贵"及"道中庸"而"致中和"的精神，更是情有独钟。

孔子说，"天地之性人为贵"，"人者，天地之心也"。孟子说，"人之所以异于禽兽者"，在于人有"良知"，有道德，有自觉心，有"自律"性。这就是说，"为仁由己，而由人乎哉"！这些"人本"观点，强调人是天地的思想器官，人是天地化育万物的参赞者，人在宇宙中处于中心地位。郭因先生正是以中国传统文化中的这个重要精髓，即"以人为本"的思想作为他建构自己美学体系的基石的。在他看来，人世间的一切活动，都是以人为出发点、为中心、为归宿的。人的价值和人的力量高于一切。郭因先生正是立足于这块基石上，观察与认识世界，研究与解决问题。他不论是著书，还是讲话，言必言人，文必言人，充分显示了"以人为本"的精神。

在人类的生活中,既然一切活动都是以人为中心的,那么只要人类活动一展开,就会涉及人与自然、人与人、人自身的三大关系。这三大关系是协调的还是失调的,直接影响到人类的生存与发展。三大关系失调则必然带来三大危机,三大关系协调则必然呈现三大和谐。郭因先生一生所追求的,就是这三大关系之间的三大和谐。

和谐是中国传统文化、传统哲学的主流。周太史伯说"和实生物","以他平他谓之和"。道家坚持认为,"万物负阴而抱阳,冲气以为和",而万物之阴阳,"和而相生"。儒家提出并倡导"君子和而不同","和而不流","和为贵","天时不如地利,地利不如人和"。这说明在古人那里,大都视"和"为贵,视"和"为生机,视"和"为生命。当然,同时也视"和"为发展、为变化。

不过,其中也有所不同。这就是:道家追求的着力点在于以"致虚守静""清静无为"等方式处理现实关系,以实现人自身、人与人、人与自然的和谐。儒家追求的着力点,则在于正心修身,力求人格的完善,并通过重伦理、施教化、尚礼义、行德政,而实现人自身、人与人、人与社会的和谐。释家追求的着力点,则在于力图以一种超然出世的态度,走进一种大彻大悟的境界,实现自我的身心和谐。中国传统文化的这三大流派,虽然各有特色,但出发点和归宿却是完全一致的,即都是致力于创造一个和谐的主客观世界。

中国所拥有的这份丰厚的文化遗产,乃是中国人引以为傲的文明。作为一个中国人,如果对中国传统文化知之甚少,甚至不懂得珍惜,不懂得继承,不懂得应用,不仅不能自立于世界民族之林,而且到头来还会深感缺乏归属感。郭因先生对自己民族的传统文化,不但爱之甚深、知之甚多,而且特别珍惜,善于对待,精于继承。无论是道家所追求的以"大和"为核心的"和",还是儒家所追求的以"中和"为核心的"和",抑或是释家所追求的以"小和"为核心的"和",他都视为中国至关重要的珍宝,即视为中国传统文化的精髓或灵魂。

在他看来,"和"是并育而不相害,"和"是并行而不相悖;"和"是相反相成,和是"相克相生";"和"是多样的统一,"和"是多元的互补,"和"是零散的整合;"和"是创造的源泉,"和"是发展的动力,"和"是安定团结的标志。当然,"和"更是人类的永恒追求。

所以,他在讲人与自然的关系时,主张"仁者以天地万物为一体",人应"下长万物,上参天地";在讲人与人的关系时,主张"仁者爱人",人与人应"和而不同";在讲人自身修养时,主张"以理节情","和而不流","穷不失义,达不离道",等等。

历史始终像一条奔腾不息的长河。它发展到今天,万事万物都发生了深刻的变化。而今,世界多元化正呼唤和谐,市场竞争化正渴望和谐,社会转型化正期待和谐,人类理性化正走向和谐,等等。郭因先生面对此情此景、此形此势,一再大声疾呼:和谐不论是对一个民族、一个国家来说,还是对一省一市、一县一乡来说,都是个重要的理论问题,是一个亟待提上议事日程与实践的问题。这就是说,人们欲实现可持续发展,就得不懈地去追求三大和谐,并应以三大和谐的理论,去克服三大危机,去推进三大建设,去美化两大世界。郭因先生正是出于对和谐的这种认识与思考,一开始就坚持以"和"为核心建立起他的美学体系的。

郭因先生说:"和谐为美,而美源于绿。"他正是从绿色的原点出发,一步步走上了美学研究的征程,经过理论美学(包括绘画美学)而到达大美学,然后又经过大美学而到达绿色美学的。绿,既是他美学征程的起点,又是他美学征程的终点。从起点到终点仿佛有所复归,然而实质上却经过了两次扬弃、两次飞跃、两次进步、两次上升和两次发展。至此,郭因先生的美学体系,便通过螺旋形上升和波浪式发展而确立了。

那么,究竟应该怎样去研究郭因美学理论呢?

在我看来,"绿"是他美学研究的起点,"人"是他美学研究的基石,"文"(化)是他美学研究的血脉,"和"是他美学研究的核心,"发"(展)是他美学研究的目的,"幸"(福)是他美学研究的终极目标。可以说,抓住了"绿色""人本""和谐""发展""幸福"这十个大字,就等于抓住了研究他美学理论的钥匙。

我们还是来看看郭因先生在《自序·艰难的步履》一文中是怎样概括他从事美学研究的思路与征程的吧:

美在哪里?
美在主客观统一。
美是什么?
美是和谐。

主客观统一,不能不和谐。
主客观不统一,主客观分裂,主客观冲突,就不会和谐。
审美主体与审美客体的统一,内容与形式的统一,内容诸因素的统一,形式诸因素的统一,继承与创新的统一,个性与共性的统一……才会有艺术作品的和谐。
小和谐寓于大和谐。
大和谐是人类这个主体和自然这个客体的和谐,个人这个个体与他人这个个体及与人群这个集体的和谐,集体与集体的和谐,个人的身与心、物质的个人与精神的个人、个人的物质需求与精神需求的和谐,身与心、物质与精神、物质需求与精神需求这两个方面各自的诸因素之间的和谐,最终是这种种和谐所构成的整体和谐。
和谐为美,而美源于绿。绿是生机,是生命,是一种共存共荣的宽容,是一种互动互助的善,是一种互渗互利的爱,是一种协调共进的和平,是一种普天同庆的欢乐。
我就这样一步步地从美学走向大美学,走向绿色美学。

我一直把美学看作帮助人们美化客观世界与主观世界的一门科学,美化就是追求和谐与实现和谐,美化就是追求与实现我所说的那种从小和谐到大和谐的整体和谐。

　　回顾过去,却原来当我在漫漫长夜中一面写《中国绘画美学史》,一面写《艺廊思絮》与《关于真善美的沉思刻痕》时,我其实就有意无意地开始了奔向大文化、大美学、绿色文化、绿色美学的征程了。我其实是从绿色的原点走向绿色的未来的。

很清楚,这就是郭因先生与众不同的美学研究的思路与征程。他一路走来,都是以人本与和谐为基石、为核心,经过理论美学(含绘画美学)与大美学的过渡,而到达了他所创造的绿色美学的。而今,他又迈开古稀之年的稳健的步履,率领着绿学会的同人向着绿色的未来走去……

我们研究郭因美学理论,不仅仅是为了强化绿学会的理论建设等等,而更重要的是要踏着郭因先生并非"浅浅的脚印"去寻找郭因,不但要寻找其人、其文、其说,而且要寻找应该向他学习的东西。在我看来,这就是:一要学习他作为一个美学家"爱我中华"的赤子之心,二要学习他作为一个美学家疾恶如仇的一身正气,三要学习他作为一个美学家临危不惧的大将风度,四要学习他作为一个美学家蔑视苦难的硬骨头精神,五要学习他作为一个美学家经世致用的治学风范,六要学习他作为一个美学家关心现实的务实态度,七要学习他作为一个美学家关注未来的不懈追求,八要学习他作为一个美学家培育青年的高尚情怀,等等。

　　总之,要学习他:学要通古知今,遍考精取;思要大、要高、要深、要远、要新;做要有政治家的胸怀、哲学家的头脑、革命家的闯劲、诗词家的才情、考据家的严谨;写要写有信念、有哲理、有诗情、有画意、有乐音的文章。一句话,"要做靠自己发光的闪电,不做只靠柴薪和风箱才燃烧得起来的炉火"(郭因语)。

诚然，只有这样，我们才能从绿色的原点出发，走出一条又宽又广的通向未来的绿色道路；只有这样，我们的绿色理论研究，才能常研常新、常出成果；也只有这样，我们的绿色队伍，才能通过"绿色世纪行"而日益壮大。

研究郭因先生的美学理论，学习郭因先生的认真做人。

作者简介：何迈，安徽省绿色文化与绿色美学学会原会长。

郭因的人文关怀与绿色美学建构及其当代意义

陈祥明

郭因美学的演进与发展有一条清晰的轨迹,即从传统美学到大美学再到绿色美学。其演进发展的内在动因是什么?其绿色美学建构及其意义是什么?本文对此试作探讨,以求教于郭因先生和读者朋友。

一、郭因美学发展的内在动因:人文关怀

我们读郭因的著述,感到有一种强烈的人道激情和深切的人文关怀。20世纪90年代初以来,人们普遍感到学术界、文学艺术界人文精神失落,同时也感到不少学者在力挽颓势,郭因便是其中之一。

笔者认为,人文精神作为一种人类文化理性精神,主要具有以下内涵:首先是"以人为本"的文化理性精神,其次是"人为万物尺度"的价值标准,再次是"现实关怀"与"终极关怀"相统一的人道情怀,最后是感性与理性、理性与非理性相统一的人性追求。[①]

郭因是一个现实感、使命感很强的学者,他关心社会,关心社会经济、政治、

---

① 参见陈祥明:《科学精神与人文精神》,载陈祥明《寻找美的家园》,合肥:安徽人民出版社,2015年版。

文化的发展,但他更关心人,关心人的现在、人的未来、人的自由而全面的发展。这种关心是非常执着的甚至是痴情的,这使他从传统美学转向大美学进而转向绿色美学。

郭因的大文化、大美学和绿色文化、绿色美学,实质上是一种以人为本位的"人本学",或以人为轴心的"人道学"。他曾如此说:"美学是人学,美神是人。"

首先,郭因主张"以人为本位"来认识自然、改造自然、利用自然,以人为中心来选择、建构、优化生存环境(包括自然环境、社会环境、文化环境等),从而使整个人类更好地生存与发展。郭因认为:"人类社会出现之后,面临千千万万的问题。而千千万万的问题,归纳起来,其实不过是三个问题:第一,人应该成为一个什么样的人。第二,人与人之间应该有一个什么样的关系。第三,人类应该有一个什么样的生存与发展的空间。人类历来所做的工作千千万万,而归纳起来,不过是致力于三个提高:第一,人自身质量的提高。第二,人际关系质量的提高。第三,人类生存与发展空间的质量的提高。"[1]而"解决三大问题,致力三个提高,目的可以归纳为一个:使整个人类更好地生存与发展"[2]。

其次,郭因主张"以人为尺度"来建设人类物质的家园与精神的家园,使人能够诗意地栖居与生活。按照马克思的观念,"自由自觉的活动恰恰就是人的类的特性"[3],并且"人也按照美的规律来塑造物体"[4]。因此,进行自由自觉的审美创造活动,是人的本质的表现,也是人性完善完美的前提。郭因认为,最最完美的人是审美的人;人生的最高境界是审美的境界;人自身、人与人、人与环境

---

[1] 郭因:《大文化与大美学》,载《郭因美学选集》(第一卷),合肥:黄山书社,2015年版。
[2] 郭因:《大美学与中国文化传统》,载《郭因美学选集》(第一卷),合肥:黄山书社,2015年版。
[3] [德]马克思:《1844年经济学哲学手稿》,中共中央马克思恩格斯列宁斯大林著作编译局译,北京:人民出版社,1979年版。
[4] [德]马克思:《1844年经济学哲学手稿》,中共中央马克思恩格斯列宁斯大林著作编译局译,北京:人民出版社,1979年版。

的最优状态是和谐状态。在他看来,要使整个人类更好地生存和发展,就必须搞三化:真化、善化和美化。真化就是真理化,即科学化;善化就是道德化,即伦理化;美化就是艺术化或审美化。他说:"在我看来,人类是通过三种建设来实现这三化的:第一,物质文明建设。它的主要任务是提供一个使人类得以实现真理化、善化与美化的环境和物质基础。第二,制度文明建设。它的主要任务是为个人、人与人、个体与群体、群体与群体实现真理化、善化与美化提供一套规范。第三,精神文明建设。它的主要任务是以各种教育手段去实现人们内心世界的真理化、善化与美化,以便使三化成为人们内心的自觉要求,习惯成自然地而非时时勉强自己去进行三化。"[①]而"三个文明建设的目的、三个化的目的,都是为了实现人自身、人与人、人与自然环境及社会物质环境的和谐"[②]。以人的尺度来衡量,诗意的生活是和谐的生活,诗意的境界是和谐的境界。

  再次,郭因主张"以人的关怀为指向"来关怀现实与未来。不仅要关怀人的现实、人当下的生存境遇,而且要关怀人类的未来、人类的命运与前途,即真正体现一种"现实关怀"与"终极关怀"相统一的人道情怀。在郭因看来,不能以"为人类美好未来"的名义,任意损害乃至牺牲人们现实的福利;也不能以"为人们谋福利"为理由,对人类未来漠不关心甚至种下不幸的种子。政治乌托邦无视现实(社会制度)许诺虚假未来,而宗教神学关注现实(人的苦难)制造虚幻未来(天国来世),都不是真正的"人的关怀"。真正的"人的关怀",一方面要竭力改善人的生存环境,提高人的生活质量,让人们生活得更加幸福美好;另一方面要努力拓展人的发展前景,发挥人的创造潜能,使人成为自由而全面发展的新人。真正的"人的关怀",不但要努力建设物质的家园,来栖居人的肉体,而且要建设

[①] 郭因:《大美学与中国文化传统》,载《郭因美学选集》第一卷,合肥:黄山书社,2015年版。

[②] 郭因:《大美学与中国文化传统》,载《郭因美学选集》第一卷,合肥:黄山书社,2015年版。

精神的家园,以安顿人的灵魂。真正的"人的关怀",不是片面地主张以理节情,以道克欲,无视人的自然天性,牺牲人的感性生活,也决非主张放纵情欲,鼓励人们及时行乐、醉生梦死,而是努力使人们的感性与理性、理性与非理性有机统一起来,使灵与肉、理智与情欲达到和谐境界。真正的"人的关怀",还应突出体现人的生存理想,包括个体的生活理想与人类的社会理想。郭因将这种生存理想简洁地表述为:走绿色道路,奔红色目标。我觉得这是一个尚需进一步阐释与发挥的、关于"人的关怀"的重要命题。其中包含着和马克思的主张相一致的社会价值理想:未来的共产主义是彻底的人道主义与彻底的自然主义的有机统一。其中也包含了和流行思想观念不一致的社会价值指向:通过走绿色道路来消除"三大危机",实现"三大和谐",最终实现彻底根除人的异化的美好的社会理想。

二、郭因美学的演进与绿色美学建构

郭因美学的发展有一条清晰的脉络,那就是从传统美学到大文化、大美学再到绿色文化、绿色美学。关于他的绿色文化与绿色美学[①],学术界研究得较多,发表了许多卓见。我在这里主要探讨郭因的美学发展的内在逻辑是什么,推动其演进与建构的内在动因是什么。

从传统美学到绿色美学的学术跨度是巨大的。有的学者指出,绿色美学是非常现代的、新潮的,甚至是后现代主义的;也有学者认为,绿色美学是广义的美学或泛美学;还有人认为,与其称之为绿色美学,不如叫绿学或绿色生态学等等。这些看法不能说没有道理、没有根据,但显然没有把握住郭因美学发展的内在逻辑,没有把握住绿色美学的内在精神。

郭因把美学视作人学,视作美化人的主观世界与客观世界,使人真化、善化、

---

① 关于绿色文化与绿色美学的哲学理论基础和理论构架,参见郭因:《关于绿色文化、绿色美学再答客问》,载《郭因美学选集》(第一卷),合肥:黄山书社,2015年版。

美化的一种特殊的人学。当他把塑造大写的人即真化、善化、美化的人作为首要目标,而不是把理论体系自身的完善作为首要目标时,他的美学是开放型的,他突破传统美学也是必然的,他从传统美学走向大文化、大美学,最终走向绿色文化、绿色美学也就顺理成章,不难理解。

当郭因将美学理论半径延伸至文化领域,甚至将美学研究触角伸展到生态领域时,有人批评他搞泛美学。其实,郭因并不否认其美学之泛、之大。他说:"我搞美学、讲美学,和一般搞美学、讲美学的同志不太一样。我搞的美学是大美学。也可以说,正如美学界有的同志在我主编的《技术美学》问世之后所贬抑我的那样,是泛美学。我曾经写过一篇文章给了这个同志一个答复,我说,只要有利于人类的生存和发展,说小点,只要有利于我们国家的现代化建设,美学何怕其大,何怕其泛。我搞大美学是从我的一些特有的想法出发的。"①他的"特有的想法"是什么呢?就是前文已经讲过的,他对"整个人类更好地生存与发展"的关怀,其具体内容就是他反复强调的人类社会面临的"三大问题",为解决这些问题而致力于的"三个提高",以及为达此目的而进行的"三化"和"三个文明建设"。

当郭因提出建立绿色文化与绿色美学时,又有人批评他搞"非美学",是"用绿学取代美学","用生态学解构美学"。其实,郭因并不否认其美学与绿学、生态学结缘。他认为,为了使整个人类更好地生存与发展,必须深切关怀人类的生存境遇,竭力解决其生存的问题与矛盾,这就要求我们具有绿色文化学与现代生态学的视野。在他看来,现代人类面临三大危机,即在人与自然关系上出现了生态危机,在人与人关系上出现了人态危机,在人与自身(灵与肉、身与心)关系上出现了心态危机。为消除三大危机,他倡导三大和谐,即人与自然的和谐,人与

---

① 郭因:《大美学与中国传统文化》,载《郭因美学选集》(第一卷),合肥:黄山书社,2015年版。

人的和谐,人自身生理与心理以及生理、心理结构中各关系的和谐。他很自然地将三大和谐观视作绿色美学观,进而将其界定为绿色文化与绿色美学的基本观点与基本内容。"由于在我看来,只有递进实现人与自然、人与人、人自身三大和谐才能达到绿色文化与绿色美学所指望达到的目的,绿色文化与绿色美学理所当然地把人与自然、人与人、人与自身三大和谐看作人类应有的根本追求,也是文化、美学应有的根本追求,因此,可以说追求三大和谐是绿色文化与绿色美学的基本观点和基本内容。"①

郭因在建构他的绿色文化与绿色美学时,比较好地解决了一系列理论难题,同时回答了来自学术界的诘难。他所要解决的第一个理论难题是:绿色文化与绿色美学所倡导的三大和谐与其他学科提倡的三大和谐有什么原则区别?三大和谐,别的科学也可以讲,譬如生态学讲人与自然的协调或和谐,公共关系学讲人际关系的协调与和谐,医学和心理学讲人生理与心理的协调以及生理、心理结构内部的和谐。那么,绿色文化与绿色美学和其他学科有何不同之处呢?郭因认为:"不同之处在于:第一,我们是从文化的角度、审美的角度去提三大和谐的,比如主张戒烟,医学界是从有害健康的角度,环保界是从影响环保的角度,文化界则从有损文明人形象的角度,而美学界乃是从有害形象的美的角度。第二,我们还有优化与美化客观与主观两个世界的要求,提优化是从文化的角度,提美化是从美学的角度。第三,从美学的角度,对于三大和谐与两个美化还不仅要求于内容,而且要求于形式。第四,从文化与美学的角度,对于三大和谐与两个美化,还期望人们把迫于法律制裁或舆论责备而进行的克制或自律,变为发自内心的自觉与自发。"②在这里,郭因基本上廓清了在和谐问题上绿色文化与绿色美

---

① 郭因:《关于绿色文化、绿色美学答客问》,载《郭因美学选集》(第一卷),合肥:黄山书社,2015年版。
② 郭因:《关于绿色文化、绿色美学答客问》,载《郭因美学选集》(第一卷),合肥:黄山书社,2015年版。

学和其他学科的原则区别。

郭因所要解决的第二个理论难题是:绿色文化与绿色美学所讲的"和谐"和中国儒家所讲的"和谐"是什么关系?绿色文化与绿色美学的和谐论,其理论来源于儒家,又超越了儒家。郭因认为,中和思想是中国传统文化的主流,中国传统文化主流派儒家主张根据中和思想,也即根据"道中庸"而"致中和"的基本精神,来处理人与自然、人与人、人自身的关系问题。中和思想精神充满辩证智慧,它源远流长、博大精深,具有永不衰竭的生命力。应该把它继承下来,使之发扬光大,进行创造性转化,使之为现代社会、现代人服务。那么,郭因是怎样进行创造性转化的呢?他不是像冯友兰所说的那样,"抽象继承"而"具体发展";不是像张岱年所说的那样,"综合创新"而"六经注我";也不是像某些新儒家所说的那样,"借古以开今","打通内圣与外王之道";甚至不是像我们一贯倡导的那样,"批判地继承"或"辩证地扬弃"。他是采用寻找结合界面(点、线、面)的方法,亦即现代解释学"视界融合"的方法,来改造、转化、超越原有的理论及其重要范畴以建构起新的理论及其主要范畴。

首先,郭因将儒家的处世哲学所特有的视界与今人的生存哲学所具有的视界融通起来。将不同的理论视界融通乃至融合,其最重要的根据是什么?郭因认为是现实生活。当人们询问他提出绿色文化与绿色美学有何根据时,他回答:"最重要的根据是现实生活的根据。""提出一种学说,现实生活的根据是至为重要的,理论根据比起现实生活来是很次要的。但是,我们提出绿色文化与绿色美学也有它的理论根据。"[1]从现实生活的根据看:由于人类多少年来一味地想征服自然而招来了自然的无情报复,因而出现了严重的生态危机;由于人类总是想相互征服,纷争不已,战火不断,因而出现了严重的人态危机;由于人类肆意追求

---

[1] 郭因:《关于绿色文化、绿色美学答客问》,载《郭因美学选集》第一卷,合肥:黄山书社,2015年版。

物质享受,人为物役、心为身役,因而出现了严重的心态危机。这些危机如不克服,人类必将无法发展,甚至无法继续生存。因此,有必要针对三大危机提出追求三大和谐的绿色文化与绿色美学。从理论根据看:其一,中国古代的先知先觉们提出了一整套以和谐为价值尺度的处世哲学,它集中表现为儒家的中和思想精神。这种和谐论或中和论,对于认识和克服人类的三大危机具有重要意义。其二,当今世界的仁人志士们提出了一整套以"协调"为价值标准的生存哲学,它在生命哲学、生态哲学、存在哲学等新思潮、新流派那里,集中体现为对"人本""人道""人性"的守护与捍卫,以及对人类生存现状的忧患,对人的存在境遇的关怀。这也无疑对认识和解决人类生存危机与矛盾具有重要意义。郭因非常自觉地将上述两重视界有机地融合起来,显示出学理上的圆通与机智。因此,郭因的三大和谐论同时具有儒家处世哲学与今人生存哲学的双重视界。

其次,郭因将中国文化和西方文化所共有的思想精神加以分析与整合。学术界有一种流行观点,认为中国传统哲学讲天人合一、物我统一,而西方传统哲学讲天人相分、主客对立;中国哲学强调矛盾对立面的统一(合二为一),而西方哲学强调矛盾对立面的斗争(一分为二);中国人讲和合,而西方人讲征服。郭因认为,这种流行观点不能说没有任何根据,但其狭隘与偏颇却是明显的,他指出:西方文化也非常重视和谐的成分。古希腊毕达哥拉斯派、柏拉图以及后来的笛卡儿、夏夫兹博里等,都认为美是对立因素的和谐统一,是和谐一致。资产阶级思想家提出自由、平等、博爱,也旨在使人们通过机会均等的竞争得到全面发展,从而求得一种人自身、人际的和谐。出于以人为中心的思想去主张征服自然,则带来了人的尊严的确立这样的优点的同时,也带来了戕害自然、破坏生态环境、破坏人与自然的和谐的恶果。但他们也不乏爱自然的思想。如卢梭就曾主张人类应返回自然,热爱自然。[①] 现今全世界,无论在学术界还是政治界,从

---

① 参见郭因:《大美学与中西文化的结合点》,载《安徽日报》,1988年10月7日。

整个人类社会的共同利益出发,追求三大和谐的思想,强调世界一体、人与自然一体的思想,都是颇不乏人的。甚至可以说,追求三大和谐,追求象征生命与和谐的绿色,已经成为一个世界性的思潮。①郭因认为,在改革开放时代,中西文化的交流与碰撞是必然的,而将中西文化所共有的精华汇通与整合则是非常必要的,这种共同的精华之一便是和谐与协调的思想精神。他说:"我认为,在中西文化的相互碰撞又相互伸手中,必将发现,现代西方文化与中国古代文化有一个势将难解难分的结合点,那就是:为使整个人类更好地生存与发展,必须努力追求与递进实现人与自然的和谐、人与人的和谐、人自身的和谐……"②可见,郭因的三大和谐论是中西文化所共有的思想精神的集中体现。

郭因所要解决的第三个理论难题是:绿色文化与绿色美学和马克思主义哲学与美学是什么关系?在当代中国,许多搞人文科学或社会科学的学者都有一个绕不开的"学术情结",那就是必须处理好自己所治学科与马克思主义的关系问题。郭因亦不例外。几十年来,由于极左政治路线的干扰,郭因也走过一些弯路,但他本着"吾将上下而求索"的屈子精神,始终不渝地沿着马克思主义中国化的方向跋涉,独辟蹊径,走出了一条独特的绿色文化与绿色美学道路。他试图将中国哲学中的人学思想和马克思主义哲学中的人学思想有机结合,用以解释和解决中华民族的生存与发展问题。在解决现实问题的过程中,不断建构自己的理论体系。他说:"马克思在其著作中提出的对于共产主义社会的设想,其要点是:人复归人的本质,人全面发展,自由自觉劳动创造。一切人的自由以每个人的自由为前提和条件。各尽所能,按需分配。人与人、人与自然的对立冲突根本解决。人彻底自然主义,自然彻底人道主义。这些根本观点,实际上就体现了

---

① 参见郭因:《大美学与中西文化的结合点》,载《安徽日报》,1988年10月7日。
② 郭因:《中西文化碰撞中的〈易经〉》,载《郭因美学选集》(第一卷),合肥:黄山书社,2015年版。

一种追求人自身、人与人、人与环境三大和谐的思想。"①他认为"三大和谐的思想曾相当完整地体现在马克思的著作当中"②,他还认为"通过最佳道路,运用最佳方法去追求整体和谐的思想,正是马克思主义与中国传统文化的一个最佳结合点"③。自觉地把马克思主义与中国传统文化结合起来,并努力寻觅"最佳结合点",这是郭因在学术上的一大贡献。郭因还将毛泽东思想、邓小平理论看作是马克思主义中国化的产物,把有中国特色的社会主义理论与实践看作这一产物的集中体现。他自觉地将绿色文化与绿色美学应用于、服务于建设有中国特色的社会主义的伟大实践,试图为中国社会的可持续发展铺就一条绿色的道路。④ 因此,他提出"走绿色道路,奔红色目标",绝不是"理性的狡黠",而是"理性的自觉"。

综上所述,郭因从传统美学走向绿色美学,用他本人的话讲就是"从绿色的原点走向绿色的未来"。"绿色的原点"是中国传统哲学与美学所孕育、所具有的,即经典儒家的中和论,而"绿色的未来"则是绿色文化与绿色美学所开拓、所拥有的,即上述三大和谐观。推动郭因"从绿色的原点走向绿色的未来"的,是他审美情怀与人文关怀的双重变奏。正是这种双重变奏,决定了他美学建构的总体风貌,决定了他的新美学既是文化的,又是审美的;既是诗化的,又是理性的;既具有现实主义的质朴,又不乏理想主义的浪漫。因此,他的美学具有现代人文主义与人道主义的逻辑推动力与情感震撼力。

---

① 郭因:《大美学与中西文化的结合点》,载《安徽日报》,1988年10月7日。
② 郭因:《中西文化碰撞中的〈易经〉》,载《郭因美学选集》(第一卷),合肥:黄山书社,2015年版。
③ 郭因:《大美学与中国文化传统》,载《郭因美学选集》(第一卷),合肥:黄山书社,2015年版。
④ 参见郭因:《〈中国21世纪议程〉与绿色文化、绿色美学》,载《郭因美学选集》(第一卷),合肥:黄山书社,2015年版。

三、郭因美学建构的当代性及其重要意义

首先应该强调,郭因的美学思想建构尤其是绿色美学观,属于典型的现代美学范围。这不是就时限来说的,而是就学理而言的。

中国古典美学是比较发达的,其风貌也是非常独特的。它完全可以和西方古典美学相媲美。但是近代以来,随着西学东渐,中国传统文化包括传统美学开始衰落。中国现代美学的先驱者王国维、蔡元培、鲁迅等,率先把西方近现代美学介绍给国人,并开了中国现代美学的先河。中国现代美学的重要奠基者朱光潜、宗白华、邓以蛰等,也致力于译介西方近现代美学,并使中国现代美学形成了可观的格局。正如不少学者所说的那样,以蔡元培、朱光潜、宗白华等人为代表的中国美学是"很现代的",因为他们真正拥有现代美学的宽宏视野、思想资料和治学方法。从20世纪50年代开始,中国美学走上了一条曲折而艰难的发展道路。五六十年代的美学大讨论,一方面,对于确立马克思主义在学术界的主导地位,对于普及美学尤其扩大它在青年学生中的影响,起到了不可否认的重要作用;另一方面,由于来自苏联哲学与美学的不良影响,由于受到左的政治思想路线的严重干扰,美学研究变得很封闭很僵化很教条。这一时期的美学,虽然在某些方面也取得了一定进展,譬如在美学对象和美的本质问题上有较大突破,但是在总体上却是一种倒退,即从"现代"退回到"古典",尤其是将西方现代美学完全排除在视野之外。当然这是以唯物主义与唯心主义简单划界,不中不西的假古典。"文革"十年浩劫,更是形而上学猖獗,极左路线盛行,导致美学园地一片荒芜。直到70年代末80年代初,随着思想解放运动的兴起和改革开放的起步,美学园地开始复苏。经过拨乱反正,美学又从古典回到现代,回到经典马克思主义的生长点,回到蔡元培、朱光潜、宗白华等人的理论起点。

中国新时期美学是非常活跃的,形成了流派纷呈的多元格局。朱光潜、蔡仪、李泽厚、高尔泰各自代表的老流派继续发展,蒋孔阳、周来祥各自代表的新流

派异军突起,宗白华、王朝闻、叶秀山等人的美学思想正在发扬光大。各种现代派美学和后现代派美学不断兴起,各领风骚。应该说,新时期美学的最重大进展就是实践派美学的迅速崛起。实践派超越了以往的主观派、客观派和主客观统一派。它是马克思主义美学的新发展,它突破了传统思辨美学的局限,更多地关注人们的审美实践活动,在对审美主客体关系、审美创造基本规律、美感心理结构与机制等重要问题的研究上有重大突破或推进。它因此逐渐成为新时期美学的主流派,并表现出方兴未艾的生命力。

新时期美学就总体看有一重大缺陷,即就美学研究美学,对人类的生存与发展缺少热情关注,对人的存在缺少深切的人文关怀。这就必然使人们尤其是广大青年感到美学与人,与人的生活、人的生存和发展有着莫大的隔阂,从而使他们对美学失望、疏远。这是新时期"美学热"走向"美学冷"的重要原因之一,也是西方现代生命主义美学、意志主义美学、存在主义美学、弗洛伊德主义美学在我国流行尤其在广大青年学生中盛行的重要原因之一。

人们呼唤关怀人、人的生活、人的存在与发展的新兴美学,郭因的大美学、绿色美学应运而生。他因此受到社会各界的广泛关注,尤其受到广大青年的热情欢迎。

郭因美学属于现代美学范围,具有强烈的当代性。其当代性及其重要意义主要表现在:第一,郭因继承了蔡元培、朱光潜、宗白华等人所开创的但一度中断了的现代美学传统,并从一个新的维度将它大大推进。这个维度就是关怀人的存在的人道主义与人文主义的维度。他的突出特点,就是他对人类的生存与发展,对民族的现在与未来,对个体的真化、善化和美化表现出浓郁的人道主义情怀与强烈的人文关怀。

第二,郭因努力将马克思主义哲学与美学中国化,将中国传统哲学、美学现代化,将外来哲学与美学民族化,并将它们融通乃至融合起来。他以经典马克思主义理论,尤其是其中的人学理论为指针,建构起了新的美学理论体系。他的绿色美学和作为新时期主流派的实践派美学并行不悖。绿色美学正从"边缘"走向"中心",它可以和其他学派、流派形成优势互补。

第三,郭因的美学理论比较恰当和确切地勾画了中国社会转型期人们的审美视野与期待、审美理想与追求、审美活动的心路历程。郭因早在20世纪80年代中期便开始讲大文化、大美学,他讲的美学是文化的美学,他讲的文化是审美的文化。他的观点一面世,便首先引起了历来敏感的文化艺术界的广泛重视与高度评价,继而对学术界产生了一定影响。他的大文化和大美学,可以说是20世纪90年代中期以来逐渐成为学术理论热点的审美文化研究的先声。其实他早在80年代初在安徽大学等高校讲学时,就曾提到苏联美学界已广泛运用的"审美文化"这一概念,归纳出审美文化的三个基本因素和两大要求,并重视适合人的发展的环境和人自身全面、和谐的发展,而他的绿色文化与绿色美学则更体现了当代人们对生态平衡、人态平衡、心态平衡的一种理想化追求和审美化期待。他所勾画的当代人的审美活动的心路历程是自由而超然、无惧又无拘的,又是艰辛而曲折、痛苦又执着的,犹如戴着镣索的自由舞蹈。郭因美学也因此具有了深刻的当代性,具有了鲜明的转型特色。

第四,郭因美学努力建构人与自然、人与社会以及人自身的统一、和谐,因此可能成为未来美学的重要生长点。美学作为一门让人生活得更好的学科,不能不考虑人与自然、社会的关系。陈望衡先生在谈论世纪之交的美学走向时指出:"美学的生长点一方面在人与自然的关系上,另一方面又在人与社会的关系上。"他认为:"美学的基本问题是建构更适合人类生存、发展的生活方式。诚然,这也是所有学科的基本问题。我们不能回避这一基本问题。当然,美学对这一基本问题的贡献是有它的特点的,这包括它的特殊贡献和特殊的局限性。我们既不赞成抹杀或不重视美学贡献的特殊性,但也不能无限地夸大美学的贡献。那只能导致美学失去自己的个性,以致失去自己本身。就美学的学科性质来看,无疑,应将如何建构人与自然、社会的统一、和谐看作自己的生长点。这是时代对美学的要求。每个美学工作者都应该重视它。"①

第五，郭因美学具有很强的开放性和很大的包容性,并自觉地努力将理性美学与感性美学综合起来,以形成新时代美学风貌。黄凯锋博士在前瞻美学研究的未来走向时指出:"40多年来,我国美学原理研究基本上就是这么一个格局:理性美学居主导地位,感性美学则成为微弱却不绝如缕的伴音,不断补正与诘难理性美学。这与西方当代美学的历史演化过程相通,即先有理性美学的张扬与鼎盛,后有作为其补充和拆解形态的感性美学。可以预见,未来美学原理研究的走向,必以综合理性美学和感性美学各自的优势为出发点,来建构各自的框架。因为这段历史已经告诉人们:无论是理性美学还是感性美学,都不能独立生长。"②郭因对以实践派美学为代表的理性美学并不持排斥态度,但他重视个体的主体性,强调主体的感性、体验、意向、省悟等特性,他的美学因此具有与"生命美学""体验美学""超越美学""人学美学"相通甚至一致的学术路向。也因此,他的绿色美学屡屡被世人误解,人们时而批评他过于古典和传统,时而又批评他过于现代和超前,恰恰忽视了他对传统理性美学和现代感性美学的有机综合。当然,这种综合还有待进一步系统化和完善。

人们在回顾和反思中国百年美学学术的曲折发展历程时,深切地感到:"百年中国美学最大的理论特点是融合中、西美学,马克思主义美学则是重要的理论立足点。"③正如有的美学家所指出的那样,百年中国美学既是中国古代美学史的延续,又突破了古代美学的思维模式,成为一个全新的历史阶段。这主要是因为百年中国美学的思想既来源于自己的历史传统,又大量吸收了西方美学与文化的新观点、新方法。故百年中国美学是中西方文化碰撞、融合的产物。但百年

---

① 陈望衡:《美学生长点:建构人与自然、社会的和谐》,《武汉教育学院学报》,1998年第1期。
② 黄凯锋:《价值论美学——美学研究的未来走向》,《哲学动态》,1998年第7期。
③ 筠筠:《"百年中国美学学术讨论会"综述》,《哲学动态》,1998年第7期。

中国美学还处在发展中,其独创性特征还不突出、不稳定。因此,中国当代美学的建构,还是要借助既有的理论资料,如西方的美学传统和中国的美学传统。此外,在中国美学的现代传统中,马克思主义美学应有突出的地位。

人们在展望未来中国美学的发展图景时,坚信中国现当代美学将保持强劲的势头,定会进一步揭示中国传统美学的深层内涵及哲学底蕴。有的学者非常清醒而深刻地指出:"21世纪美学的发展战略,一是要立足于中华民族文化精神土壤、中国美学自己的话语,不能只是西方话语的独白;二是美学研究要切实关心人,美学是真正的和最高意义的人学。"①这是美学的自觉,也是美学的自信。

把郭因美学放到中国现当代美学发展的历史进程中去审视,我们感到它不仅和中国现当代美学发展总体趋势、特点相一致、相契合,而且体现了一种新的美学学术路向,构成了一种新的美学生长点,已成为新时期多元美学格局中的一元。更难能可贵的是,郭因的美学尤其绿色美学不仅是"当代人学",说着"现在与未来的人性的话语",而且是"民族文化学",说着"中国文化与美学的自己的话语"。因此,郭因美学在中国新时期美学园地自成一家,独具一格,被越来越多的人所关注、所重视、所接受,绝非偶然与侥幸。

有的研究者试图从宏观上把握当代美学的总体格局和发展趋势,探讨了20世纪90年代美学转型的多元取向和多种建构,认为最有影响力、最值得注意的是围绕着对实践美学的反思提出来的"改造完善实践美学取向""超越实践美学取向",以及与关于实践美学的论争既有密切联系又有相对独立性的"审美文化取向""中国古典美学取向"和"辩证和谐美学取向"五大取向。② 我们认为,"绿色文化与绿色美学取向"也是一种非常重要的取向。它无疑是多元中的一元,

---

① 筠筠:《"百年中国美学学术讨论会"综述》,《哲学动态》,1998年第7期。
② 参见周均平:《90年代美学转型的多元取向和多种建构》,《文史哲》,1998年第3期。

而且是颇具特色、富有生命力、为愈来愈多的人所认同的一种建构。

作者简介：陈祥明，曾任安徽省美学学会会长、安徽省美术理论研究会常务副会长，现为安徽省中国画学会副主席、安徽省美协理论委员会执行主任、安徽省诠释学研究中心主任。

天下和谐：郭因学术思想的根本追求
——在《郭因文存》出版座谈会上的发言

余秉颐

我在拜读郭因大作的过程中，深感强烈的和谐精神是郭因学术思想之本。这种和谐精神，来自郭因毕生对于天下和谐的热切向往和执着追求。

现在，请让我们简略地重温郭因的有关见解。

郭因在《大文化与大美学》中说："人类社会出现之后，面临着千千万万的问题。而千千万万的问题，归纳起来，其实不过是三个问题：第一，人应该成为一个什么样的人。第二，人与人之间应该有一个什么样的关系。第三，人类应该有一个什么样的生存与发展的空间。人类历来所做的工作千千万万，而归纳起来，不过是致力于三个提高：第一，人自身质量的提高。第二，人际关系质量的提高。第三，人类生存与发展空间的质量的提高。"①在这种关于人类的三大根本问题和三个提高的见解的基础上，郭因提出，人类解决这三大问题和致力于三个提高，所采取的措施是三个建设和三个化。在对于三个建设和三个化的阐释中，郭因明确地提出了"三大和谐"的思想，他说："第一，以自然科学和技术科学进行物质文明建设，以实现真理化，即使人类根据主观愿望所进行的一切有关作为都

---

① 《郭因文存》（卷一），合肥：黄山书社，2016年版，第3页。

符合客观规律,从而既使人类的主观愿望有实现的可能,又使人类的生存和发展的空间得到建设性的保护与保护性的建设,以达到天人之际的和谐。第二,以社会科学进行制度文明建设,以实现善化。即使人类的一切有关作为都符合人类应有的行为准则,从而实现人际的和谐。第三,以人文科学进行精神文明建设,以实现美化。即使人际关系,人的生存发展空间都达到美的境界;使每个人都不仅是高度掌握真理的人,自觉符合人类行为准则的人,而且是高度美好又具有高度审美能力,从而能不断美化世界的人,并由之实现人自身的和谐。"①这就是说,物质文明、制度文明、精神文明建设的目的,是实现人自身、人与人、人与自然环境及社会物质环境的和谐。"这样的自由与和谐,和谐与自由,才会给地球带来永远蓬勃的生机,才会给人类带来永远绵延的生命。"②

在这里,郭因通过思路清晰的逻辑过程,得出了一个基本命题:"三大和谐是人类的最高追求。"③

接着,他又提出了第二个基本命题:"三大和谐也是美学的最高追求。"④

郭因在《大文化与大美学》中表示:"最最完善的人是审美的人;人生的最高境界是审美的境界;人自身、人与人、人与环境的最优状态是和谐状态。"⑤他一直坚持认为,所谓美学,是一门帮助人们按照美的规律美化客观世界与主观世界的科学,而最大的美化或者说美化的最高目的,就是实现这三大和谐。如果所研究的美学不是有利于而是不利于实现三大和谐的,那就只能是昙花一现,不会有很强的生命力。一言以蔽之,美学的意义就在于"使人自身、人与人、人与环境达到一种和谐的审美境界"⑥。

---

① 《郭因文存》(卷一),合肥:黄山书社,2016年版,第7页。
② 《郭因文存》(卷二),合肥:黄山书社,2016年版,第5页。
③ 《郭因文存》(卷一),合肥:黄山书社,2016年版,第11页。
④ 《郭因文存》(卷一),合肥:黄山书社,2016年版,第11页。
⑤ 《郭因文存》(卷一),合肥:黄山书社,2016年版,第11页。
⑥ 《郭因文存》(卷一),合肥:黄山书社,2016年版,第11页。

在这两个命题的基础上，郭因阐释了他关于中国美学、中国哲学、中国政治思想乃至整个中国传统文化（或曰国学）的一个根本理念，简言之，即追求和谐。他在《大文化与大美学》中说，追求和谐乃是中国"哲学思想、政治思想、美学思想的精华，是中华民族的基本民族精神，是中国优秀的文化传统"[1]。

现在，我们就以郭因对于中国文化的重要元典——《周易》的见解为例，说明他是如何理解和阐明中国传统文化的基本精神在于追求和谐的。

郭因说，现在海内外很多学者把《周易》看作中国哲学和中国传统文化的元典，对此他很高兴，因为《周易》有符合他的根本思想的东西，或者说《周易》实际上也正是他的根本思想的源头。

何以见得呢？请看郭因的见解。在《大文化与大美学》中，他指出，《周易》"认为天道、地道、人道是一脉相通的，'天地养万物，圣人养贤以及万民……'（《颐卦彖辞》）'天地感而万物化，圣人感人心而天下和平'（《咸卦彖辞》）'昔者圣人之作易'就是'将以顺性命之理'的。它'立天之道曰阴与阳，立地之道曰柔与刚，立人之道曰仁与义'（《说卦》）。其道一以贯之，都是和而不同，不同的两个东西统一在一起，成为一个和谐的整体。这一阴一阳、一柔一刚、一仁一义，也即两种对立而又统一的东西，是'范围天地之化而不过，曲成万物而不遗'（《系辞上》）的，天与人又都是不断发展、不断变化、不断出新的。'天行健，君子以自强不息'，'日新之谓盛德，生生之谓易'（《系辞上》）。这也就是说，整个自然界与人类社会是不断地由一个和谐状态向另一个更高的和谐状态前进，永远处于一种动态的和谐状态之中的"[2]。这种对"动态的和谐状态"的锲而不舍、永不停息的追求，是中国优秀传统文化的根本精神，也是郭因学术思想的根本精神。

在这里，我想穿插一段关于现代著名学者、哲学家方东美（1899—1977）与

---

[1] 《郭因文存》（卷一），合肥：黄山书社，2016年版，第17页。
[2] 《郭因文存》（卷一），合肥：黄山书社，2016年版，第15页。

郭因的学术思想的简略比照。方东美提出,儒家、道家、墨家、佛家都认为"自然"是一个和谐的体系,人与自然的关系应该是一种"整体圆融、广大和谐"的关系。他说中国哲学具有三个"通性"(即各家各派共同具有的基本性质),第一个通性是"机体主义"。"中国哲学,不管其内容属于哪一类、哪一派,总是要说明宇宙,乃至于说明人生,是一个旁通统贯的整体;用儒家的名词,就是'一以贯之'(Doctrine of pervasive unity)。这是中国哲学上的第一个通性!"①儒家所谓"天下之动,贞夫一者也",道家所谓"抱一为天下式",等等,在方东美看来都是主张宇宙万物的"交感和谐"与统一,都是"机体主义"的表现。他说中国哲学"把天、地、人合成一片,把万有组成一个和谐的乐曲,共同唱出宇宙美妙的乐章"②。他将儒、道、墨三家视为中国古代哲学的主流(指佛教传入中国之前),认为古代的三大哲学传统,即儒、道、墨三家,都致力于人和自然的合一。这种"合一",被方东美称为"广大悉备的和谐",或曰"整体圆融、广大和谐"。方东美还提出,各民族的哲学智慧皆有其特点。欧洲人(特别是近代欧洲人)把自然界视为利用和征服的对象,将科学技术作为"方便应机""戡天役物"的手段。因此近代欧洲人的哲学智慧,主要通过人与自然的对立而表现出来。这种哲学智慧的"慧体",表现出强烈的分离性。与之相比,"中国慧体为一种充量和谐、交响和谐"。中华民族的哲学智慧,强调的是万事万物彼此相因、尔我相待的广大和谐。诚如方东美的学生刘述先所言,方东美极赞中国哲学所发展出来的"天人合一"的境界。在方东美看来,中国传统哲学尤其是原始儒家的智慧,以一句话来概括就是"生生而和谐"。说到"生生"二字,我们再看一下方东美的另一位学生、美国夏威夷大学成中英教授的话。在《中国文化的现代化与世界化》中,他认为"生生"的观念是儒家最基本的观念,在儒家哲学看来,"整个宇宙是大生

---

① 《方东美先生演讲集》,台北:黎明文化事业公司,1980年版,第45—46页。
② 方东美:《生生之德》,台北:黎明文化事业公司,1980年版,第258页。

命,具有创造性,充满和谐……宇宙是和谐的过程,是生命的过程,也是创造的过程。生命本身是和谐的,是不断的创造"。刘述先、成中英都特别重视方东美关于中国哲学智慧在于"生生而和谐"的思想。(方东美的一本重要学术著作就名为《生生之德》。)不难看出,在关于中国哲学、中国美学、中国传统文化的根本理念上,郭因与方东美可以说有异曲同工之妙。所谓"异曲",是指方东美基本上是从哲学的角度来谈中国传统文化的基本精神的(尽管他也是美学家),而郭因基本上是从美学的角度来谈中国传统文化的基本精神的(尽管他也是哲学家)。所谓"同工",则是指这两位学术巨擘都认为追求和谐是中国优秀传统文化的根本精神;他们都以极大的热情,阐释和宣扬中国传统文化的这种追求和谐的根本精神。在这方面,桐城的方东美和绩溪的郭因体现了我们现代安徽学人对中国学术文化的贡献。

现在,请让我回到本文题目中的"天下和谐"。所谓"天下",不仅在地域和空间上囊括了全世界或者说整个宇宙,在物种上包括了亿万生灵,而且在文化上包含了物质文化、制度文化和精神文化。天下和谐,就是郭因所说的"全人类的整体和谐,人类社会与自然的整体和谐"。郭因热切地向往这种整体和谐,执着地追求这种整体和谐。这种整体和谐,借用中国传统文化的概念来表述,就是"天下和谐"。

郭因在《大美学与中国文化传统》中说:

> 美学在呼唤、全人类也都在呼唤一个整体和谐的世界,一个整体和谐的宇宙。我相信,人类终将高度自觉地、共同努力地创造出一个整体和谐的世界,一个整体和谐的宇宙。[①]

---

① 《郭因文存》(卷一),合肥:黄山书社,2016年版,第27页。

其实,这是郭因在呼唤。

他在呼唤"整体和谐"——"整体和谐的世界,整体和谐的宇宙",也就是我借用中国文化传统概念所说的天下和谐。

追求天下和谐,体现了郭因的仁者情怀,体现了郭因的哲人睿智,体现了郭因的赤子之心,体现了郭因的无疆大爱!

作者简介:余秉颐,安徽省社会科学院哲学与文化所研究员、原所长,安徽省文史研究馆馆员。

郭因学术思想的"大处"和"小处"

钱念孙

我拜读郭因先生四大本文集《水阔山高——我的审美跋涉》,心灵受到很大震撼。

1981年初,我刚刚忝列社会科学研究队伍一员时,就认识了郭因先生,并先后读到他的《艺廊思絮》《中国绘画美学史稿》《审美试步》等论著。他在主持安徽省美学学会工作期间,致力于将美学研究扩展到生产和生活等实用领域,建立了不少专业研究会,并创办了全国第一份《技术美学》杂志。90年代以后,我不断从报刊上读到郭因先生倡导绿色美学研究的讯息,得知他组织成立了绿色文化和绿色美学学会,出了一本名为《绿潮》的刊物,还开过数次学术讨论会。每每听到这些消息,我都对郭因先生和"绿学会"同志对事业的热忱和追求感到由衷敬佩;同时也先入为主地以为,郭因先生所从事的绿色文化和绿色美学研究,主要是保护资源、防治污染、注重可持续发展等内容,这些虽然十分重要且亟待解决,但多半是为政者所应关注的实际问题,并非仅靠学者呼吁就能奏效。

然而,较系统地读了《水阔山高——我的审美跋涉》这四大本文集后,我感到自己原来不仅误解了绿色文化和绿色美学的内涵,而且对郭因先生的整个学术和人生实知之甚少。郭因先生所倡导的绿色文化和绿色美学,绝不仅仅是生态平衡和可持续发展理论所能概括的,也并不是美学一般原理在社会生活领域的简单放大和套用,而是用美学的观点对人类社会模式进行一种整体设计,是对人类理想生存方式的一种探索和描述。

郭因先生认为:自从人类社会出现以后,面临着千千万万的问题,但归纳起来,不过三个问题:一、人应该成为什么样的人;二、人与人之间应该有什么样的关系;三、人类应该有什么样的生存和发展的空间。面对这三个问题,人类所做的工作千千万万,而归纳起来,主要是致力于三个提高:一、人自身质量的提高;二、人际关系质量的提高;三、人类生存和发展环境质量的提高。为了提高这三大质量,人类一直在进行着三个"化":一、真化,即科学化,那就是使人类的一切作为都既符合人类的主观理想,又符合使理想得以实现的客观规律;二、善化,即道德化,就是使人类的一切作为都既符合个体的利益,又符合群体的利益,特别是符合整个人类生存与发展的利益;三、美化,即艺术化,就是使人类的一切作为不仅符合整个人类获得最佳生存与发展的目标的一套行为准则,而且使遵守这套行为准则成为人类内心的自觉要求,从而使人类的主客观世界都达到美的境界。为了实现这三个"化",人类一直在进行着物质文明、制度文明和精神文明三种建设,为此人类得按照真的原则、善的原则和美的原则改造主客观世界,提供物质基础、管理规范和思想意识。郭因指出:三个文明建设、三个"化"的目的,都是最大限度地提高人自身、人与人、人与环境之际的质量,而提高这质量所达到的最佳效果,就是人自身、人与人、人与环境之际的不断递进的整体和谐。

显然,郭因先生所致力的绿色文化和绿色美学研究,早已突破了一般意义上的文化研究和美学研究的范围,而是将文化研究和美学研究与人类如何越来越好地生存发展这一根本问题结合起来,为人类社会设计了一幅如何建立和谐美好世界的蓝图。为了说明勾画这幅蓝图的根据和实施的可行性,郭因先生考察古今中外大量的理论资料和实践经验,从不同角度写了许多文章,作了许多演讲,对自己的基本观点进行了较为充分的论证。我以为,作为对人类理想的生存和发展方式的一种描绘,郭因先生的思想虽然带有理想主义的色彩,却十分难能可贵,因为从现实和未来的发展看,他提出的以人自身、人与人、人与环境的三大和谐为核心的一套理论,不仅十分适时,而且势在必行。

多少年来,人类一直以征服自然为豪,结果造成资源枯竭、环境污染,引发了严重的生态危机。人类总以战胜或超过对手为荣耀,明争暗斗、彼此倾轧,甚至点燃战火,相互残杀之事不断,因而出现了严重的人态危机。人类还肆意追求物质享受,人为物役、心为形役,情理冲突,导致了严重的心态危机。这些危机正越来越明显地暴露出来,如果不努力克服,必将危及人类的生存和发展。以追求三大和谐为基本内容的绿色文化和绿色美学,可说是从理论上"治疗"这三大危机的对症"药方",既有很强的现实针对性,又具有指导未来的长远意义。

从专注于绘画美学的探讨到倡导应用美学的研究,从主张大文化、大美学的观点到提出绿色文化和绿色美学的一套思想,郭因先生的治学道路与许多学者有着明显的区别,即他不是越来越专,仅仅成为某一问题或某一领域的专家,而是视野越来越广,涉猎的范围越来越大,探讨的问题越来越接近人类生存和发展的根本意义。这就是说,从郭因先生学术思想的演变过程看,随着他学术积累越来越深厚,学术思想越来越成熟,他关注和思考问题的时候也越来越从大处着眼,甚至担起了为人类的命运和前途操心、为人类更好地生存和发展设计蓝图的任务。而正是在这一演变的过程中,郭因先生从一个较为纯粹的学者,兼有了思想家的风采;从一个只是自己著书立说的学人,转变成了创立学派(绿色文化和绿色美学学派)的大师。

郭因先生以强烈的忧患意识和对人类的终极关怀,为人类摆脱已经遇到的危机从而更好地生存和发展,设计了"美化两个世界,追求三大和谐"的绿色道路。这是他学术思想的"大处",是他对人类社会在现在和将来如何生存、发展的总体构想。这一着眼于大处的总构想,不是仅凭一时灵感和空想得来的,而是郭因先生集毕生心力,对社会和人生的许多根本问题进行长期、深入的思考后,站在人类生存和发展的高度归纳、总结出来的。因此,他的绿色文化和绿色美学,和此前提出的大文化、大美学的思想火花,散见在他不同时期写的各类著述之中。不论是品评一位作家或画家,还是鉴赏他们的某部具体作品,不论是深入厂矿、农村调查研究,还是在政协会议上作参政议政的发言,我们都可以看到他倡导美化两个世界,追求三大和谐的努力。

在一篇名为《美学与美术》的文章里,郭因先生写道:"有一本或几本优秀美学著作,有一件或几件优秀美术作品,尽管轰动中外,可是他对于不美的农村、不美的城市、不美的江河大地、不美的人的形象与心灵,熟视无睹,漠不关心,他就只不过是一个小美学家,小美术家。""使大地如画,使江山如画,使每一个城市、每一个农村、每一个人如画,这才是大美学、大美术。"他大声呼吁:"美学家、美术家们,首先想到使大地绿起来,使人类的心灵美起来吧!首先想到使人与自然、人与人、人自身和谐起来吧!以自己的智慧,更重要的是以自己的爱心去爱人类、爱天地万物、爱地球、爱宇宙!"

在《电影美学与宇宙意识》一文里,郭因先生引述美国电影艺术家杨布拉这样的观点:"人们必须学会重新生活,这就是要以生态学家的身份成为新环境的一部分,而不是作为反环境、反文化的因素,处于与环境对立的地位,做什么征服自然的英雄。"郭因先生说:"我很欣赏这种以生态学家的身份成为新环境的一部分的观点。我以为,把自己看作宇宙的一分子,这不仅有未来学的意义,而且有美学的意义。因为,面向未来,人类不首先考虑整个生态环境的保护与改善,人类就无法生存,更谈不到发展。而人类与其生存发展的整个环境的和谐,也正是美学所最终追求的人与自然、人与人、人自身三大和谐之一,并且是其他两个和谐的基础。"

郭因先生多次在省政协全委会和常委会上阐述:人与自然乃是一种伙伴关系,必须保护环境,珍惜资源,才能共存共荣、协调发展。为此,他提出了建立生态省、走生态学社会主义路子的设想。《大抓生态城乡建设,创造一个经济繁荣、社会进步、环境优美的新安徽》《我们愿为推进生态城乡建设作较多贡献》

《呼吁各界支持我们对我省生态城乡建设的理论探讨和具体实践》《坚持可持续发展战略,把一个生态省带入21世纪》……这些,都是郭因先生从1989年至1995年间在各次政协会议上的发言题目。他在给当时的省委书记卢荣景的一封信中强调:"如果说,沿海还可以试一试走'四小龙'的道路,而在内地、在安徽,实在有必要走一条生态学社会主义的路。我想,如果中国这样大的社会主义国家能够走一条生态学社会主义的路子,从而在世界上开拓一个新的方向,那对于整个人类当是一种巨大的贡献。"

更为可贵的是,郭因先生不仅重于言,还起而行。为使生态城乡建设变为现实,在实践中走通绿色道路,他和绿学会的同志一起走出书斋,选择合肥郊区七里塘镇、枞阳县浮山风景区等处为试点,实地考察,制订规划,写出了《七里塘生态村镇的构想与实践》《关于建设浮山生态旅游风景区的建议》等调研报告,送呈有关政府部门,并配合他们加以实施。时任中顾委常委的张爱萍将军写信给郭因先生称赞此事说:"对你们穷力经营现代桃源,倍感兴奋。对你和同事们能将学术变成实践的精神和作风,万分钦佩。尤其在当今盛行'向钱看'和全盘西化的劣俗时,有你们的为现代桃源奋斗的新生事物出现,确是难能可贵的!"

以上所述,都是从《水阔山高——我的审美跋涉》中摘出的片断和捕捉的信息。相对于郭因先生对人类生存和发展的总体构想来说,这些无疑只是通向那总构想的万里征途上的一块块铺路石子。然而,这正说明郭因先生的学术不仅能从大处着眼,为人类的未来发展设计美好的前程,而且能从小处着手,为奔向那美好前程一步一个脚印地做出扎实的努力。正是有了这些从小处着手的一步一个脚印的扎实努力,郭因先生为人类理想社会勾画的无比美妙的蓝图虽然属于未来,却并不让人感到虚无缥缈、无法企及,只要大家都转变观念,从我做起,从现在做起,"美化两个世界,追求三大和谐"的理想社会就一定会实现。

郭因先生的大本文集,展示了他几十年辛勤耕耘的丰硕成果。我感到诧异的是,他的学术旅程与社会风气的走向之间,存在着明显的错位以至逆反的倾向。在"文革"期间,"知识越多越反动""读书无用论"等口号盛行,郭因先生在那最无法做学问的岁月,在连家中蚊帐上都贴满大字报的环境下,却不顾危险,写出了《艺廊思絮》《中国绘画美学史稿》等书稿。20世纪80年代末和90年代初,商品经济大潮席卷全国,社会上普遍出现了理想失落、道德滑坡的现象,可就在人们越来越注重"向钱看",越来越关心眼前经济效益的时代氛围里,郭因先生却高举起绿色文化和绿色美学的大旗,竭尽全力宣扬和实践"美化两个世界,实现三大和谐"这一在他看来与马克思共产主义理想相一致的美好追求。这显示了他为人为学不受时风左右,具有自己独立见解的品格,更显示了他强大的人格力量。

作者简介:钱念孙,安徽省社会科学院文学研究所研究员。

走向未来的绿色文化

陈桂棣

我已说不清是哪一年同郭因先生相识的,只记得,那是在我发表了《淮河的警告》后的一天,是在应邀参加他主持的安徽省绿色文化绿色美学研究会的一次年会上。

接到通知时,我确实有些犹豫,尽管《淮河的警告》获得过不少荣誉,那段时间也曾接到过不少会议的邀请,但我从没涉足美学领域,对"绿色文化绿色美学"具体在研究些什么也不大清楚,参加这样的会议,不免让我感到有些尴尬。

那天郭老精神矍铄,红光满面。他笑着对我说:"你的《淮河的警告》,就是绿色文化绿色美学嘛!"我想,那部揭示淮河流域水污染的纪实作品,是被国际上视为"中国第一部公害文学"的,而"公害文学"与"绿色文化"好像扯不到一块去,因此,我不由一怔。

不过,我很快就想通了。我想到采访期间,面对许多地方已经成了墨色或是酱油色的河水,我确实无数次想到的就是一个"绿"字:渴望有一天河水会变得清澈,会变得像淮北大平原春天的庄稼一样的碧绿。我承认,在某种意义上,"公害文学"与"绿色文化"之间是有着并不矛盾的逻辑关系的。

于是,我把自己的这种认识,在年会上做了一个即兴发言。

参加过那次年会后,我便开始留心起郭因先生和他发表在报刊上的一些文章。知道他出生在徽州,那地区有着徐霞客盛赞的"登黄山天下无山,观止矣"的黄山,更有扬名海内外的徽墨、徽砚、徽菜、徽雕、徽派建筑。画山绣水的徽州,赐予了他人生最大的财富:对美的敏感、向往、热爱及执着。于是还知道他是个完美主义者,又兼有很浓的浪漫主义色彩;知道著名作家鲁彦周那部轰动一时的《天云山传奇》,影片中的主人公就有着从家乡的山脚下走出来的郭因夫妻的影子。郭因曾因为心直口快、不畏强权,敢揭世间的真相被打成右派分子,虽历尽劫难,却也没有中断过对一生热爱的美学的研究。即便在"四人帮"横行的那段日子,他依然坚信真理终于会战胜邪说,正义终于会战胜魍魉,智慧终于会战胜愚昧,科学终于会战胜荒唐,对"四人帮"政治上的倒行逆施和在文艺上的反动专制,给予无情鞭挞,写出了他当时的代表作《艺廊思絮》。《当代》杂志将他这部诗画兼论、宏博精辟、思想深邃且文字优美的作品连载之后,当即风行一时,好评如潮。

如果说,在改革开放之前,郭因先生的理想还局限在美学的学术圈子里,那么进入20世纪80年代,特别是90年代之后,他的视野就转向了事关人类生存与发展的生态保护这一宏大而严峻的课题。在全社会逐渐变得世俗化、功利化,都在"向钱看"时,他却不知疲倦地致力于研究"经世致用之学",投入语文艺术美学、表演艺术美学、造型艺术美学、景观艺术美学、城建艺术美学和生活艺术美学的研究,一步步地,将美学的研究与美化人类生活以建立和谐美好的世界的总构想结合起来。

他为之竭尽全力并苦苦探寻的,总的来说就是一个"美"字。

他认为,美就是主观与客观的统一,美就是审美主体与审美客体的统一。

他认为,美就是和谐,就是人类这个主体与自然这个客体的和谐;就是个人这个个体、他人这个个体与人群这个集体的和谐,集体与集体的和谐;就是身与心、物质与精神、物质需求与精神需求两个方面各自的诸因素之间的和谐;就是这种种和谐所构成的整体的和谐。

说起来,这有点儿像"绕口令"。当我弄清了以上表述中的深意,便不禁肃然起敬。这使我想到了他在《绿色的心愿》中的诗句:

> 我当不了长跑健将,
> 我只能走出接力赛的第一步。
> 我当不了杰出歌星,
> 我只能唱出大合唱的第一声。
> 我写不出伟大史诗,
> 我只能诌上即景联诗的第一句。
> 我栽不成遍野森林,
> 我只能栽下眼前脚边的第一棵幼苗。

这是郭因先生七十六岁时发表在台湾《远望》杂志上的一首诗。不乏逊意,却依然可以从诗中的"第一步""第一声""第一句"和"第一棵幼苗"中,读出一个已经著作等身的美学家"敢为天下先"的雄心壮志与豪情。

他是这么说的,更是这么做的。

在我压根儿想不到要写《淮河的警告》时,1992 年的 4 月 23 日,中国社会科学院主办的《社会科学报》就在显著位置作了这样的报道:"近年来,一门以关注整个人类、整个地球的命运为宗旨的新边缘学科在安徽兴起,这便是最近被英国剑桥'世界名人传记中心'收录入《杰出人物》第十五版的美学家郭因研究员所倡导的绿色文化与绿色美学。"

是他,第一个将美学带进了更广阔的视野中,让美学走向了绿色美学,走向了大美学;使得美学的涵盖范围更广,升华并拥有大文化的色彩,进入大文化的范畴,具备了大文化的意义;让绿色美学成为绿色文化,帮助人类根据美的规律,为寻求愈来愈好的生存与发展空间进行设想、设计与创造。

有人认为"绿色文化绿色美学"研究的命题太大,研究的范围也太宽泛了,郭因却认为,美学何怕其大,何惧其泛。在他看来人自身、人与人以及人与自然的三者关系中,人与自然的和谐是基础,如果人一味征服自然,把自然弄得不适合人的生存与发展,人与自然再也和谐不起来,那么一切都谈不上了。

他这不是危言耸听,眼前严峻的现实就不幸被他言中。

今年,2021年,无论是对于中国还是对于世界,都是极其不平常的一年。仅仅几个月的时间,就发生了太多太多的事情。五月,墨西哥第二大湖,方圆四百多平方千米的奎采奥湖完全枯竭,裸露出了湖底。它的突然消失,就是因为森林的过度砍伐。7月,科学家们根据测定,地球的自转速度已经呈现加快的趋势,就是说,一天已不足24小时,2021年或将成为几十亿年来最短的一年,而造成地球自转速度加快的主要原因,便是地球变暖导致的地球两端冰川的融化以及地震,世界时钟也不得不进行调整。7月份以来世界各地就持续不断地出现了罕见的高温,科威特的最高气温竟高达73度。由于气温太高,一些汽车的外壳甚至直接被烤化。美国、意大利、西班牙等地相继出现的特大山火,使得数十万公顷的森林、草原和房屋被摧毁,这让地球的高温雪上加霜。随后,包括德国、英国和中国在内的许多国家和地区,又经历了百年一遇的,甚至千年一遇的特大暴雨,湍急的洪水使得大量的建筑物被损毁。紧接着,龙卷风、台风就席卷了全球。美国阿拉斯加半岛以南91千米处发生了8.2级大地震,地震引发的海啸给沿岸地区的人们造成了难以估量的损失。同时,处于热带的巴西却发生了异常的降雪,33座城镇被冰雪覆盖,7月降雪,这是一件令人"细思极恐"的事情。而更可怕的,还属地球南北两极冰川的融化。地球上最寒冷的南极,破天荒地测出了近二十度的极端高温,冰川的融化不仅意味着海平面的抬升,沿海国家和地区被淹没,还意味着大量未知的史前病毒和细菌被释放出来,谁也无法预测这些病毒将会给人类带来怎样的灾难。倘若有一天,占到全球淡水资源百分之九十以上的南极冰川全部融化,海平面将被抬高至少60米,这非但会使地面被淹没,更意味着人类赖以生存的淡水将随之消失！

　　无须再列举出更多的事实了。如果人类依然肆无忌惮地破坏环境，以统治者的姿态对整个地球予取予夺，当量变引起质变时，我们或许连后悔的时间也没有。

　　鲁迅先生说过："将来是现在的将来，于现在有意义，才于将来会有意义。"我注意到，郭因先生自20世纪80年代开始"绿色文化绿色美学"的研究以来，为加强自然环境的保护，他就发表了系列文章，如《保护好人类的"生命伞"》《人类本位与宇宙本位》《人类不能窒息自己》《人类，膨胀将带来毁灭》等等。他痛心疾首地指出，当前人口日益膨胀，耕地日益减少，森林日益破坏，淡水日益紧缺，不可再生资源日益枯竭，环境日益污染，生态日益失衡，在这些问题面前，人类却还在醉生梦死、在竭泽而渔。

　　他差不多是在大声疾呼了！

　　他的这些殚精竭虑创作出的播种爱、播种和谐、播种绿色文明的作品，其价值已远远超出美学的范畴，是一次次敲响的警钟，这些警钟敲得震撼人心！

　　我为自己结识了这样的朋友而感到欣慰。

　　我更为安徽有了这样的一位美学家而感到骄傲。

　　于是，我想，中国古文化终结在安徽，我们不该忘了桐城文化；新文化的发轫也在安徽，我们不该忘了陈独秀和胡适二位先贤；而通向未来的文化亦兴起在安徽，这就是郭因先生的绿色文化。

　　作者简介：陈桂棣，安徽蚌埠人，国家一级作家。出版、发表有《中国农民调查》《小岗村的故事》《淮河的警告》《寻找大别山》等一千余万字的作品，其中四部作品被译成英、法、德、意、日、韩等十多种文字。其作品曾获人民文学奖、中华文学选刊奖、鲁迅文学奖，及尤利西斯国际报道文学奖一等奖。

从美学到绿学
——郭因学术思想的演化

洪咸友

郭因先生是一位享誉海内外的美学家,他的思想,无论是在过去还是在现在,都是引人关注的。从历史的角度看,郭因先生的思想并非一成不变,而是不断发展、演化的。从中我们不难窥见他不断探索、不断自我超越、敢于突破的学术勇气。无疑,探讨郭因思想的演化,对于我们的学术研究是有启发意义的。

早在 20 世纪 80 年代,郭因先生就一再申明他研究的美学是大美学。郭因先生想以大美学来超越传统美学。美学是只管艺术或者要管整个美的问题的争论,是传统美学在美学学科定位问题上的争论。美学史上之所以将康德视为美学的奠基人,正是由于康德第一次为美学寻找到一块属于自己的领域——情感领域,从而使美学摆脱了哲学"婢女"的附庸地位。康德所思考的美学问题的核心是美、美感的共通性问题,正是对这一问题的探讨,开启了美学关于美的问题的研究方向。而作为美学集大成者的黑格尔则在其《美学》三卷本专著中直接申明美学的真正名称应是艺术哲学,从而开启了美学关注艺术问题的研究方向。后世美学基本上是沿着这两个方向前进的。在郭因看来,关于这两个方向哪个才是美学真正方向的争论,在新的历史时期已没有多大意义。虽然郭因先生并没有为他的断言作进一步理论上的论证,没有正面从理论上回答为什么说这一争论在现在已没有多大意义,但我们不能说郭因先生的断言是无缘由的。传统美学，或者更确切地说，新中国成立以后的美学研究在经过20世纪50年代美学大讨论后，实际逐渐地走入了一种误区。进入80年代，美学界开始反思以走出误区，于是有了审美心理研究的努力，有了实用美学的兴起，于是有了郭因的大美学。在我看来，郭因一再申明他搞的美学是大美学，言下之意正是：他搞的美学不是已走入误区的传统美学，而是对美学研究的新的尝试。

郭因先生在《大美学与中国文化传统》中说："我搞大美学是从我的一些特有想法出发的。"在我看来，他的"一些特有想法"主要是基于对人类整体生存与发展问题的思考。这种思考归纳起来，也就是他在多种场合下一再阐明的"三个问题""三大提高"和"三大和谐"以及"三个建设"和"三个化"。

所谓"三个问题"，即人类社会一直面临着的问题：第一，人应该成为一个什么样的人；第二，人与人之间应该有一个什么样的关系；第三，人应该有一个什么样的生存与发展的空间。

所谓"三个提高"和"三大和谐"，即人类历来所努力的方向：第一，人自身质量的提高，以实现个体身心和谐；第二，人际关系质量的提高，以实现人际和谐；第三，人类生存与发展空间的质量的提高，以实现人与自然的和谐。

所谓"三个建设"和"三个化"，即人类解决"三个问题"和致力于"三个提高"、追求"三大和谐"所采取的措施：第一，以自然科学和技术科学进行物质文明建设，以实现真理化；第二，以社会科学进行制度文明建设，以实现善化；第三，以人文科学进行精神文明建设，以实现美化。

郭因先生正是基于这样"一些特有的想法"，而提出他的大美学主张的。在郭因先生看来，物质文明、制度文明与精神文明的建设，就是在建设一个全国范围的"大文化环境""大审美环境"。他以为只有真理化、善化了，才能谈美化，或者使美化与真理化、善化同步进行。因而，郭因先生所言的美学是涵盖了真理化、善化、美化的人类所有的努力和探索。正是在这个意义上，他申言他的美学是大美学，也正基于此，他主张把美学作为美化客观世界与主观世界的一门科学。

1987年，郭因先生提出了他的"绿色文化与绿色美学"的构想，在他的倡导下,绿色文化与绿色美学学会(简称"绿学会")正式成立。学会以追求"终极关怀"、关注全球问题、唤醒人类意识、弘扬"三大和谐"、提倡"两个美化"为宗旨。从学会的宗旨中,我们不难看出,绿色文化与绿色美学的提出实际上是郭因先生大美学思想的延伸。显然,延伸并非重复,也并非换汤不换药。在我看来,从大文化大美学到绿色文化与绿色美学的延伸,一个重要的转折点就是在努力方向上由纯学理的思辨走向了对"导实践"的关注。

其一,当有同志批评郭因先生的大美学是美学的泛化时,郭因先生回答,只要有利于人类的生存与发展,或是有利于国家的现代化建设,美学就不怕"大",不怕"泛"。虽然这一回答并不具有理论上的严谨性,但显然,郭老已无心去从理论上阐明他的大美学到底是美学理论的创新还是美学理论的泛化,而将关注的重点放在如何为我国社会主义现代化建设的工作提供力所能及的具体的思想指导上,这样,对美学界同志的质疑不作学理上的正面阐析,在郭因先生已是必然的了。

其二,回顾绿色文化与绿色美学学会十年来的努力,虽然在学理上,自郭因先生提出其构想后,并没有惊世的重大突破与发展,但在"导实践"上,却有着一系列显著的贡献和成就。对合肥建成园林化、现代化大都市的关注,对巢湖水污染治理的关注,对安徽乃至全国可持续发展的思考……都属学会可喜的成果,而这些成果无疑都得益于郭因先生学术思想的影响,得益于郭因绿色理论的传播。而且这些成果对我国现代化建设和未来可持续发展战略的制定,都有着不可忽视的推动作用。

如果说,郭因先生大美学的提出还属于对美学理论的探讨,那么,他"绿色文化与绿色美学"构想的提出及十年的努力就已为学者走出远离现实的困境,贴近现实,"经世致用"闯出一条新路。而郭因先生已逾古稀之年,仍不忘开拓、创新,积极为世所用,其精神足可启悟后世来者。

作者简介:洪咸友,合肥经济技术学院社科部教授。

郭老与朱光潜研究

宛小平

由安徽美学学会来召开郭因美学思想研讨会是美学界的一件欣事！我与郭老相识还在 20 世纪 80 年代初,那时祖父(朱光潜)每有新著问世,必让我从京返肥时送呈郭老府上指正。因那时我还在大学读书,对美学没有多少深研,读过郭老《中国古典绘画美学中的形神论》,也曾数度登门求教。郭老给我这后学的印象是一位温柔敦厚的长者形象。

后来我有机会在大学教学和研究,因为主要是美学领域,自然开始留意学界对我祖父的研究。不时见到郭老写有关祖父美学思想评述的文章,记得一篇题为《从〈谈美〉到〈谈美书简〉——试论朱光潜美学思想的变与不变》,这篇文章写于 20 世纪 80 年代,今天看来不免留下那个时代的烙印,但在当时众多评述祖父的文章中,能见到祖父学习马列的真诚之心,又能说明祖父并非只是将马列标签贴在自己"美在主客观统一"的观点上,不说是绝无仅有的高见,也是为数不

朱光潜与郭因(左)合影

多的。

文章在谈到祖父美学观的"变"时说：

"在我看来，朱老实际上并非如他自己所说，是从美在主观论转变为美在主客观统一论的，而是从旧的主客观统一论转变为新的主客观统一论的。他现在的这种主客观统一论已以马克思、恩格斯的理论作为自己的有力的论据，有了新的扎实的理论基础，而且是一种对人生持积极态度的阐述，它已和社会实践联系了起来，已和改造世界联系了起来。"①

同时，郭老也指出祖父美学中有"不变"的一贯思想线索。他在文章中写道：美是什么？这个问题，朱老在《谈美书简》中是如何解决的呢？

> 过去和现在，朱老解决这个问题都从人出发。不同的是，过去他要求人们迁就现实世界，苦中作乐，把人生虚幻地情趣化、艺术化。现在则是要求人们改造现实世界，把人生实际地美化。②

这篇文章站在为祖父的美学辩护的立场，并对祖父用马克思主义实践美学深化了早年美是心物媾和的主客观统一论，对祖父晚年美学思想既继承了早年美学观，又发展了主客观统一论给予了肯定。众所周知，祖父的美学观一直被美学界批作实质是"主观唯心主义美学观"，而且当时正有关于人道主义异化等问题的争鸣，胡乔木那篇"定调文章"基本宣判了关于这一讨论的死刑。许多学者也对祖父晚年学习马列持怀疑态度，甚而把他谈人道主义、谈异化视为一桩罪状！

我要感谢郭老持有的清明理智，这在当时是不容易的。我也想趁便联系当

---

① 《郭因美学选集》（第二卷），合肥：黄山书社，2015年版，第370页。
② 《郭因美学选集》（第二卷），合肥：黄山书社，2015年版，第372页。

下美学界研究朱光潜的两种错误倾向,以说明郭老在当时就能很有原则性地指出祖父美学前后期"不能割断"(祖父语)的重要性。

在今天,仍存在"割断"祖父前后期美学思想的错误倾向:一种是大陆某些学者否认20世纪五六十年代美学大讨论,认为那是承续苏联一套落后的哲学美学思维模式,说具体一点是"主客两分"的对象化思维模式,主张用"主客同一"代替这种"主客对立"的观点;另一种是台湾地区,出于意识形态上的对立,竭力抹杀祖父在新中国成立后的美学成就。这两种倾向的共同性都在于对朱光潜后期美学思想的轻视。即使有些学者也意识到祖父后期美学和对维柯研究的价值,但在评价基准上也没有真正理解祖父为何非常强调维柯"人类历史是人类自己创造的"这一命题,并把这一命题和马克思实践联系,甚至和中国传统知行合一说联系在一起,这种种联系都通过一种严谨的学理阐述深化了美是主客观统一的观点。

相比这些错误认知,郭老那篇文章则抓住了要害,既肯定了祖父"以马克思的实践观点论证了美在主客观统一论的正确性"[1],又指出了祖父解决"美是什么"问题的关键是"从人出发"。这一洞见恰恰和维柯受到马克思高度评价的"人类历史是人类自己创造的"观点是一致的,也和祖父把历史学派和自己"美是主客观统一"联系起来是一致的。郭老的这些论述有助于纠正当前美学界研究朱光潜所出现的偏差!

最近习近平在"哲学社会科学工作座谈会上的讲话"中重申:"马克思主义具有鲜明的实践品格,不仅致力于科学'解释世界',而且致力于积极'改变世界'。在人类思想史上,还没有一种理论像马克思主义那样对人类文明进步产生了如此广泛而巨大的影响。"

我想,祖父自己之所以把美学的思想转变"定格"在马克思主义的实践观

---

[1] 《郭因美学选集》(第二卷),合肥:黄山书社,2015年版,第370页。

上,正是因为深刻地认识到这一点。值得强调的是,我认为郭老的美学大体也属于实践美学范畴。郭老最早提出绿色美学,在学术界被认为在生态美学、环境美学之前就认识到人与自然的辩证统一。不过郭老的绿色美学没有忽视人,忽视人的创造力,正如他对朱光潜"美是主客观统一"的评价一样。所以,李泽厚对生态美学"见物不见人"的批评不适用于绿色美学。朱光潜在1960年4月《新建设》第四期上发表的《生产劳动与人对世界的艺术掌握——马克思主义美学的实践观点》一文中对这种实践观点有清楚的表述:

> 马克思主义创始人对于美学所造成的翻天覆地的变革,就在于把美学从过去单凭主观幻想或单凭模糊概念,只看孤立的静止面的那种形而上学的泥淖中拯救出来,把它安放在稳实的唯物辩证的基础上,安放在人类文化发展史的大轮廓里,这样才有可能从全面、从发展去看艺术,才能看出艺术的外在联系、内在本质和发展规律。[①]

当然,郭老对朱光潜的研究并不止于几篇论文,他还写过一部30万字的《朱光潜译传》。我认为他的态度是极端严肃而又端正的。例如对祖父是1981年还是1982年在北戴河参加全国文联组织的读书会一事,学界一般都依据李乔的一篇回忆文章,而郭老认为李乔的文章有错误,在《朱光潜译传》中写道:

> 李乔写的回忆文章说朱光潜夫妇是1982年在北戴河参加全国文联组织的读书会的,可是朱光潜1982年明明在庐山参加的也是全国文联组织的读书会。我怀疑李乔是记错或写错时间了。经函询朱光潜夫人奚今吾先生和朱光潜长子朱陈教授,他们都说朱先生夫妇在北戴河度夏的时间为1981

---

① 《朱光潜全集10》,合肥:安徽教育出版社,1993年版,第214页。

年。据朱先生的侄子朱式蓉教授函告,奚先生为答复我的询问,竟查了一上午的资料,弄得筋疲力尽。①

我仅举一例说明,实际像这样的例子有许多,我认为郭老这部大著在同类著作中更突出了祖父在新中国成立后的美学思想演绎。

今天,群贤毕至,济济一堂来研究郭老的美学思想,我愿借此机会将当初安徽省美学学会成立前夕,祖父抄录赠予郭老的《怎样学美学》"顺口溜"与参会者共勉:

不通一艺莫谈艺,实践实感是真凭。坚持马列第一义,古今中外须贯通。勤钻资料忌空论,放眼世界需外文。博学终须能守约,先打游击后攻城。锲而不舍是诀窍,凡有志者事竟成。老子绝不是天下第一,要虚心争鸣接受批评。也不作随风转的墙头草,挺起肩膀端正人品和学风。

作者简介:宛小平,安徽大学哲学学院教授、博士生导师,安徽省美学学会会长。

---

① 《郭因美学选集》(第二卷),合肥:黄山书社,2015年版,第306页。

"道中庸"而"致中和"

——对郭因美学思想的理论轴心的诠释

刘承华

一

郭因的美学理论是一种大美学的理论,其涉及的领域除了传统美学所包含的文学、绘画、书法、音乐、雕塑、建筑、电影、电视等外,还广泛地涉及生活的其他领域,诸如政治、生产、环境、生态、社会发展,乃至人际关系、人格修养、身心健康等方面。在这诸多方面的论述中,有一基本的思想贯穿始终,并形成郭因美学思想的理论轴心,那就是他的"道中庸"而"致中和",即"由中致和"的思想。

早在全国上下谈"中"色变、斗争哲学横行天下的时代,郭因即举起了"中庸"的旗帜。他写于"文革"时期的《关于真、善、美的沉思刻痕》,其中即有一篇直接名为《中庸之道》的诗体论文,结合历史与现实对古代经典《中庸》中的一些命题进行阐释,高扬了"中庸"思想:

"不偏之谓中",
　这应该是有如飞机的跑道,
　这应该是有如轮船的航道,
　这应该是有如火车的轨道。

"不易之谓庸",
这应该是指的历史要发展,
这应该是指的社会要进步,
这应该是指的人民要幸福。
"天不变",
——客观存在不变,
"道亦不变",
——那么,客观规律也不变。
"君子中庸",
——人民要的是这样的中庸。
"小人反中庸",
——反人民的人反的是这样的中庸。
"不得中行而与之,必也狂狷乎? 狂者进取,狷者有所不为也。"
不是因为这样的中庸之道已行,故误尽了苍生;
而是因为这样的中庸之道未行,才糟蹋了历史。

从那以后,特别是经过20世纪70年代末80年代初的思想解放运动洗礼之后,郭因的"中庸"思想因得到适宜的环境的滋养,很快地生长与成熟起来,并在各种不同的土壤中生下了根,结出了果。

他运用"中庸"思想于绘画美学,提出"中和之美"是中国绘画的最高审美理想。他认为,"致中和"的思想,主要表现在对绘画艺术的境界美、风格美的要求上,人们要求兼有阳刚与阴柔之美,"道中庸"的思想,则表现在对主观与客观、内容与形式等的相互关系的处理的要求上,即要求主客、情景、形神等方面的互相配合与和谐。他认为,应当将绘画艺术中各种各样的关系处理得恰到好处,即"道中庸",从而达到整体和谐的目的,即"致中和"。他还以此来概括绘画美学的发展规律,指出中国绘画美学思想发展的基本线索,就是"道中庸"而"致中和"的思想与各种极端思想发生交锋以及互补。他并由此提出了自己的美学观,认为美就在主观与客观的统一,美就是和谐的实现。

他还进一步以此概括中国文化的基本精神,认为"中和"思想不仅是中华民族传统的审美意识,而且是中华民族从人的生存与发展的需要出发,所形成的基本精神、原则、道德意识与政治意识,可以用来处理人与自然、人与人的关系,以及运用于修身处世。他在儒、道、禅三家中亦分别发掘出"中庸"思想,指出儒家特别推崇在"过"与"不及"之间的"适中",在狂者与狷者之间的"中行者"。他认为道家(含道教)与禅宗也以"中道"为贵。道家在无为无欲与服食求仙这两个极端之间还存在着一个"中道",那就是以"无为"来达到有为的目的,通过顺应自然来达到使一切事物发生应有的变化发展的目的。禅宗在狂禅与冷禅这两个极端之间也有一个"中道",那就是追求"安静闲适,虚融淡泊"、"幽深清远,自有林下一种风流"的"温禅"。他认为正是这种"中道",才是中国思想的主干,是中国文化最为重要的精神支柱,对中华文明的发展起了积极的作用。

他还一反时俗所认定的马克思主义哲学是斗争哲学的偏见,指出马克思主义哲学的终极追求恰恰是大和谐的实现。共产主义社会强调解决人与人、人与自然的对立冲突,使人彻底自然主义,自然彻底人道主义。他认为,正是在这个意义上,中国文化传统与马克思主义,也与西方文化传统有了一个最佳结合点。

如此执着地坚持"由中致和"的思想,又如此广泛地将它与历史、现实、文化现象相联系,无怪乎作者最终要走上"绿色文化与绿色美学"的道路。不难设想,一个有着如此宽广的理论关怀与现实关怀的思想家,他怎么可能把自己限制在一两个学院式的专业圈子中呢?孔子如果仅仅是一个伦理学家,那还怎么成为孔子?释迦牟尼如果仅仅是一个瑜伽大师,那还怎么成为释迦牟尼?马克思如果仅仅是一个经济学家或哲学家,那还怎么成为马克思?从郭因的这种理论视域和思想张力中,我们可以很清楚地感觉到,他在20世纪80年代后期所提出的"绿色文化与绿色美学"的理论主张,实在是他以前理论的一个必然的、水到渠成式的发展,就好像百川归大海一样。因为只有在这里,他的"道中庸"而"致中和",亦即"由中致和"的思想才得以在人与自然、人与人、人自身这"三大和谐"那里得到多层次、全方位的关注。也正是在这里,他的"由中致和"的思想才得到最为彻底的贯彻,"由中致和"的理论才得到更为系统的建构。

二

郭因所主张的"道中庸"而"致中和"的思想,实际上是中外思想史上一个重要的理论遗产,按理讲,这应该是一个自明的、人们很容易接受的理论。然而,情况正好相反。由于在相当长一段时间内人们对这一理论的粗暴否定和对另一些理论的错误解读,使得人们往往将"折中主义""和稀泥""停滞不前""缺乏个性"等与"中庸之道"等同起来,使得相当多的人对它产生了推拒心理。

那么,中和、中道、中庸究竟是不是"折中主义""和稀泥"?是不是缺乏个性和多样性?如果不是,那为什么不是,又如何不是的?这里涉及两对非常重要的范畴:中道与极端,和谐与对立。长期以来我们立足后者而忽视、甚至否定了前者。现在,郭因的绿色理论转而把立足点移到前者那里,去"道中庸"而"致中和"。这种做法的根据何在?也就是说,为什么中和理论能够成立,而两极化的理论不能成立?

宇宙中的万事万物本来就是一个整体。就其整体来说,宇宙是不存在所谓"极"的问题的;即使有"极",那也都共处于一个统一体中,是互相依赖的组成部分。把"极"从自然整体中孤立出来并加以放大是人的所为,是由人的主观角度和主体尺度,由人的分析理性所制造的。分析理性的基本功能是分析,而分析就必须有划分,有划分就要寻找差别,而要寻找差别就不能不使它绝对化,亦即"极化",形成对整体的破坏。所以,分析理性的特点就是两极性,就是把一个整体中的两个互相联系的方面分离开来,成为对立的两极,如左右、高低、南北、东西、前后、大小,乃至是非、美丑、好坏、高低、爱憎、亲疏、贵贱、敌友等。

仅仅有分析理性的"极化",还不至于对整体造成严重破坏。但在分析理性的"极化"基础上,再加上唯我论的价值取向和欲望的动力驱动,便必然会走上单向的"极化"跑道,将"极化"推向极端。唯我论使自我无限制地发展自己,而毫不顾及其他;欲望动力则使这种自我发展以加速度的状态进行。理性(包括分析理性)本来是人类照亮蒙昧世界的一盏灯,但当它被唯我论与欲望支配时,理性之光便变成了手电筒的光柱,是单向而且狭窄的。

但是,"极化"能够成功吗?孤立而单向地自我发展能够实现吗?如果能,那就意味着自然是可以改变的,整体是能够破坏的,因而所谓的自然法则就只能是一句空话。幸而事实并非如此。就是说,我们要想人为地执着于一极而做单向的发展,实际上是做不到的。或者只能短暂地做到,而不能永久地做到;只能表层地做到,而不能实质地做到。

你向一极运动,同时也就在积蓄着向另一极运动的力;你肯定这一极,难道真的就否定了那一极了吗?并非如此。你在肯定这一极的同时,也就在积蓄着肯定另一极的力。就好像一根橡皮筋,我固定其一端,而将另一端向某个方向拉长,那么,我越是往这个方向使劲,橡皮筋越是往这个方向伸展,它所积蓄起来的向相反方向的力也就越大。这也像时钟的钟摆,当它向左摆的时候,它也就在积蓄着向右摆的力。而且,它向左摆的幅度越大,用力越猛,那么它向右摆的幅度也就相应地越大,其力也就相应地越猛。正如郭因以形象化的方式所指出的那样:如果嫌淡,就放盐半吨,如果嫌咸,就加水千斤,如此,就没有可吃之菜了,这就是"矫枉必须过正",就是"反中庸",就是"两极化"。在这两极化的模式中,多加了盐,同时也就积蓄起再加水的力;而多加了水,也同时在积蓄着再加盐的力。如此反复,以至无穷,却永远做不出可口之菜。这是两极化模式所无法避免的命运。

其实,在人生的许多方面,凡是涉及相反的两极状态的,都难免如此。如亲与仇、敌与友、爱与恨、分与合、盛与衰等,都体现了钟摆式的运动模式。我们经常说,"分久必合,合久必分""盛极必衰,衰极必盛""三十年河东,三十年河西"等,说的都是这一道理。这就是我们所说的,在向一极运动的同时也就在积蓄向另一极运动的力。

那么,为什么向一极运动的同时也就在积蓄着向另一极运动的力?

一个根本的原因就在于,宇宙事物本来是一个整体,不存在什么极,而在唯我论和欲望支配下的理性却将它一分为二,将世界人为地割裂开来,并且执着于其中的一极,而否定另一极,违背了事物的自然之道,违背了事物的整体性。违背了道,违背了整体性,那么,道、整体性就会对你进行惩罚,并对你的分裂行径进行补救。补救的方法就是:在你向一极运动的同时,你也就在积蓄着向另一极运动的力。这个力,就是自然要我们付出的代价。就好像3加上1的同时又减去1一样,这"减去1"就是我们"加上1"所付出的代价,所以总体是不变的。而我们往往只注意那"加1",执着于"加1",而看不到那随之而来的"减1",一句话,看不到整体。

它的另一个原因则在理性自身,在于理性永远渴望最遥远的东西。感情与本能都紧紧地攫住现实,它们无法跳离现实一步,只有理性是面向未来,是可以超越现实的。人高于动物之处就在于他能够超越自己的本能而为未来筹划,并且是富有预见性的筹划。动物不会筹划,更不会有富有预见性的筹划,它们的一切生命活动都是按照事先设计好、已经存入本能之中的模式运作的。它周而复始,永远不会有大的改变。只有人能够跳出本能的直接束缚,来设计自己的发展前景和发展模式。所以理性是尽可能地向遥远处伸展,是面向未来,是渴望最遥远的东西。而在两极化的世界中,最遥远的东西正是自身的反面,是世界、事物的另一极。无怪乎老子说:"大曰逝,逝曰远,远曰反(返)。"理性难逃此运,也恰恰是因为它本身就是自然的产物,所以无法超越自然的整体性法则。

这就是自然之命,也就是自然之道。自然是不可违反的,道是不可违反的,整体性也是不可违反的。当人运用理性,将世界一分为二,抓住其一极而否定其另一极,表面上人成功了,实际上理性与整体性的关系只不过是孙猴子同如来佛的手掌心之间的关系,前者怎么也无法超越后者,整体性仍然在冥冥之中控制着你。正因为此,郭因才格外地推崇中国哲学的"对'不及'与'过'一概不满,而总想'执两用中','由中致和',以'中和'为美",并认为这是一个占优势地位的文化传统,因为这才符合自然之道。

这样我们就可以理解,从赫拉克利特到亚里士多德再到黑格尔,西方哲学家们以理性所创造出来的辩证法,最核心的东西就是将世界一分为二,并执其一极,以"肯定"的方式展开自身,而其结果只能是对自身的"否定",并永远在"否定"与"否定之否定"这两极之间摆动。所以,辩证法是正确的。但为什么正确?就因为它真实地反映了这个自然之命与自然之道,真实地反映了人的自尊与狂妄在自然的必然性与整体性面前的尴尬状态。

明白这个道理,那么,下面的这个问题就不难回答了。这个问题是:我们应该是以理性支配欲望,还是以欲望支配理性;是从整体考虑问题,还是仅仅从自我考虑问题?这个问题明白了,"道中庸"而"致中和"这一理论主张的正确性也就不言自明了。

三

对"由中致和"及绿色理论持怀疑和推拒态度的人,往往有这样一些误解和担心,认为"中庸之道"否认差别和对立,反对自我发展,反对个性与多样化,是一种单一化的生存理论与生存状态。实际上完全不是这样。这一点,郭因在他的论述中即已作了清楚的说明。

首先,中和思想不仅承认事物之间存在差别和对立,而且正是建立在这种差别和对立的基础之上的。中国古代哲人就指出过"和而不同"以及"执其两端,用其中"的观点,肯定了差别与对立的存在。郭因就说得更为清楚了。他很早就指出了"统一"与"一统"的不同,指出"统一"是求同存异,而"一统"是灭异求同。他后来在回答人们关于绿色理论中"和谐"含义的提问时也说,和谐从积极的意义说,是多样统一,多元互补;从消极的意义说,是并行而不相悖,并育而不相害。据我理解,和谐中的差异是指统一体中所包含的差异,这差异便是该统一体的生命与活力所在,只有在过分强调或扩张其差异,以至对统一体构成威胁时,才应该加以警惕。

其次,中和思想不否认"极"的存在,不反对个性与自我发展,而是说应该整体地、和谐地、可持续地发展。因为从根本上说,发展只有整体地、和谐地、可持续地进行,才可能有真正的发展。郭因早在"文革"时期就曾经表述过这样的思想:辩证法的灵魂是发展观,而发展观的基础是全面观(整体观)。在整体观的指导下,两极当然是允许的,儒家就存在着与"中行者"共生的"狂者"与"狷者",被孔子看作是缺乏"中行者"的时候的必要的代替品,是"中行者"的一种补充与衬托。他们的存在是有利于发展与丰富"道中庸"而"致中和"这个主流思想的。这就是说,"中道"应该是主流,也自然会是主流,其他的各"极"作为它的衬托与补充完全是合理的,而且是必需的。只有当它极端发展到对整体的和谐构成破坏时,它才应该受到限制。而且,这限制最终也并非只是为了整体,而恰恰同时是为了个体的发展,如果丧失了和谐的整体,那也就必然意味着丧失了个体发展的必需条件与环境。

再次,中和思想更不是人们常常说的是缺乏个性的、单一化的生存理论与生存状态,而恰恰是最丰富多样的,且是唯一有可能造成多元格局的一种思想。人们往往以为,两极性的思维是开放性的,因而是多元格局的保障。实则不然。两极性的思维实质上是狭隘的,而中庸思维才是整体思维。两极思维在思考与行动时始终是以自己为中心、为准则的,即使有时也考虑到对方,那也是将对方作为其对立面,所以容易产生争斗。中庸思维则不同。首先,当中庸思维进行思考或行动时,它不仅看到自己,也看到自己之外的各个"极"。而且,更为关键的是,这些"极"不是被作为自己的对立面对待,而是作为自己的一个参照系,作为自己的一个补充。这样,在两者之间就很难产生对抗的张力,而容易做到互相尊重与关照。其次,因为中庸思维是建立在整体观的基础上的,所以它能够充分领会自然和世界的整体性与人的认识和实践的"角度性"。对于整体的揭示来说,任何角度的努力都是有价值的,因而应该被允许并鼓励。只有在这一理念的支配下,那种互相尊重、共同发展的多元格局才能真正确立。

郭因曾经在答客问时表示,对于任何组织,任何主张,任何学说,他既不刻意求同,也不刻意求异。据我理解,要做到中庸,保持中道,实现中和,有两个要件是必备的,一是整体意识,一是理性态度。我们看到,郭因的学术主张所体现出来的正是这两点。

作者简介:刘承华,时为中国科学技术大学哲学社会科学部教授。

郭因对中国当代美学的贡献

孙显元

美是什么？美学又研究什么？自从有了人类审美活动和美学研究以来，关于这个问题的争论，不休地纠缠着各个历史时代的美学家。这种争论的长期延续，并不是因为人们对争论的偏爱，而是美和美学自身的本质、特点和发展规律使然。美和美学都是一个开放的体系，最富有时代的特征。审美的内容，美学的理论体系，都要随着历史的发展而变化。郭因的大美学，正是美和美学在当代发展的产物，它代表了当代中国美学发展的一个正确方向。

一、大美学的方向

大美学所揭示的中国当代美学发展的方向，首先是美学综合发展的方向，是以美学理论为武器，全面地美化人和人的生活的方向。在二战前，德国美学是西方美学的中心，这个以理性主义为特征的思辨美学，曾成为近代美学史上的一个伟大里程碑。在二战以后，美学中心向美国转移，美学的主题也逐步地从对美的形而上的探讨，转向对美的形而下的研究，即对审美经验的研究。"当代西方美学从总的倾向上来看，仍然在沿着费希纳所提出的美学要舍弃传统的'自上而下'的思辨方法,而采取'自下而上'的经验方法。"①但是,理性主义的美学并没有消失,经验主义的美学则以科学美学和分析美学两大类型,与理性主义的美学相对峙。美学研究的领域扩大了。理论的分化、流派的林立,表现出了当代美学发展的不断分化的趋势。同当代科学的高度分化和高度综合的发展趋势一样,美学在分化中也必然走向综合。这个综合的趋势是什么?李普曼在《当代美学》中说:"从事美学研究的人常常想知道'美学'与'艺术哲学'之间究竟有什么区别。我们有相当充足的理由说它们俩是同义词。"②把美学归结为艺术哲学,这也许可以看作是当代美学发展的一种综合趋势。但是,艺术哲学的建立和发展本身又是一种分化的例证,它既是分化的,又是综合的。这种趋势,对当代中国美学的发展也不能不产生深刻的影响。在我国当代,也有不少人把美学称为"艺术哲学"。这个方向,尽管有它产生的时代理由,但它并不是美学发展的唯一方向。在中国当代美学中,已经产生了另一种新的美学,而且代表着美学综合发展的方向,这就是郭因所提倡的大美学的方向。

在20世纪50年代中期到60年代中期,中国美学研究出现了一个高潮,展开了关于美学研究对象的论战。当时,就有人提出了美学就是艺术学的主张,认为美学就要以艺术为研究对象。在"文化大革命"以后,我国又出现了美学研究的新高潮,对此展开了更为深入而广泛的讨论,拓宽了美学研究的领域。由于美学研究对象十分丰富而多样,人们难以做出准确的界定。在这场讨论中,郭因对美学研究中的分化和综合的问题,提出了新的见解。他说:"至于美学研究以什么为中心,我认为,大可不必硬性规定。对于一个美学研究者而不是学习者而言,主要搞什么,就可以以什么为中心。如搞技术美学的人以技术美学为中心。从什么地方入手呢?由于美总是对人而言的,是为了满足人的审美需要的,因

---

① 朱狄:《当代西方美学》,北京:人民出版社,1984年版,第3页。
② [美]M.李普曼编:《当代美学》,邓鹏译,北京:光明日报出版社,1986年版,第1页。

此,从人们的审美经验、审美心理入手,可能是对的。而美学研究总的目的是一个:有利于美化人们的主客观世界。"①研究什么就以什么为中心,这是美学研究的分化。但是,美学有一个总的目的,这又是美学研究的综合。大美学就是在这种分化基础上的综合,而综合的集中表现,则是美学研究以美化人们的主客观世界为目的。

中国美学要走向大综合,也已是不少有识之士的共识。《中国当代美学》的编者指出:"在当代,美学自身的综合正期待着人类自身的综合。人类自身的综合又呼唤着美学自身的综合。"②"当代美学将是一种'大美学',一种跨众学科之疆域,居众学科之首位的'大美学',将是双手抱起呱呱坠地的新人类或曰'大人类'的助产师!"③

二、大美学的意识

要创立大美学,首要的条件,是要有大美学的意识。郭因一直认为,搞美学的人,要有大美学的意识,搞文化的人,要有大文化的意识。大美学的意识,就是综合的意识。

郭因曾分析美国先锋派电影与科技的联系,不仅表现在探索意识与下意识的"内界",而且表现在探索宇宙与生命的"外界"。先锋电影派认为,人们必须学会重新生活,以生态学家的身份成为新环境的一部分,而不是作为反环境、反文化的因素,处于与环境对立的地位,做什么征服自然的英雄。郭因很欣赏这种以生态学家的身份成为新环境的一部分的观点。他说:"我认为,每个人都具有宇宙意识,都把自己看作宇宙的一个分子,这不仅有未来学的意义,而且有美学的意义。因为,面向未来,人类不首先考虑整个宇宙生态环境的保护与改善,人

---

① 郭因:《审美试步》,西安:陕西人民出版社,1984年版,第27页。
② 张涵主编:《中国当代美学》,郑州:河南人民出版社,1990年版,第9页。
③ 张涵主编:《中国当代美学》,郑州:河南人民出版社,1990年版,第10页。

类就无法生存,更谈不到发展,谈不到一切。而人类与其生存发展的整个环境的和谐也正是美学所最终追求的人与自然,人与人,人自身三大和谐之一,而且是其他两个和谐的基础。"①人类的生存,不仅需要自然的生态环境,更需要社会的生态环境,需要美学的生态环境。美学家应该以美学生态学家的身份成为新环境的一部分,美学也应该以生态学的身份成为大生态学的一部分。这就是大美学的意识,是把实现人与自然、人与人、人自身的三大和谐作为美学家和美学的最终追求的意识。这种大美学意识,就是绿色意识。绿色文化、绿色美学也是在这种绿色意识的背景下提出来的。

大美学,或泛美学,它的"大"和"泛"的特点,表现为它突破了美学即"艺术哲学"的境界。人们总是把美与艺术联系在一起。但是,美与艺术到底还是具有不同内涵的两个概念。"美不等于艺术,而艺术也不只是追求美。"②郭因把美学的内容和体系,规定为美学原理、艺术美学、技术美学和审美教育四大部分。而他特别强调的是后两部分,即技术美学和审美教育。不仅如此,大美学还把美学的研究对象扩大到了整个人类的物质生活和精神生活的一切审美领域。诸如政治美学、公关美学、社会美学、行为美学、体育美学、饮食美学、医学美学、服饰美学等等,一切有关三大和谐的美学问题,都成了大美学的理论研究内容。这样,大美学惊人地突破了艺术美学或艺术哲学的范围。此举也大大地拓宽了美学的研究领域。这种反传统的主张,不免招来了人们的异议。有人贬它为美学的泛化,称它为泛美学。与众不同的是,郭因却变贬义为褒义,他认为只要对社会主义现代化建设有利,美学何怕其大,何怕其泛。郭因的这种宽容的态度,亲自实践了他自己所主张的大美学意识、绿色意识。

---

① 郭因:《电影美学与宇宙意识》,载《艺术探索》,1995 年第 2 期。
② [波]沃拉德斯拉维·塔塔科维兹:《古代美学》,北京:中国社会科学出版社,1990 年版,第 1 页。

三、大美学的对象

大美学的研究对象是什么？这必须在大美学的意识指导下，才能科学地加以确定。因为，既然大美学是一种泛美学，它的对象就不可避免地带有综合性。郭因认为，大美学的研究问题是：美在哪里？美是什么？如何求美？

关于美学的对象，美学界大体上有以下几种说法。一是说美学是研究美的，二是说美学是研究艺术的，三是说美学是研究人对现实的审美关系的，四是说美学是研究审美经验的，等等。郭因在考察了这几种说法以后，认为这些说法基本上还只是在老路上打圈子。要开创美学研究的新局面，在美学的对象问题上，思想应该再解放一点，视野再开阔一点，步子再迈大一点。

大美学的对象，是由美的本质所决定的。为了正确地理解美学的对象，必须进一步阐述美的本质问题。郭因认为美的本质实际上是两个问题：美在哪里？美是什么。

美在哪里？美在主客观的统一。美既不是单纯主观的，也不是单纯客观的。它既取决于审美客体的属性，又取决于审美主体的审美意识。所以，美的创造既取决于对象中的可用以创造美的美的潜因，又取决于主体的审美理想、情操、趣味、智慧、才能、技巧等审美、创美的潜能。美的欣赏在于客体的美的潜因与主体的审美潜能相互作用后的统一。

在明白了美在哪里的问题以后，关于美是什么的问题，就迎刃而解了。美是人们按照美的规律创造出来的，并使人们得到审美享受的东西。美的规律是物的尺度和人的尺度的统一。由于美带有主体性，关于一种事物是美还是不美的审美价值判断，在很大的程度上依赖于审美主体。因此，美是什么？对于无产阶级来说，有自己的特殊感受，有自己特殊的审美观。"一切能使人们向上与向前的、有形象的、作用于人们的精神、使人们有一种精神上的高尚的快感的、能促使人们为共产主义奋斗的东西,都是无产阶级所认为、所要求的美。"①这就是郭因从人们的感受出发,给无产阶级认为的美所下的定义。

解释了美在哪里和什么是美的问题以后,第三个问题就是如何去求美了。郭因的回答是:实现三大和谐,即人与自然的和谐、人与人的和谐、人自身的和谐。正是对美的这种追求,决定了大美学的理论体系和功能。

根据对美的本质的规定,以及追求美的途径,郭因最后得到的关于大美学的研究目的和研究对象的结论是:"既是社会科学又跨着自然科学的美学是人们用来认识与美化主客观世界的。它的研究目的是求美;研究对象是:美在哪里,美是什么,如何求美。"②

四、大美学的体系

大美学的体系,就是由美学的科学性质所决定的。具体地说来,它的体系包括四个组成部分:一是美学原理,二是技术美学,三是艺术美学,四是审美教育。

关于美学原理,包括以下的内容:美学的研究对象与范围,美学与其他相关科学的关系,美学研究的方法;美的本质,美的分类,美感,美感与真实感、真理感、善感的关系,审美范畴。

关于技术美学,包括以下的内容:把美学与社会学、心理学、生理学、人体工程学、经济学、生产工艺学、声学、光学、色彩学、化学、生态学、造林学、建筑学、城市规划学等结合起来研究与应用,以美化人们的劳动与生活的环境及条件,美化劳动产品,加强这些方面的审美因素,从而潜移默化地增强人们的身心健康,提高人们的劳动效率,提高人们的精神文明素养,更好地满足人们各个方面的审美需要。

---

① 郭因:《美,终将战胜丑》,载《安徽日报》,1980年8月。
② 郭因:《如何开创美学研究的新局面——谈美学研究的对象到底该是什么》,载《福建论坛》,1983年第3期。

关于艺术美学，包括以下的内容：研究艺术文学（诗歌、散文、小说）、戏曲、电影、绘画、雕刻、音乐、舞蹈等的社会职能，艺术创作中的审美主体与审美客体，艺术美与现实美、形式美与内容美、传统美与创新美、典型美与理想美、艺术家的人品美与艺术作品的境界美与风格美、艺术美的创造与欣赏等，目的在于帮助艺术家创作出美的艺术作品和帮助欣赏者去更好地欣赏美的艺术作品。

关于审美教育，包括以下的内容：美对人的塑造，通过家庭美育、学校美育、社会美育塑造出心灵美、行为美、语言美、能欣赏美又能创造美的代代新人。

这就是大美学所要建立的科学体系。对于这个体系，郭因说："美学应该是一个开放的体系，它应该吸收古今中外美学研究的一切有益的积极的成果。"①

五、大美学的功能

大美学的意识、对象和体系，充分地反映了美学发展的综合方向。此外，大美学所反映的美学发展的另一个方向，就是美学的应用方向。在这里，大美学的"大"和"泛"的特点，表现为它不仅包括美学基础理论的研究，而且包括美学应用理论的研究。这个应用方向，体现着美学功能的根本转变。

鲍桑葵在他的《美学史》的《前言》中的第一句话，就开门见山地说："美学理论是哲学的一个分支，它的宗旨是要认识而不是要指导实践。"②把美学的功能只是限制在认识功能上，而否认它具有指导实践的功能，是传统美学的最大的缺陷。

郭因继承车尔尼雪夫斯基关于美是生活的思想，认为美是理想的生活。因此，美学的最大功能应该是美化生活，使我们的生活更加美好。这就把美学理论对实践的指导作为美学的最基本的功能。郭因认为，美学的功能应该是多方面

---

① 郭因：《如何开创美学研究的新局面——谈美学研究的对象到底该是什么》，载《福建论坛》，1983年第2期。
② ［英］鲍桑葵：《美学史》，张今译，北京：商务印书馆，1985年版，第1页。

的,它有认识的功能、教育的功能、审美的功能。所有这些功能,归根到底,都是以美化人们的主观世界,造就整体的人为目的的。美化人们的客观世界的最终目的,也是为了美化人们的主观世界,造就整体的人。美学的这个美化功能,就是美学的实践功能。

美学的这种美化功能,要求发展应用美学。技术美学就是应用美学的一个分支。郭因致力于发展技术美学,正是为了实现美学的美化功能。他又致力于审美教育,这也是为了实现美学的美化功能。关于技术美学与审美教育的关系,郭因指出:"可以说,技术美学是通过美化客观世界去美化人们的主观世界,而审美教育则是通过美化人们的主观世界去美化客观世界,两者相辅相成,相得益彰。"[1]实现大美学的美化功能,正是实现大美学的美的追求。郭因之所以要搞大美学,是因为他有一些特有的想法。他一直认为,人类社会出现以后,面临的问题尽管千千万万,但大可归纳为三个问题:第一,人应该成为一个什么样的人;第二,人与人之间应该有一个什么样的关系;第三,人类应该有一个什么样的生存与发展的空间,即人类应该有一个什么样的社会物质环境与自然环境,以及人与这个环境应该有一个什么样的关系。他还一直认为,人类自从成为人类以后,一直有意无意地致力于三个提高:第一,提高人自身的质量;第二,提高人际关系的质量;第三,提高人类生存与发展的空间的质量。他还把解决三大问题,致力于三个提高,归结为一个目的:使人类更好地生存与发展。为了更好地解决三大问题,致力于三个提高,必须进行三个"化":真化,即真理化;善化,即道德化;美化,即艺术化。实现这三个"化",又必须进行三种建设,即物质文明建设、制度文明建设和精神文明建设。在三个"化"和三种文明建设中,美化起着特殊的作用。只有通过美化,才能使人自身、人与人、人与环境达到一种和谐的审美境界。显然,要实现美学的这种最高追求,单靠艺术美学是远远不够的,至少是不能完

---

[1] 郭因:《大文化与大美学》,载《学术界》,1986年创刊号。

全实现的。要完全地实现这个最高的追求,必须搞大美学、泛美学。

六、大美学的方法

　　大美学的创立,需要有大美学的方法。从大美学的体系和功能来看,大美学完全是建立在人们审美活动中一系列关系的基础上的。这些关系是:人与美的关系,对象与美的关系,人的美与对象的美的关系。所有这些关系,都要由人与对象之间的对象性关系来说明。这就决定了大美学的研究方法,就是对象化的方法。

　　对象化方法是马克思主义关于对象化活动的理论转化而来的认识方法和实践方法。它"既不是纯粹的直观,即从单纯的客体形式去观察事物,也不是片面的主观,即从单纯的主体形式去观察事物,而是从实践的形式来理解现实。这就是主体和客体的统一。这种理解现实的方法,就是对象化方法"[①]。

　　美是从哪里来的?郭因发挥了马克思的观点,认为美是人的本质力量的外化,是人通过劳动创造的。人的本质,不仅外化为人自身(主体)的美,而且还外化为人的对象(客体)的美。正是在这里,郭因找到了大美学的功能和追求的内在根据,找到了建立大美学的科学方法。

　　郭因在《人性、人的本质和人的美》中表示,人自身的美与人自身所占有的人的本质之间,有着不可分割的联系。如果人占有人的本质,人就成为美的人;如果人的本质发生了异化,人的美也就异化为丑;如果克服了人的本质的异化,实现了人性的复归,人的美也就战胜了人的丑。所以,人的美,产生于人的本性;人性,大写的人性,光辉不灭、精华永存的人性,是美之所在,是美的源泉。

　　当然,美不只局限于人的美,人的对象、人的环境、人类社会等等,都存在着美与丑的对立。对象的美又是从哪里来的?对象的美,是人的本质力量的对象

---

① 孙显元:《马克思主义科学方法论》,北京:人民出版社,1993年版,第197页。

化,是占有人的本质的人性的对象化,是人的美的对象化。郭因认为,马克思虽然在《1844年经济学哲学手稿》中说过劳动产品是人的本质力量的对象化,但是,这并不等于说一切劳动产品都是美的。"实际上,即使同是艺术家,甚至同一个艺术家,由于各种原因也很难保证他的产品有同等程度的美。但又的确可以这样推论:既然人的本质力量包括人的审美理想、审美能力和利用对象的物种条件在对象上实现自己的审美理想的创造美的技巧,那么只要是的确全面实现了人的本质力量的劳动产品,那的确将会是美的。《手稿》所说的'劳动创造了美',也就是指的这样的劳动创造美,而并非认为只要是劳动就能创造美。"①美是由人们的劳动所创造的,又被人们所占有。通过劳动,人的美外化为对象的美。主观世界的美、客观世界的美,主体的美、客体的美,物质的美、精神的美,所有一切的美,都是人通过劳动创造的,都是对象化的结果和产物。对所有这些美的规律的概括和总结,就是大美学。

美与人的这种关系,规定了美学与人的关系,使美学成为人学。我们说美学就是人学,这主要不在于美学是研究人的,而在于美学的研究是为了人的。从这种意义上说,任何一门"学"都是为了人的,所以一切"学"都是人学。但是,美学与其他科学所不同的是,美学是一门特殊的人学,是塑造最美的人的人学。实现这种审美境界的人生和人生环境依赖于美学功能的发挥。所以,人们所需要的美学,是"为我而存在"的美学。离开人来谈美学,这种美学再好,也是没有意义的。郭因所要求的美学,就是这样的大美学。这就是大美学的功能。要实现这种功能,必须使美学理论对象化,美化主观世界和客观世界。这是对象化方法所得出的必然结论。

七、大美学的性质

在了解了大美学的理论内容以后,人们自然会提出大美学与美学的关系问

---

① 郭因:《马克思主义人道主义异化理论美学》,载《芜湖师专学报》,1983年创刊号。

题,即大美学的学科性质问题。有人会问,大美学还是美学吗？郭因的回答是肯定的。

要了解什么是美学,首先要了解什么是美。郭因主张美是主客观的统一,美的这种本质,对于美学和大美学都是相同的;美学和大美学都是研究美的本质和人的审美活动的规律的。这就表明,大美学就是美学,它是美学发展的一个阶段、一种新的理论体系,如同艺术美学是美学发展的一个阶段,一种理论体系一样。

尽管美学把三个和谐作为自己的最高追求,但是,无论是美学,还是大美学,都不把三大和谐的客观规律作为自己的研究对象。这些规律,只能由其他具体科学来研究。例如,人与自然的生态学意义上的和谐,由生态学去研究;人与人之间的和谐所具有经济、政治、文化、社会等各个方面的内容,则要由经济学、政治学、社会学、管理学等学科去研究;研究人自身和谐的学科,则有心理学、教育学等等。对于美学来说,现实中的三大和谐是作为审美客体而存在的,而单纯的审美客体并不是美学研究的对象。如果从最一般的意义上说,美学以美的规律为研究对象的话,那么,三大和谐的客观规律并不是美的规律,因而它们不能成为美学的研究对象。因为,美的规律是主客观统一的。这种主客观的统一,只能存在于审美主体的审美活动中。只有当三大和谐作为审美对象出现的时候,而且,审美主体在审美活动中获得了审美感受时,才能作出有关三大和谐是否美的价值判断。这种关于三大和谐的审美经验、审美心理和审美判断,正是大美学所关心的问题。美学所研究的,是审美主体在审美活动中如何作出审美判断的规律,而不是审美对象本身的客观规律。大美学所要研究的只能是审美和谐,而不能是现实和谐。

再进一步说,追求三大和谐的,不只是大美学。一切为了人的"学",无不在追求三大和谐。物理学追求物理和谐,生物学追求生命和谐,生态学追求生态和谐,经济学追求经济和谐,政治学追求政治和谐,社会学追求社会和谐,心理学追求心理和谐,伦理学追求道德和谐,等等。为什么大美学仅仅把三大和谐同美学联系起来呢?郭因认为,大美学追求三大和谐,有自己的特殊视角,它所要研究的是其中的美学问题。正如郭因在《关于绿色文化与绿色美学答客问》一文中所说,同其他学科不同,大美学是从审美的角度去提三大和谐的,而大文化与大美学所关心的,是一切有关三大和谐的文化问题与美学问题。可以说,其他的视角和问题,都不是大美学所关心、所研究的。否则,大美学就不再是美学、泛美学,而是非美学了。

所以,大美学并没有改变美学的性质,它也没有同其他学科相混淆,但这并不排除它具有具体内容与其他学科相互交叉的特征。

作者简介:孙显元,中国科学技术大学哲学社会科学部教授。

美学无妨大
——郭因"大美学"小议

汪裕雄

20世纪80年代初,郭因以其"大美学"鸣世。"大视野""大文化""大美学",一连串的"大",确乎已脱离美学常轨,令人耳目一新。然而非议亦随之而至,有人就曾将"大美学"讥之为"泛美学"。

其实,"大"未必"泛"。中国人论"美",原本离不开"大"。"中国哲学之父"老子,以"大"为"道"的别名,声称"道大,天大,地大,人亦大"。这个"大",涵括真、善、美,而且是最高的真、善、美。这个"大",庄子干脆称之为"大美":"夫天地者,古之所大也,而黄帝尧舜之所共美也。"庄子以为道术的使命,不在其他,正在"原天地之美,达万物之理"。

孔子称扬"美",更崇尚"大":"巍巍乎,唯天为大,唯尧则之。"孟子将"美""大""圣""神"视为逐级递升的完整序列:"充实之谓美,充实而有光辉之谓大,大而化之之谓圣,圣而不可知之之谓神。"孔孟所论,是人格的"美"与"大"。但在他们心目中,还有一种高踞于人格之上的"大",即天地之"大"。尧之所以"大",是因为他能"则"天之"大";君子之所以"大",是因为他善养"浩然之气",得以"上下与天地同流"。

儒道两家都既肯定天地的大美,又肯定人格的大美。而"乐",即后世的艺术,则被看成沟通天人,兼摄天(地)人之美的手段。只不过儒家侧重追求"人和",主张"致乐以治心"(《乐记》),道家侧重追求"天和",主张从"不主常声"的宇宙音乐中获取"天乐"(音"洛")罢了。

这样,便不必奇怪,当魏晋玄学整合先秦两汉儒道两家学说,唤起士人审美觉醒的时候,他们追求的便不止有艺术之美,而同时有人格之美、山川自然之美。由天地、人格之大美,导出审美范围之大,导出囊括宇宙人生的"大美学",谁又能说,其中没有中国文化必然的历史逻辑在?

郭因试图全力捕捉的,正是这个历史逻辑。他不嫌絮烦地一再强调大视野、大文化,为的是突出中国传统美学的根本精神,从整体宇宙人生去论美,从天、地、人的大和谐去把握我们民族素来的审美理想。郭因从典籍中刺取六个字概括这个根本精神——"道中庸""致中和"。他认为我们祖先向往"中和"之境,正是以"中道"去调适人自身、人与人、人与自然的诸多矛盾冲突的。

郭因并不是那种只知道掉书袋的书生,他的"大美学"固然来自书本,来自传统,却也来自现实,来自对血与火的现实的独立思考。在他因思想而获罪的二十多年里,尤其在令他不堪回首的十年浩劫中,他几乎被剥夺了一切,但他宁可拼将身家性命也不肯放弃思考的权利。对"洒向人间都是怨"的"斗、斗、斗"哲学,对种种导致人性分裂、人际关系恶化、生存环境恶化的倒行逆施愈是愤恨,向往真善美的回归,向往宁静和谐的人生境界之心便愈是热切。"美是一个大概念",炼狱中的思考告诉他,美不能离开真和善来探讨,不能脱离国家、民族的整个命运来追求。

噩梦醒来是清晨。郭因的"大概念",终于在新时期孕育出令人注目的"大美学",展开为"大开放"的美学体系。

它向一切现实的美开放。它挣脱了西方传统美学拘囿于艺术之美的樊篱,把技术美学、生产美学、劳动美学纳入了自己的研究范围。举凡产品设计、城乡规划、环境美化,乃至居室陈设、梳妆打扮,这些与民生日用相关联的美学问题,统统不曾被排除在美学的视野之外。这种美学,贯彻着利用厚生、民胞物与的仁爱精神，跃动着提倡者热烈的淑世之心。

它向古今中外一切优秀的思想成果开放。郭因在学理上没有所谓的"洁癖"，他是个道地的"拿来主义"者。不论是西方的古典美学还是现代思潮，不论是中国的儒家、道家还是佛家，他都遍考精取，融入自己的体系。而别择去取的依凭便是他久已服膺的马克思主义的人道主义。当他悟出青年马克思"彻底的自然主义""彻底的人道主义"恰可与中国传统文化"道中庸"而"致中和"的人道精神相通的时候，他便毫不犹豫地将自己的理想锁定在人自身、人与人、人与自然的"三大和谐"上，把它视为自己全部美学理论的纲领。

这样一个于古有征、于理有据的"大美学"设想，自不是一个"泛"字能击倒的。从"大美学"提出到现在，时光过去已将近20年。如今，"泛美学"的讥评早告消歇，当代中国美学，随着"审美文化学"的崛起，科技美学的兴盛（最可注意的是华裔学者李政道先生关于"艺术和科学"的探讨，见《文艺研究》1998年第2期），多种形态的应用美学的普及，似乎在日"大"一日，早已呈现出名副其实的"大美学"格局。有信息说，西方一些学者有见于日常生活在日益审美化、艺术化，审美观念无处不在的事实，试图打破过去封闭的传统美学，建立名为"后现代美学"的"大美学"。对此，笔者虽未闻其详，更无意替今日中国的"大美学"戴上什么"后现代"的高冕，但这一信息至少能够说明"大美学"在当今世界，或许是吾道不孤的。

在美学上，郭因是多面手。"大美学"涵盖的诸多领域，他都曾一一涉猎，多有建树。他对《巴黎手稿》的异化概念和人道主义的见解，对美是客体审美"潜因"、主体审美"潜能"两相契合产生的价值的设定，时至今日，似仍不失其深刻意义。绘画美学是郭因的强项，山水绘画美学尤其是他强项中的强项。浩如烟海的画史资料，他早已烂熟于心，所以每有论证，无不信手拈来，俱成妙谛，能发人之所未发。他认定山水画有栖息精神、翱翔精神的双重功能，对形神、气韵、意象意境诸多范畴作探本寻源式的历史性诠释，都足以启示人们窥见其中蕴涵的

"三大和谐",意义更是深长。至于郭因应有关部门咨询而就城乡建设、景区规划所发表的意见,既如他历来参政议政一样,严肃认真,深思熟虑,务求切实可行,也充分展示了他的深厚学养和艺术敏感度。我最激赏的,是他为屯溪城建所贡献的"显山露水"四个字。这四字箴言真可谓一字千金,其中精妙,凡是熟悉屯溪往昔之美、熟悉徽州山水整体之美的人都不难意会。可惜,当地主事者似乎爱好的是高楼,是大道,任它们把屯溪的山水遮盖大半。他们忘记了屯溪作为黄山景区的重要通道,本身应该成为具有山水之美的景点。每念及此,我总为屯溪惋惜,为郭因抱屈。

郭因的"大美学"有它的个性、有郭因的自家面目。他不喜欢咬文嚼字,也不准备师从前人的某宗某派。他最擅长的是不假依傍,"以吾手写吾心",直抒胸臆,点到即止。他本色是位诗人。这固然使讲究逻辑论证的读者感到未能餍心,却也使他的美学论著带有文情并茂的诗性特色,不仅以理喻人,且以情动人。读他的文章,总能使人贴近他的心,为其中蓬勃的热情所征服,所感动。这种境界,自是我们一班久困书斋的书生难以成就而又欣羡不已的。然而,所长也正是所短。郭因提出过"大美学"的许多重要命题,如"三大和谐""潜因""潜能"契合的审美价值论等等,在我看,尚须从美学上深入论证。我是衷心期望郭因继续从事这种论证的,这不仅因为我们都主张"大美学",都致力于"大美学",而且因为郭因是"大美学"较早的倡导者,他完全有能力就此作进一步的发挥和论证。如果郭因能以他赅博的绘画美学资养来从事这项理论工作,那么,他对中国美学的贡献一定会更多,更大。

我和郭因有同乡之谊。他比我年长,我理应以"乡贤"待之。但在我们将近20年的交往中,似乎不存在这一道年龄界线,当我们打起乡谈,讨论美学之时,请益和答疑从来都直来直往,坦诚相见,用不着半点虚文虚礼。他之于我,亦师亦友。我们都号称"徽骆驼""绩溪牛"。尽管岁月匆匆,我们一已年逾古稀,一已年届花甲,但大漠中不计劳苦、终年跋涉的骆驼,"一犁耕到头"从不左顾右盼的老黄牛,依然是我们用以互勉的榜样。就让这样的互勉,伴我们一直到各尽余年吧。

作者简介:汪裕雄,安徽师范大学文学院教授。

郭因绿色美学理论的哲学根源

王明居

郭因先生是著名美学家,是安徽省美学学会的创建人之一,是安徽省绿色文化与绿色美学学会的奠基者。他写下了大量的关于绿色文化与绿色美学的论著,为绿色美学事业做出了杰出的贡献。他的绿色美学理论,见解精辟,内容丰赡,大部分被收集在四大册《水阔山高——我的审美跋涉》的皇皇巨著中。笔者在学习过程中,收获很多,但要全面系统地把握它,并用文字详细地表述出来,则是颇为不易的。这里只是从一个角度谈谈自己的感受。

郭因先生是用美学家的眼光去歌咏绿色的,是用文学家的眼光去描绘绿色的,是用哲学家的眼光去透视绿色的,因而,在他笔下所表现出来的绿色,充满了蓬勃的生机和活力,充满了欣欣向荣、不断发展的生命精神。他在《我的绿色观》一文中表示,他的绿色观便是他的哲学观。郭因先生的绿色观,不单单是色彩学、生物学、生态学上的,而是包容色彩学、生物学、生态学,又超越并指导着色彩学、生物学、生态学的,这就是哲学。正由于他把握了绿色的哲学底蕴,才能揭示出绿色美学的精髓(生命精神)。绿色不仅是生命的象征,而且是生命的本质;绿色不仅外化为形式美,而且凝聚为内容美。只有高屋建瓴,从哲学上观照绿色,才能透视出绿色的原本意义。

郭因先生不仅揭示了绿色的生命精神,而且对绿色的生命精神做出了全方位的深刻的剖析。绿色的生命精神的灵魂在于"由中致和"。"中"指的是不偏不倚的无可代替的最佳道路,"和"指的是包括人与自然的和谐、人与人的和谐、人自身的和谐三个方面的整体和谐。三大和谐是符合人类生存与发展的客观规律、道德准则和最高审美理想的,这便是郭因先生所说的真理化、善化和美化。为此,他认为自由与和谐是血肉相连的,与和谐结合的自由,与自由结合的和谐,就是美的最高境界,最高境界的美。当然,自由与和谐交融的最终结果还是化为和谐。和谐与自由相反相成,是真善美的统一。和谐统一于美,因为真善美的统一是以真为基础、以善为灵魂、以美为造型的。这便是郭因先生所说的"美化"。正由于郭因先生把真善美的统一归结为和谐并显示在绿色生命中,因而便完成了他对绿色美学的哲学创造。这样可以看出,真善美的统一加上和谐加上绿色,既表现了构成绿色美学系统中的基因,又显示出绿色美学形成的过程。作为真善美统一的和谐,如果不与绿色观接轨,就不会出现绿色美学。郭因先生的成就在于实现了这种接轨,实现了从普适的和谐论到绿色美学观的飞跃。在美学的历史长河中,歌咏美是和谐的美学家,代不乏人。古希腊毕达哥拉斯学派早在公元前六世纪末就提出过"美是和谐与比例"[①],意大利中世纪末美学家托马斯·阿奎那在《神学大全》中认为美的三要素是完整、和谐、鲜明[②]。德国古典美学大师黑格尔认为:"和谐是从质上见出的差异面的一种关系……各因素之中的这种协调一致就是和谐。"[③]这些都是典型的经典性的和谐论。郭因先生继承了先辈美学大师的和谐论,并紧密联系实际,加以发展,和他的绿色观相渗相融,从而创造了绿色美学,这不能不说是美学研究领域的一大突破。郭因先生提出的绿

---

① 北京大学哲学系美学教研室编:《西方美学家论美和美感》,北京:商务印书馆,1980年版,第13页。

② 参见北京大学哲学系美学教研室编:《西方美学家论美和美感》,北京:商务印书馆,1980年版,第65页。

③ [德]黑格尔:《美学》第一卷,朱光潜译,北京:商务印书馆,1979年版,第180页。

色美学,可以说是对和谐论的新的超越,这是绿的超越。

绿色美学的提出,具有强烈的现实性和急迫性。当今世界,工业污染日趋严重,生态环境惨遭破坏,人与自然的矛盾十分尖锐,人与人的关系非常紧张,人自身内在冲突频频发生。要之,人与自然、人与人、人自身处于失衡状态。因此在主客观的关系上,必须进行调整、协作,否则就难以维系地球人的生存。而郭因先生以三大和谐为特色的绿色美学,正是适应地球人生存、发展的现实需要而自然地提出来的,因而是符合客观事物发展的规律的,是体现出必然性的。

绿色美学的提出,有其深厚的哲学渊源,它的三大和谐论,是深深地植根于祖国传统文化的基础之上的。郭因先生在《中西文化碰撞中的〈易经〉》一文中指出,这三大和谐的思想早就完整地出现于《易经》之中,又在《中和思想是中国传统文化的主流》一文中,把《中庸》中所提的"道中庸"与"致中和"串在一起,以此作为绿色美学和谐论的哲学源头。

的确,早在《易经》中,已经含着"中"与"和"的字样,但尚未连接为"中和"一词,然而中和思想已隐于其中。儒家则发展了中和论。《中庸》第一章:"喜怒哀乐之未发,谓之中;发而皆中节,谓之和。中也者,天下之大本也;和也者,天下之达道也。致中和,天地位焉,万物育焉。"这是从哲学本体论的高度去把握中和之道的。通俗地说,执中公允,谐和变通,叫作中和。中和的价值是全面、变通、公正、融洽。《论语·子罕》所谓"叩其两端",就是指全面的两点论。改变执一不二的偏颇,使之具有可调节性、灵活性,就是指变通。《论语·尧曰》所谓"允执其中",《雍也》所说的"不偏不倚",就是指公正。《尧曰》所宣扬的孔子的"五类"观"君子惠而不费,劳而不怨,欲而不贪,泰而不骄,威而不猛",就是指融洽、协调。对于古老的中和之道,郭因先生阐释"道中庸"而"致中和",就是用最佳方法,去取得整体和谐的最佳效果。绿色美学的探索,正是以祖国优秀文化传统为起点的。

郭因先生在寻根究源时,最注重《易经》。他认为《易经》最先提出了主张追求人与自然、人与人、人自身三大和谐的思想,与追求宇宙整体和谐的思想。这一论断的根源何在呢?探本求源,是基于和谐所显示出来的生命精神。只有基于和谐,万物才能生存、发生、发展,从中表现出生机盎然的活力。《易传·系辞》中所说的"生生之谓易",就是对于《易经》生命精神的概括。如果破坏了和谐、取消了中和,万物就不可能获得赖以生存的土壤,就不可能获得发展,就不可能获得永不枯竭的生命力。

《易经》的生命哲学揭示了生命发展的和谐美,透视了万物生生不息、推陈出新的创造性。生命永远处于运动的和谐、和谐的运动中。宇宙大化的和谐运动,是生命发生、发展、创造的动力。六十四卦的运作不息、阴阳爻的矛盾统一、吉凶善恶的相生相克、否极泰来的循环往复,都包含着生命的运动,然而最终都归于和谐。生命之河,在运动中卷起无数浪花、波涛、急湍、狂澜、暗流、旋涡,它们相互碰撞,彼此融合,在新的基础上形成了新的结构、体积、力量、状态,这就出现了新的生命之河,新的和谐。《易经》正是基于和谐,以不断创造和谐的眼光去透视生命之河的流动状态的。黑格尔说:"生命本质上是活生生的东西。"[①]"生命的概念是灵魂。"[②]这和"易"之生命精神是相通的。郭因先生深谙易理,故能取其精粹,为己所用,引而发之,用于绿色美学,使其成为绿色美学之哲学根源,这就完善了绿色美学系统的理论创造。

作者简介:王明居,安徽师范大学文学院教授。

[①] [德]黑格尔:《小逻辑》,贺麟译,北京:商务印书馆,1997年版,第404页。
[②] [德]黑格尔:《小逻辑》,贺麟译,北京:商务印书馆,1997年版,第405页。

圆圈与螺旋

——从"和谐"的演变观照绿学派的"和谐观"

胡迟

一

中国文化经历了四次大交融。第一次是从先秦至汉,完成了中原华夏多种文化与四夷文化的交融,也可以说是东、西、南、北、中汇集而成了中华民族文化——杂糅王霸黄老的儒家学说。第二次是汉以后,中华民族的本土文化迎来了外来佛教文化的冲击。隋唐时,出现了中国化的佛教宗派——禅宗,且有压倒儒道之势。最终,儒释道合流,中国传统文化在吸收、融合佛教文化的同时,也改变了自己的形式,出现了宋明理学。第三次是近代鸦片战争之后,西方资本主义以坚船利炮打开了中国的大门,中国文化界领悟西方民主共和的概念,形成了中西交融的从洋务派到孙文学说的中国近代文化,中国人民从而推翻了帝制,创立了共和,进而将西方马克思主义与中国革命实践相结合,形成一种以毛泽东思想命名的中国现代文化,并夺得中国新民主主义革命的胜利。第四次是改革开放之后,中国文化以更加开放的姿态与西方各种文化思潮交融,形成多元互补的以邓小平理论为主导的当代文化格局。在这四次交融中,"和谐"的含义被不断地刷新,而这被不断刷新内涵的"和谐"一词沿着历史长河一路流传下来,在今天新崛起的绿学派的枝头再一次绽放。从古到今,"和谐"是怎样演变的?今天的绿学派赋予"和谐"一词以什么新的含义？绵延不断、万古常新的"和谐"是人类手中最终将点燃圣火的火炬，还是人类代代流传却早该摒弃的一个乌托邦之梦呢？且让我们从"和谐"的起点开步再走一回。

二

"和谐"的提出，始于先秦。《易经》《礼记》《吕氏春秋》《黄帝内经》等从不同方面论证了以阴阳五行为内容的和谐，认为天地、阴阳、刚柔、上下等都是以此之过济彼不及，以此之刚补彼之柔，在彼此的融合中求得最佳的和谐效果。其中，儒家重视人为规范之和，突出人的能动性与群体意识；道家倡导自然之和，讲究顺物天性，无为而治。儒、道的"和"分别体现在血亲关系的宗法制度与天人相和的农耕生产中。在先民素朴的观念里，宇宙是一个自转不息、阴阳相克相生的大系统，人与自然、人与人、人自身只要顺应这个系统的流转，就会达到"和谐"。这个观念一方面培养了天人合一的整体意识，另一方面也将个人的价值置于天地自然与社会群体的整体价值之中。待到王霸黄老糅合的汉代文化出现，"和"字之中更以"天人感应"学说嵌上法家内核，形成外儒内法的文化结构，以封建法度来使整体调谐而在外观上呈现"和"的面貌。

佛教自汉代开始传入我国。经三国、西晋，至东晋，王朝更迭，社会处于不断动荡变化之中，佛教乘此机会，通过民族化、中国化的"曲径"深入中国，并逐渐为人们所接受。从开始的"以道视佛"到魏晋的玄学本体论兴起，到"三教同源说"，到唐初的儒释道合流，印度的佛教文化与中国文化的交融走过了一段漫长而微妙的历程，最终融合而成新儒学——宋明理学，这标志着佛教与中国传统文化相融合的彻底完成。

宋明理学在本然之全体上，构造了自然、社会、人生一体化的系统思维模式，周敦颐在《太极图说》中把宇宙生成，万物化生的理论和人类、社会的产生以及道德伦理准则、规范融合在一起，构成"立太极"结构与"立人极"结构。这种思维模式被后来的朱熹做了详尽的发挥和完善,以"太极"为宇宙间总的"理",而以"理"为宇宙间最高的范畴。朱熹认为"理"是至善至美的人的本根,是先天的"性",人应当守此之性而摒弃不纯的"气质之性",即所谓"存天理,灭人欲",以"天理"为本体来控引性情,以"道心"为旨归来端正"人心",达到中和。

很明显,在宋明理学中,理学家们吸收了印度佛教的"禁欲"思想。因为印度文化中的"出世"不是以超越为途径,而是剥夺人的一切欲望,通过今生的苦行求得来世的幸福。因此,理学引入"禁欲"之说,中国文化的自在自为的"自然和谐"就变成了严密的、固定的"秩序和谐",在进一步强化群体意识的同时,榨尽了个人生命的新鲜的汁水,使这大一统的"和谐"中充斥了"有人之形,无人之情"的"阉人"。如果说秦汉的"和谐"是一个阴阳流转的太极图的话,宋明理学所倡导的"和谐"则是根据"理"的尺度画出来的一个标准的、封闭的圆圈。在这个圆圈里,万事万物都有明晰的定位,稳固成一种惰力。在系统的有序运作下,中国文化失去了创造性发展的空间。

正当中国文化在理学的围城中昏昏欲睡之际,鸦片战争一声炮响,使中国被动接触了西方的文明成果:西方资本主义文明。从鸦片战争至甲午战争,中国人在器物上长了见识;从甲午战争到1911年共和革命,中国人在制度上开了眼界;从辛亥革命到"五四"新文化运动,中国知识分子通过对东西方文明的全面比较,似乎遭到一声棒喝,蓦然惊醒。于是,"五四"文化高扬民主、科学、个性自由的大旗,开始了反封建反礼教的艰难道路。两千年的封建文化铸造的"圆"被刚刚苏醒的中国人从不同方面进行着突破。西方"征服"的主题一时间覆盖了我国传统的"和谐"理论。

在"五四"新文化运动中,社会主义也是被当作西方文明引进的。由于当时中国资本主义并不发达,因此资本主义学说在中国的许多方面都显得"英雄无用武之地"。而社会主义学说由于强调了以斗争为途径,以"大同世界"为旨归,既满足了当时中国人对传统文化的反叛心理,又暗合了中国人摆脱不掉的文化潜意识：和谐。于是，互助论、工读主义、泛劳动主义、新村主义纷纷登台。"五四"之后，马克思主义作为科学社会主义的理论武器，使中国共产党夺取了新民主主义革命的胜利。但是，在由新民主主义向社会主义迈进时，由于新民主主义发展得并不充分，也由于在社会主义建设中对马克思主义的误读，在一片"不破不立"的口号声中，以铲除一切旧文化和打击存在的各种思想异端为特征的"文化大革命"使中国当代文化演变成一个色调单一、没有来路也没有去路的文化畸形儿，成为阿Q画的圆圈，一个扭曲的圆。它以扼杀一切异端来成就自身的圆满，付出了巨大的代价，却没能在这一次中西文化的交融中建立起真正的社会主义文化。

可以说，"文化大革命"在大方向上是一种对"五四"思潮的逆动。它的负面影响使我们在改革开放的今天，面对汹涌而来的各种西方思潮显出了取舍上的踌躇。在"五四"时期，中西文化各成体系。中国文化是静态的、内倾型文化，它常常形成封闭的圆形系统；西方文化是动态的、外向型的进取文化，像一支目标明确的箭头。很明显，中国文化的优势在于精神的自足，缺点在于因自足而失去了创造的原动力；西方文化的优势在于其发展性强，而缺点在于目标的单一性与功利性使人与自然、人与人、人自身都始终处于对立冲突状态，这就导致工业文明必然带来生态、人态、心态三者同时失和的综合危机。如果我们在文化上能将"五四"时期的民主、科学的文化启蒙运动一直延续下来，在中国圆熟的传统文化中有效注入西方文化的那份生机与活力，再加上后来对马克思主义的正确理解和运用，那么，今天的文化景观必是别样情形。可是经过极具负面影响的多次折腾，传统文化离我们远了，新的文化观念又没有确立。而西方从20世纪60年代起却拾起我们传统文化中"和谐"的主题：海德格尔指出，西方哲学与全部文化核心是人类要通过征服自然来谋求幸福，而这是一条十分危险的路。他以为，技术的发展毁坏了大自然，毁坏了人类在地球上生存的基本条件。他从东方的天人合一观中汲取营养，主张人类与自然共存共荣。这种思想在当代西方文化中引起愈来愈多的共鸣。英国的汤因比和日本的池田大作在他们的题为《展望21世纪》的对话录中,提出人类必须"把抑制贪欲、厉行节俭放在第一位",主张发展中国家应"把现代技术的引进只限于对衣食住及公共卫生等基本生活必需品的供给方面","保持传统的牧歌式的以农业为中心的生活方式,而不追求富有"。英国著名学者李约瑟则将人主宰自然的狂热,作为欧洲科学思维最有破坏性的特点之一,而人与万物为一体的思想则是中国优秀的文化传统。

当代中国文化何去何从?是主动抵制现代物质文明的诱惑,退回到传统意义上的小国寡民的和谐世界,还是不顾一切地去走西方工业文明的老路,让脚步停滞多年的中国尝一尝冲刺的滋味?

也许是物质的贫困将中国人束缚得太久,改革开放初期,"生产力的发展""经济的腾飞"被提到第一位,中国人的物质欲望迅速膨胀,"高消费才有高生产""先污染后防治"这些极端的论点纷纷出笼……分析改革初期的种种现象,我们会发现,中国文化在金钱的干预下,已愈来愈趋向功利主义与实用主义。偌大的一个中国,已无处安放"和谐"两个字,这两个字与急功近利的心态格格不入。

三

1988年,安徽崛起的绿学派,在邓小平"和平与发展是当今世界两大主题"这一思想的启示下,在一片浮躁的喧嚣中提出了与拜金狂潮相逆的三大和谐论。他们认为,只有可持续的发展才是硬道理,只有兼顾经济、社会、环境三种效益的经济建设才应该是中心。因此,他们以"三大和谐"来重新建构中国当代文化。

绿学派的和谐观在三个方面赋予"和谐"一词以新的生命力,那就是:人本主义立场、整体意识和发展观点。

中国传统文化一向是将个体生命价值纳入群体价值体系中的,到宋明理学强调"秩序和谐"时,人的立场更完全服从于体制的立场。人的命运、人的生存环境、人的尘世幸福从来都没有在中国传统文化的场景中鲜明地凸显过。"三大和谐"则第一次将人放在"和谐"的中心地位,高扬起人道主义大旗。这种人道主义,是广义的人道主义,以人为万物的中心,以人为人的目的,肯定人的价值、尊严和智慧,一切为了人的尘世幸福和全面发展,为了人与人之间关系的和谐,和整个人类的自由、幸福、完善和美好。正因为绿学派的和谐观是基于广义的人道主义立场的,因此,这个"和谐"里,如马克思、恩格斯合著的《共产党宣言》所说,"每个人的自由发展是一切人的自由发展的条件",即群体的幸福并不以牺牲个体的幸福为代价,而是通过协调,让个体的幸福与群体的幸福互为依托。在《绿色文化与绿色美学通论》中,绿学派更是以人为中心,构建"三大和谐"的架构:人类的根本任务——使整个人类愈来愈好地生存和发展,并日益完善与完美。因而人类要解决三个问题——人应该做个什么样的人?人与人应该有个什么样的关系?人类应该有个什么样的生存与发展的环境以及人类与环境应该有个什么样的关系?因而人类要进行三个提高——提高人的质量,提高人际关系的质量,提高环境的质量以及人与环境关系的质量。为此,人类须进行三种建设——物质文明建设、制度文明建设、精神文明建设。也为此,人类须致力于美化两个世界——人类的客观世界和主观世界。也为此,人类须致力于克服三大危机,追求三大和谐——克服人与自然失和的生态危机,追求人与自然的和谐;克服人与人失和的人态危机,追求人与人的和谐;克服人自身失和的心态危机,追求人自身的和谐。也为此,人类须有一种人类精神——"道中庸"而"致中和",也即以全面协调的手段去达到整体和谐的目的。"三大和谐"在中国文化建构中的整体目标就是:经济富强、政治民主、精神文明三位一体的中国特色社会主义。以科技与民主来建设合理生产、合理生活,物质上非浪费消耗,精神上高质量享受,责任、权利相统一的社会形式与人生形态,即所谓"走绿色道路,奔红色目标"。绿学派之所以将自己的论点紧密地与马克思主义哲学联系起来,是因为他们所阐释出来的马克思主义是真正广义上的人道主义的哲学,如马克思、恩格斯合著的《神圣家族》中所指出的:"工人阶级为要解放自己,就得消灭现代社会一切违反人性的生活条件,使全人类都过着符合人性的生活。"

也正是在这个意义上,"三大和谐"突出"人"的同时又具备了与之俱来的整体意识。也就是说,"三大和谐"在强调"人类本位"的同时又强调着"宇宙本位",主张人类应该由"人"这个中心向广袤的宇宙进行"爱的辐射",将天地万物都看成人类圈的延伸。

"三大和谐"中,人自身的和谐是动力,又是归宿,人与人的和谐是保证,人与自然的和谐是基础,"三大和谐"是缺一不可的整体和谐,它们是一种互动关系,而不是主客体关系。三种和谐一荣俱荣,一损俱损。正因为如此,"协调"就成为这种互动关系中举足轻重的枢纽,也成为"和谐"的可持续发展的一种恒动机制。

传统意义上的"和谐"虽然历经演变,但所有的变化都是囿于一个圆圈中的,不论这个圆是否自行流转,也不论这个圆是否涵盖广大。从总体上来说,这种"和谐"都只适于静态描述。也因此,"和谐"在达成它自身圆满的同时也是它故步自封的开始,再也无法突破自己的"格"。而"三大和谐"从提出之日就将"和谐"与"发展"完美联结,旗帜鲜明地指出,要靠绿色高新科技进入和谐发展的"理想国"。对于西方近来兴起的"技术恐惧症",绿学派认为,工业文明的弊端和危机并不是科技本身的过错,任何事物都具有不同程度的两面性,科技也一样。技术之所以在某些领域构成灾难,一方面是因为人类对科技的认识存在偏差,科技发展得还不完美;另一方面是因为科技被滥用,被不正当的欲望所利用。针对这种情况,人们就更应当发挥人类的主体作用,去科学地驾驭科技,发挥科技的正面效应,抑制科技的负面效应,使科技更好地为人类社会的可持续发展做贡献。

由于绿学派将可持续发展作为追求的终极目的,既不为了"和谐"的稳固而抑制"发展",也不为了"发展"的快速而摒弃"和谐",所以,绿学派的"和谐"就成为一种可持续发展的动态和谐:在和谐中追求发展,在发展中追求和谐。每一阶段的"和谐"都是上一阶段的"和谐"发展后的升华。这种开放、进取的和谐观的出现,将可能使中国文化有机地融合人类文化的一切精粹,呈现出螺旋式上升的态势。

在绿学派的和谐观里,既有中西方人道主义的深情,又有宇宙本位的战略视野,更洋溢着人类一切先进文化的进取的锐气和广阔的胸襟。由此看来,以"三大和谐"为基本观点的绿色文化与绿色美学学派也许正是贫乏的中国当代文化的一个大有希望的宁馨儿,它将可能在一定程度上担负起缔造绿色文明——21世纪主题的神圣使命,为困惑着的东西方文明开创出另一番天地来。

作者简介:胡迟,时为安徽省艺术馆编辑部主任。

论郭因的马克思主义绿色美学观

吴衍发

郭因是中国当代卓有成就的美学家和美术史论家。他首倡大文化与大美学,又开创了绿色文化与绿色美学。他立足于整个人类社会的未来发展,从文化和美学切入人类社会的发展历史,坚持将马克思主义唯物辩证法、实践观和发展观等运用于其学术研究与探索当中,提出了"美化两个世界,追求三大和谐,走绿色道路,奔红色目标"[①]的绿色美学观。从一定意义上说,郭因的绿色美学大体上应该属于马克思主义的实践美学范畴。

一、郭因绿色美学的思想根源

郭因的绿色美学观,吸收了中西方古代哲人和今人的进步思想和哲学智慧。不论是中国的儒家、道家和佛家,还是西方的古典美学和现代新潮,他都遍考精取,融入其美学体系。他曾多次提到其美学理论的思想根源:"根据我们得自中国传统文化、西方进步文化、马克思主义文化中有关文化的滋养,再根据我们对于当前生态、人态、心态相当普遍地失衡的现状的切身体会,从文化和美学切入,

---

① 郭因:《关于绿色文化、绿色美学答客问》,载《郭因美学选集》(第一卷),合肥:黄山书社,2015年版,第456页。

提出了追求三大动态和谐,美化主客观两个世界的基本观点,并形成了我们的一套话语体系和实践准则,同时进行了一些初步的社会实践。"[1]他还指出:"我的一套想法,固然主要来自我所经历的现实生活对我的触动,但我的确从中西古代哲人们那里受到了很大的启发,得到了很多营养,更从西方空想社会主义和科学社会主义那里得到了直接的教益。"[2]

(一)郭因绿色美学的哲学基础

郭因绿色美学的哲学基础,主要来自中国传统哲学、西方古代哲学和马克思主义哲学。

1. 中国传统哲学对郭因绿色美学观的启示

郭因绿色美学的三大和谐论,深植于中国传统哲学。郭因认为,中国传统哲学将宇宙万物看作一个生成过程,强调存在的过程性,和谐思想是中国传统哲学和传统文化的主流,其源头可以追溯到先秦哲学。郭因从《易经》中寻根求源,并认为《易经》是三大和谐思想的源头:"在中国,这三大和谐的思想早就相当完整地出现于'五经'之首的《易经》。"[3]他又把《中庸》中所提的"道中庸"与"致中和"串在一起,以此作为绿色美学三大和谐论的哲学源头。他还从人自身、人与人、人与自然三个方面,挖掘《易经》中的三大和谐观,并进行精彩论述。《易传·说卦》曰:"立天之道曰阴与阳,立地之道曰柔与刚,立人之道曰仁与义。"天道、地道和人道都是相通的,都是一以贯之的,都是和而不同的,而不同的东西合在一起,就成为一个和谐的整体。而且,这阴与阳、柔与刚、仁与义都是既对立统一又不断发展变化的。所谓"天行健,君子以自强不息""日新之谓盛德,生生之

---

[1] 郭因:《黄、灰、红、绿——文化的递进》,载《郭因美学选集》(第一卷),合肥:黄山书社,2015年版,第523页。

[2] 郭因:《我们该怎样向前走》,载《郭因美学选集》(第一卷),合肥:黄山书社,2015年版,第606页。

[3] 郭因:《中西文化碰撞中的〈易经〉》,载《郭因美学选集》(第一卷),合肥:黄山书社,2015年版,第200页。

谓易"(《系辞上》),郭因分析指出:"整个自然界与人类社会都是不断地由一个和谐状态向另一个更高的和谐状态前进,永远处于一种动态的和谐状态之中的。"①《易传》讲"天地之大德曰生"(《系辞下》),而生命本质上是活生生的东西②,这生生不息又不断变化的生命精神正是基于和谐所显示出来的。《易经》的生命哲学揭示了生命发展的和谐美,它正是基于和谐,以不断创造新的更高的和谐的眼光去透视万物生生不息而有条理的生命和谐状态的。所以郭因指出:"《易经》的最大价值,就在于它最先提出了一个主张追求人与自然、人与人、人自身三大和谐的思想,主张追求宇宙整体和谐的思想,而这种思想正在逐渐成为全人类的共识,正在成为挽救地球、挽救人类的良方。"③郭因深谙易理,故能取其精粹,为己所用,引而发之,用于绿色美学,而使之成为绿色美学之哲学根源,这就完善了绿色美学系统的理论创造。《易经》中的生命哲学思想被中国古代儒家继承并进一步发展。《中庸》从哲学本体论高度阐发中和之道。《中庸》第一章说:"喜怒哀乐之未发,谓之中;发而皆中节,谓之和。中也者,天下之大本也;和也者,天下之达道也。致中和,天地位焉,万物育焉。"通俗地讲,中和就是要执中公允、谐和变通,即《论语·子罕》所谓的"叩其两端"、《论语·尧曰》所谓的"允执其中"、《论语·庸也》所说的"不偏不倚"。中庸之至德,亦即中和的价值,是全面、公正、变通、融洽、和谐。所以对于古老的中和之道,郭因阐释说:"'道中庸'而'致中和',用现代语言来说,也就是要走最佳道路,用最佳方法,去取得整体和谐的最佳效果。"④郭因绿色美学正是以"道中庸"而"致中和"这一

---

① 郭因:《中西文化碰撞中的〈易经〉》,载《郭因美学选集》(第一卷),合肥:黄山书社,2015年版,第205页。
② 参见[德]黑格尔:《小逻辑》,贺麟译,北京:商务印书馆,1980年版,第404页。
③ 郭因:《中西文化碰撞中的〈易经〉》,载《郭因美学选集》(第一卷),合肥:黄山书社,2015年版,第207页。
④ 郭因:《中西文化碰撞中的〈易经〉》,载《郭因美学选集》(第一卷),合肥:黄山书社,2015年版,第206页。

传统为起点的。

中国古代儒家既注重天地"生生之德",又重视社会整体秩序与人自身的和谐。在天人关系上,儒家哲学既肯定人是自然之造化,所谓"天命之谓性",又强调人的德性的主体地位,肯定人能够"继善成性",继承天地"生生之德",扩展自然赋予的"仁"性,从而实现"天地万物一体之仁"。先秦儒家主张"见贤思齐焉,见不贤而内自省"(《论语·里仁篇》),"己欲立而立人,己欲达而达人"(《雍也篇》),"己所不欲,勿施于人"(《卫灵公篇》),强调"过犹不及",而以"中庸"为至德,通过"仁"来实现人际、人自身及人与自然的和谐,提倡"知命畏天""乐山乐水""弋不射宿"。宋明理学家提倡"民胞物与""浑然与物同体""天地本吾体"等。

中国古代道家哲学将宇宙视作一个有机的、统一的自然大化过程,将人与自然万物视作一个统一整体,崇尚自然存在状态和人与万物的自然本性价值,强调"道法自然"的宇宙生成模式和宇宙万物与个体生命的整体和谐。《老子》讲"道生一,一生二,二生三,三生万物,万物负阴而抱阳,冲气以为和"(第四十二章),强调"道"是创化万物的总根源,十分形象地揭示了宇宙万物的生成性、多样性与和谐性。《老子》又讲"人法地,地法天,天法道,道法自然"(第二十五章)。"道"无所不在,"自然"是其存在方式或存在状态,所以道家主张顺应自然,无为而治;而顺应自然,也就是顺应万物的自然本性。所以成中英认为:"儒道两家乃源出于同一宇宙经验。"[①]

中国古代佛教主张"万物缘起,和合而生"。佛家"缘起说"强调人与自然是互为条件、互相依存、互为关联的。佛教又主张因果报应,引导人们去恶修善,离苦得乐,是一种"阐发道德与生命的关系的理论,是一种强调由行为来改变自我

---

① [美]成中英:《世纪之交的抉择——论中西哲学的会通与融合》,北京:知识出版社,1991年版,第175页。

命运和未来生命的理论"①。佛家提倡众生平等,众生皆有佛性,人与自然共生共荣。显然,佛教特重和谐,但在郭因看来,儒、道、佛三家都讲"和",却各有侧重:"儒家侧重于人与人的和,道家侧重人与自然的和,佛家侧重的是人自身的和,特别是人内心的和。"②

2. 西方古代哲学和马克思主义哲学的启示

西方传统哲学中也有大量的和谐思想。郭因指出,西方的哲人,从古希腊毕达哥拉斯派、柏拉图到后来的笛卡儿、夏夫兹博里等,都认为美是对立因素的和谐统一,是和谐一致。③ 例如,古希腊毕达哥拉斯学派早在公元前6世纪就提出"美是和谐与比例"④。柏拉图在《蒂迈欧篇》中,把世界描述为一个"活的生物",世界是奴斯有目的的创造,宇宙总体上是和谐、完美并趋向至善的。亚里士多德把宇宙整体与其中的事物的生成及存在看作类似于有机体的自我生长和完成。古罗马哲学家奥古斯丁认为美在"配合其他事物的适宜"⑤。中世纪意大利美学家阿奎那认为美的三要素是完整、和谐、鲜明。⑥ 德国古典美学家黑格尔认为"和谐是从质上见出的差异面的一种关系……各因素之中的这种协调一致就是和谐"⑦。凡此等等,都是西方古代哲学中经典性的关于和谐论的表述。郭

---

① 方立天:《中国佛教哲学史》(上卷),北京:中国人民大学出版社,2002年版,第76页。

② 郭因:《佛教思想与绿色文明》,载《郭因美学选集》(第一卷),合肥:黄山书社,2015年版,第496页。

③ 参见郭因:《绿色文化、绿色美学、文明模式与人类应有的选择》,载《郭因美学选集》(第一卷),合肥:黄山书社,2015年版,第429页。

④ 北京大学哲学系美学教研室编:《西方美学家论美和美感》,北京:商务印书馆,1980年版,第13页。

⑤ [古罗马]奥古斯丁:《忏悔录》,周士良译,北京:商务印书馆,1963年版,第64页。

⑥ 参见北京大学哲学系美学教研室编:《西方美学家论美和美感》,北京:商务印书馆,1980年版,第65页。

⑦ [德]黑格尔:《美学》(第一卷),朱光潜译,北京:商务印书馆,1979年版,第180页。

因对西方经典和谐论加以吸收创造,融入其绿色美学观。这是对西方美学研究的一大突破,也是对西方和谐论的新的超越。

不仅如此,郭因还特别把马克思主义哲学关于人的全面发展的思想作为其绿色美学最主要的根本的理论根据。郭因在认真阅读马克思的《1844年经济学哲学手稿》及相关著作后发现,马克思所描述的彻底的人道主义与彻底的自然主义有机统一的共产主义和谐思想,正是一种追求人自身、人与人、人与自然三大和谐的思想。他将马克思的和谐思想总结为:"人复归人的本质,全面发展,自由自觉地劳动创造,人与人、人与自然的对立冲突根本解决;各尽所能,按需分配;人与人、人与自然的对立冲突根本解决,人彻底自然主义,自然彻底人道主义。"①他认为:"这三大和谐的思想曾相当完整地体现在马克思的著作当中。"②在他看来,马克思主义的精髓就在于追求人自身、人与人、人与自然三大和谐。郭因欣喜地发现,马克思的和谐思想与中国儒家文化"道中庸"而"致中和"的人道精神相通:"通过最佳道路,运用最佳方法去追求整体和谐的思想,正是马克思主义与中国文化传统的一个最佳结合点。"③因而便自觉地毫不犹豫地将三大和谐确定为自己的美学理想、研究对象和根本追求,把它视为自己全部美学理论的纲领,作为其美学理论的最重要的理论根据。所以,自觉地将马克思主义与中国传统文化相结合,既是郭因美学理性自觉的体现,也是其学术上的一大贡献。

---

① 郭因:《大美学与中国文化传统》,载《郭因美学选集》(第一卷),合肥:黄山书社,2015年版,第30页。
② 郭因:《中西文化碰撞中的〈易经〉》,载《郭因美学选集》(第一卷),合肥:黄山书社,2015年版,第200页。
③ 郭因:《大美学与中国文化传统》,载《郭因美学选集》(第一卷),合肥:黄山书社,2015年版,第30页。

(二)郭因绿色美学的现实根据

一种学说的提出,除了一定的理论根据外,来自社会实践的必要的现实根据当然也是必不可少的。正如郭因所说:"提出一种学说,现实生活的根据是至为重要的,理论根据比起现实生活的根据来说是次要的。"①郭因的绿色美学,来自他对其所经历的现实生活的感悟,来自对生态、人态、心态普遍失衡的现状的思考,其中蕴含了他对生命、生活的深刻理解和刻骨铭心的切身体会。

1. 生活经历的触动

郭因的绿色美学萌芽于"文革"期间,这与其身处逆境的生活经历是分不开的。青年时代的郭因追求真理,向往共产主义,积极投身革命事业和新中国建设事业,不料却因思想获罪而无辜蒙冤。尽管承受着无端的屈辱和难耐的饥寒、肉体的摧残和精神的折磨,但他一直没有放弃对人世间真善美的思考。对种种导致人性分裂、人际关系和生存环境恶化的倒行逆施愈是愤恨,向往真善美的回归、向往宁静和谐的人生境界之心便愈是热切。在"一盏似豆孤灯,满窗欺人风雨"的恶劣生存环境下,郭因开始研读中外美学家、哲学家的思想,立志走美学研究之路,探求人世间的真善美,从而"汇各方之学,成一家之言"。他的美学研究与写作,从不离开实践,从不离开现实生活。他的美学著作《艺廊思絮》《关于真善美的沉思刻痕》《中国绘画美学史》《生活用品美学》等,都是在那个极其艰难的时期完成的。这些著作,不是具有拓荒性的重要意义,就是填补了美学界未曾涉足的空白,或是作了成功的开创性的尝试,从中可以见出他那扑面而来的敢于独持己见的勇气。郭因在《艺廊思絮》中谈到了他心目中的理想生活:"全人类没有压迫,没有受欺,没有剥削,没有饥寒,没有暴虐,没有恐惧,没有骄横,没有屈辱,没有任何剥削阶级给任何被剥削阶级制造的苦难和不幸,而只有一切劳

---

① 郭因:《关于绿色文化、绿色美学答客问》,载《郭因美学选集》(第一卷),合肥:黄山书社,2015年版,第451页。

动者共同创造的无边幸福与欢欣。这,'是我们所理想的那种生活'。"① 而这也正是那个动荡年代现实生活的侧面反映。炼狱中的艰难思考告诉他,美不能离开真和善来探讨,不能脱离国家、民族的整个命运来追求。人总是向往美的,他所向往的正是马克思所说的人与自然和人与人之间的对立冲突得到根本解决的共产主义社会。"如果我从来不认为共产主义这最美的理想终于能够实现,我是不会有那种坚忍不拔的精神坚持我的美学研究和写作的。"② 郭因如是说。他的绿色美学是对当下人类生存状态的终极关怀,其中蕴含了他对生命、生活的理解与体验,对幸福、理想的向往和追求。

2. 人类社会面临的"三态危机"

绿色美学提出的现实根源是人类社会面临的日益严重的生态危机和由此而导致的人类生存困境。当今世界,资源短缺、环境污染、生态失衡、自然灾害频发、人口膨胀、战争饥饿、种族迫害等问题不断加剧,不仅带来日益严重的生态危机,把人类自身的生存发展推入困境,而且带来人自身严重的精神危机。正是在这种背景下,20世纪60年代,对西方近现代文化和工业文明进行批判和反思的"绿色运动"迅速崛起,致力于环境保护、绿色运动的各类公民组织相继涌现,不仅遍及欧美各国,而且还向一些发展中国家扩展,形成了一股强大的反主流文化的潮流,大大激发并增强了人类的生态意识。③ 所以绿色美学的提出,有其强烈的现实性和急迫感。因此,郭因说绿色美学的最重要的根据是现实生活:"现实生活的图景是:由于人类多少年来一味想征服自然而招来了自然的无情报复,因

---

① 郭因:《关于绿色理论的回顾与思考》,载《郭因美学选集》(第一卷),合肥:黄山书社,2015年版,第615页。

② 陈德辉:《从逆境中奋起的美学家郭因》,载《江淮文史》,合肥:黄山书社,2014年版,第43—44页。

③ 参见王谨:《从西方绿色运动看"绿色文化、绿色美学"崛起的必然性》,《安徽大学学报》(哲学社会科学版),1995年第1期,第15—19页。

而出现了严重的生态危机。由于人类总想相互征服,纷争不已,战火不断,因而出现了严重的人态危机。由于人类肆意追求物质享受、人为物役,因而出现了严重的心态危机。这些危机如不努力克服,人类必将无法发展,甚至无法继续生存。因此,我们认为有必要针对三大危机提出追求三大和谐的绿色文化与绿色美学。"[1]人类当下正面临人与自然失和的生态危机、人与人失和的人态危机、人与自身失和的心态危机,以三大和谐为特色的绿色美学,正是郭因基于人类现实生活的批判和反思,为适应地球人生存与发展的现实需要,自然而然地提出来的,因而是符合客观事物发展规律的,是体现出必然性的。这是郭因以美学家特有的方式,对社会现实尤其是人类的当下生存境遇所进行的反思,体现出郭因对人类未来生存与发展的终极关怀。

二、郭因绿色美学的基本内涵

郭因的绿色美学理论萌生于20世纪60年代的"文革"时期。20世纪80年代初,在改革开放以来新一轮美学热的背景下,郭因提出了大文化与大美学概念。在20世纪80年代末,郭因将大文化与大美学进一步升华为绿色文化与绿色美学。20世纪90年代,其绿色美学理论逐渐成形,并在国内外产生一定影响。

(一)大文化与大美学

郭因是从宏阔的历史视野来谈文化、谈美学的。从人类生活实践来观照人类的生存发展与文化的关系,他将文化界定为"整个人类对于自己全部生活的设想、设计和创造"[2]。在他看来,文化是人类为求愈来愈好地生存与发展所进

---

[1] 郭因:《关于绿色文化、绿色美学答客问》,载《郭因美学选集》(第一卷),合肥:黄山书社,2015年版,第450页。
[2] 郭因:《大文化与大美学》,载《郭因美学选集》(第一卷),合肥:黄山书社,2015年版,第3页。

行的日趋完善与完美的一切设想、设计与创造。而人类的一切设想、设计与创造,都必须既合规律性又合目的性,要能体现出真与善。所以郭因是将真善美联系起来而给文化下定义的。

郭因对文化的考察,立足于以人为本理念,从人类社会出现以来一直面临的三大问题切入:第一,人应该成为一个什么样的人?第二,人与人之间应该有一个什么样的关系?第三,人类应该有一个什么样的生存与发展的空间?与三大问题相对应,人类生活实践的目的也无外乎三个方面,即三大提高:第一,人自身质量的提高;第二,人际关系质量的提高;第三,人类生存与发展空间的质量的提高。人类解决三大问题、进行三大提高的目的即在于使整个人类更好地生存与发展。显然,三大问题和三大提高,渗透着提倡者的强烈的人道激情和深切的淑世之心。在他看来,当今世界,人类为更好地生存、发展而解决三大问题和致力于三大提高的措施在于三大建设和"三个化":物质文明建设、制度文明建设和精神文明建设,真化(真理化、科学化)、善化(道德化、伦理化)和美化(艺术化、审美化)。[①] 中国文化,从先秦到当代,都是围绕人类这一根本愿望、根本目的而产生和发展着的,都是在有意识或潜意识地通过三大建设、"三个化",来解决三大问题和进行三大提高的。

真善美是统一的。郭因的大文化是包含着真善美的文化,所以他认为从事美学研究离不开这样的大文化。在他看来,最最完善的人是审美的人,人生的最高境界是审美的境界,人自身、人与人、人与环境的最佳状态是和谐状态,并且这三大和谐是人类的最高追求,也是美学的最高追求,而这种人生审美境界与三大和谐状态的实现有赖于美学功能的发挥。他认为美学的功能就是指导和帮助人们美化客观世界与主观世界,因而将美学定义为"一门帮助人们按照美的规律

---

① 参见郭因:《大文化与大美学》,载《郭因美学选集》(第一卷),合肥:黄山书社,2015年版,第3—8页。

美化客观世界与主观世界的科学"①。所以在他看来,美学的功能重在美化,美化的对象是人的主客观世界,而最大的美化,亦即美化的最高目的或美学的最高追求,就是实现三大和谐。因而,凡是有利于或能促进人的主客观世界美化的,都属于美学研究的范围。从这个意义上来讲,郭因的美是一个大概念,郭因的美学自然也就是大美学。实现大美学的美化功能,正是实现大美学的美的追求。所以,只要有利于国家的现代化建设和三大和谐,美学就不怕其大,不怕其泛。这也就是大美学的功能。大文化概念发展到大美学概念,有其内在的逻辑性,而其内在逻辑就是二者都以人类愈来愈好地生存与发展为终极追求。这是人类最高的追求,也是大文化与大美学的最高追求。郭因把人类追求美的过程,解决人类自身生存与发展问题纳入美学思考中来,从而赋予大美学以"终极追求"的性质。因此,郭因的大美学超越了西方传统美学囿于艺术哲学的研究,它向一切现实的美开放,生活美学、技术美学、艺术美学、环境美学、劳动美学、生产美学等举凡与民生日用相关的美学问题,都被纳入其研究范围。中国美学走向大综合,已是人类社会发展和美学学科发展的大趋势。有学者指出:"在当代,美学自身的综合正期待着人类自身的综合,人类自身的综合又呼唤着美学自身的综合。"②"当代美学将是一种'大美学',一种跨众学科之疆域,居众学科之首位的'大美学'。"③因此,郭因的大美学代表着中国当代美学发展的方向,贯彻着利用厚生、民胞物与的仁爱精神和强烈的经世致用思想。他力倡美学研究走出书斋,去研究社会现实和社会生活中的美学问题。为此,他创办了中国第一份《技术美学》刊物,推动美学应用于广泛的生产、生活领域。

---

① 郭因:《大美学与中国文化传统》,载《郭因美学选集》(第一卷),合肥:黄山书社,2015年版,第14页。
② 张涵:《中国当代美学》,郑州:河南人民出版社,1990年版,第9页。
③ 张涵:《中国当代美学》,郑州:河南人民出版社,1990年版,第10页。

(二)绿色文化与绿色美学

在大文化、大美学的基础上,郭因又在全国学术界最先提出绿色文化和绿色美学。他认为,和谐为美,而美源于绿。绿色意味着蓬勃的生机、旺盛的活力与绵延的生命,意味着理解、宽容、善意、友爱、和平与美好。① 他把美学看作能使人类更好地生存、发展、完善与完美之学,使人真化、善化和美化的一种特殊的人学。而人类要想愈来愈好地生存、发展、完善与完美,就需要一个绿色的客观世界和一个绿色的主观世界,所以美学的根本任务和使命就是以美来化育人类的主客观世界,递进实现人与自然、人与人、人自身的三大和谐。因此,使人类最好地生存、发展、完善与完美,是绿色文化和绿色美学的终极追求和最终目的。郭因大文化与大美学中的三大问题、三大提高、三大建设和"三个化"的最终目的,都是为了"最大限度提高人自身、人际、人与环境之间的质量,而这三者之间的最高质量便是人自身、人际、人与环境之间的不断递进的动态和谐"②。这人自身、人际、人与环境之间的三大和谐,合在一起就构成了整体和谐。整体和谐是人类的最终目的,而实现这一最终目的的手段则是全面协调。概言之,绿色文化和绿色美学的核心观点就是以全面协调求整体和谐。郭因认为,马克思主义关于人类最高理想的共产主义社会的设想,最科学、最明确地体现了通过全面协调以实现人自身、人际、人与环境整体和谐的精神。郭因让美学具有终极追求性质,借助其所理解的大文化而使美学具有了极大的开放性和极广的涵盖面,又给文化和美学冠以"绿色"二字,不仅着眼于现实当下,更指向人类未来崇高的审美理想。正如其所说:"人类的最佳选择是研究和实践一种绿色的文化、绿色的美学,走一条绿色的社会主义道路,创造一种绿色的文明,创造一个绿色的世界,

---

① 参见郭因:《绿色文化、绿色美学、文明模式与人类应有的选择》,载《郭因美学选集》(第一卷),合肥:黄山书社,2015年版,第443页。

② 郭因:《绿色文化、绿色美学、文明模式与人类应有的选择》,载《郭因美学选集》(第一卷),合肥:黄山书社,2015年版,第428页。

从而有效地奔向全人类共同幸福这一共产主义的红色目标。"①郭因美学真正体现了一种"现实关怀"与"终极关怀"相统一的人道主义情怀。这就是郭因绿色美学理论发展的内在逻辑。

从以上分析可以看出,追求三大和谐是郭因绿色美学的核心观点和根本目标。他在多篇"答客问"中对其绿色美学观作了十分深入而全面的阐述。郭因认为和谐是多样而统一、多元而互补的,是并育而不相害、并行而不相悖的,主张人类应该努力追求并递进实现三大和谐。在他看来,人与自然的和谐是基础,人与人的和谐是保证,人自身的和谐是动力。②显然,这三者是相辅相成、环环相扣、缺一不可的。郭因特别重视人自身的和谐,把它看作是三大和谐的动力。诚然,试想一下,如果一个人连自身的基本的和谐都不能实现、不能满足,他哪有动力去努力追求人与自然、人与人的和谐呢?近年来,随着生态和环境问题被人类愈来愈多地关注,生态文化、生态美学、环境美学研究等已然成为显学。但在郭因看来,生态文化所研究与追求的只是人与自然的和谐发展,生态美学研究的中心问题是在保障环境自然美的基础上协调生态主体与自然环境的整体美或综合美,环境美学则把天然环境、建筑环境与人们的审美要求的协调统一问题作为其研究的中心问题,所以生态文化、生态美学和环境美学也只是绿色文化和绿色美学的一个组成部分。③郭因还指出,绿色文化与绿色美学在和谐问题上与其他学科的不同之处在于:前者是从文化和审美的角度去提三大和谐的,要求从文化的角度去优化、从美学的角度去美化人的主客观两个世界。三大和谐与两个美

---

① 郭因:《绿色文化、绿色美学、文明模式与人类应有的选择》,载《郭因美学选集》(第一卷),合肥:黄山书社,2015年版,第427页。
② 参见郭因:《关于绿色文化、绿色美学答客问》,载《郭因美学选集》(第一卷),合肥:黄山书社,2015年版,第450页。
③ 参见郭因:《关于绿色文化、绿色美学答客问》,载《郭因美学选集》(第一卷),合肥:黄山书社,2015年版,第448页。

化问题,从美学角度来讲,它不仅要求内容,而且也要求形式;从文化与美学的角度来讲,它还期望人们把迫于法律制裁或舆论责备而进行的克制或自律变为发自内心的自觉与自发。① 三大和谐是人类的根本追求,自然也是文化和美学的根本追求。因而,从这个逻辑上来讲,郭因的绿色美学也是大美学,是绿色大美学,是开放型美学。郭因提出大文化、大美学概念,旨在强调文化和美学的广面涵盖,而提绿色文化、绿色美学概念,则是强调文化和美学的根本追求和终极目标。两者在逻辑上是前后一贯、不断完善和清晰化的。他认为马克思主义所描述的人类未来的共产主义社会是实现三大和谐的最理想的社会,是人类追求的终极目标,也当然是人类追求的绿色目标。正因如此,郭因把绿色美学与马克思关于共产主义的理想紧密联系在一起了。为此,他把绿色文化和绿色美学的观点概括为前后一贯的四句话,即"美化两个世界,追求三大和谐,走绿色道路,奔红色目标"②。追求三大和谐是美化两个世界的基本内容,绿色道路是追求三大和谐和动态美化两个世界的道路。而走绿色道路所要实现的,既是阶段性目标,也是终极目标,也就是绿色目标,并被赋予马克思主义的、社会主义与共产主义的红色彩,被郭因称为红色目标。这是郭因绿色美学的理性自觉,也是对马克思主义美学理论的中国化。所以,"走绿色道路,奔红色目标",是人类更好地生存、发展、完善与完美的根本途径、根本任务、根本目标和根本追求。为此,郭因还提出了绿色社会主义、绿色理论、绿学、绿色全球学、绿色世界、绿色文明、绿色和谐、绿色发展、绿色运动、绿色哲学、绿色经济学、绿色政治学、绿色伦理学、绿色创造学、绿色教育、绿色科技、绿色文艺、绿色传播、绿色保健、绿色生活方式、绿色工读学校、绿色人生、绿色人等一系列以"绿色"打头的概念和使人类更好

---

① 参见郭因:《关于绿色文化、绿色美学答客问》,载《郭因美学选集》(第一卷),合肥:黄山书社,2015年版,第448页。
② 郭因:《关于绿色文化、绿色美学答客问》,载《郭因美学选集》(第一卷),合肥:黄山书社,2015年版,第456页。

地生存与发展的美丽构想。由此可见,郭因美学思想和美学追求是一个不断完善、不断清晰化的过程。

总之,郭因的绿色美学,按他自己的话来讲,是从绿色的原点走向绿色的未来的。也就是说,他的美学思路,是从传统美学走向大文化与大美学,再走向绿色文化与绿色美学的,是从传统走向未来的。这充分体现出郭因美学严谨的学理性和深切的人道主义精神。

三、郭因绿色美学的时代价值

郭因绿色美学,既体现了其美学思想的历史继承性,又表现出其理论的前瞻性。因而郭因绿色美学的时代价值主要体现在三个方面:一是其美学是对中国现当代美学的进一步发展,二是其美学具有经世致用的实践价值取向,三是其美学思想与国家和谐社会及生态文明建设理念相契合。

(一)郭因绿色美学是对中国现当代美学的进一步发展

从郭因美学思想的根源来看,它是对中国传统美学中的和谐思想的汲取、融合与发展;从郭因美学思想的时代性来看,它是对中国现代美学的进一步发展。因而,郭因绿色美学属于中国现代美学范畴。中国百年美学的发展经历了20世纪初"援西入中",引入西方"美学"概念;20世纪前半叶"致力于外国美学介绍和综合,同时也结合中国人的审美和艺术实践进行阐释和发展,形成了重视审美无功利的静观派、通过艺术促进社会进步的人生派、推动社会革命的马克思主义美学在中国的传播这三条线索"[①];20世纪后半叶出现了五六十年代的"美学大讨论"、20世纪80年代的"美学热"和世纪之交的"美学的复兴"三个阶段。20世纪80年代的"美学热"是中国在经历了"十年浩劫"之后,思想解放、社会转向和文化转向的一个重要标志,也是在改革开放的时代背景下产生的一种重要的

---

① 高建平:《新时代美学发展的新思路》,载《文艺报》,2020年6月15日,第3版。

社会现象。此时期,中国美学界开始深入反思美学领域中主客两分的二元论观点,思考如何从理论上克服这种观点倾向,从而发展马克思主义的一元论立场,而马克思《1844年经济学哲学手稿》自然也就成为美学家们进行理论创新的重要思想武器。马克思称"哲学家们总是用不同的方式解释世界,而问题在于改变世界"[1],这一观点自然就被理解成是马克思主义"实践"哲学观。因此,实践美学、意象美学、人生美学、生命美学、身体美学、生活美学、体验美学、超越美学等各种美学观点和美学理论被建立起来。郭因的绿色美学正是这一时代的产物,也是马克思主义哲学和美学中国化的产物。它不仅和中国现代美学总体发展趋势相一致、相契合,而且还体现出一种新的美学学术路向,已成为新时期多元美学格局中的重要一元,构成了一种新的美学增长点。郭因的绿色美学,不是纯粹抽象的哲学思辨和学院派的高头讲章,而是基于美学家对生活和生命的真实体验的,代表了当代中国美学发展的一个正确方向。21世纪以来,中国哲学社会科学加快了理论创新、学科建设和话语体系建构的步伐,学科地位得到了提高。中国美学学科亦是如此。郭因的绿色美学,立足中国传统文化,坚持马克思主义立场,服务当代、面向未来,注重美学发展的分化综合与实践应用,对于当下建构中国特色美学学科体系、学术体系和话语体系等有重要启示。

(二)经世致用的价值取向是郭因绿色美学最基本的功能

英国美学家鲍桑葵在其《美学史》的前言中开门见山地指出:"美学理论是哲学的一个分支,它的宗旨是要认识而不是要指导实践。"[2]这句话表明传统美学理论重认识功能而忽视实践功能,这当然也是传统美学的重大缺陷。郭因的绿色美学是一种经世致用之学。郭因认为,既然美学的功能是指导和帮助人们美化客观世界与主观世界,那么美学家就不应该满足于从美学的角度去解释世

---

[1] 《马克思恩格斯选集》(第一卷),中共中央马克思恩格斯列宁斯大林著作编译局译,北京:人民出版社,2009年版,第19页。

[2] [英]鲍桑葵:《美学史》,张今译,北京:商务印书馆,1985年版,第1页。

界,而应该从美学的角度去帮助人们来美化客观世界,也美化主观世界。郭因的绿色美学是一种具有浓郁生态审美意识的实践美学,在马克思主义唯物实践观指导下研究人与自然、人与人、人自身和谐共生的审美生存关系,因而它突破了传统美学的功能缺陷,极为重视美学指导实践的功能,力倡把绿色文化与绿色美学研究与中国当下的社会生活实践结合起来,尝试着把美学运用于整个人类社会、整个人类历史和整个人生。正因如此,他推动成立了绿色文化绿色美学研究会,成立了绿色文化绿色美学学会,创办学会会刊《绿潮》杂志,宣传绿色文化和绿色美学思想。郭因推动学者们将绿色文化、绿色美学与我国当前正在大力推进的生态城乡建设联系起来,进行了一些生态城乡与生态风景区建设的试点工作。为了使绿色美学直接变为可推动社会走向绿色发展的动力,将绿色美学推向当今中国社会和现实生活,郭因撰写了100多篇以"绿色"冠名的文章,涉及哲学、政治、经济、文化、教育、科技、旅游、文艺、生态、农业、农村、工业、城市、交通、扶贫等各个领域,为政府制定可持续发展政策提供智力支撑。他还将绿色美学运用到整个人类社会,设计并提出一种其所认为的最佳社会模式:建设以生态工业为核心的生态城市、以生态农业为核心的生态农村,进而进行生态城乡共同体建设,生态国土建设,生态地球建设,按照人民的合理需要,进行有计划的合理生产与合理分配,建设物质上低消费,精神上高享受,人与自然、人与人、人自身高度和谐,和谐与自由相结合、权利与责任相结合的高度真善美的低熵模式的生态社会主义社会。① 这样一种基于绿色生态的理想社会,也就是他所提出的绿色社会主义社会。他主张通过这样一条绿色社会主义道路去创造一个绿色的世界,去达到全人类共同幸福这一共产主义目标。当下,随着新世纪以来的中华优秀传统文化的强势复归和世纪之交的"美学的复兴"以及中华美学精神的传

---

① 参见郭因:《关于绿色理论与和谐社会答客问》,载《郭因美学选集》(第一卷),合肥:黄山书社,2015年版,第480—481页。

承和弘扬,为绿色美学三大和谐价值观的实现提供了新的历史机遇。绿色美学理应积极介入我国当下的乡村振兴、美丽乡村建设、生态城市建设和美丽中国建设的进程当中,加强日常生活中的美学研究,推进新时代美育与社会的全面协调和可持续发展,让绿色美学在实现民族复兴的中国梦建设中发挥重要作用。

(三)郭因绿色美学与和谐社会及生态文明建设相契合

郭因绿色美学三大和谐思想,与我国社会主义和谐社会、美丽中国、生态文明建设的国家战略方针高度契合。在中国和中国文化未来发展方向的选择问题上,郭因认为全盘西化和儒学复归这两条路径都走不通,唯一可取的是遍考精取古今中外各种文化之长,并根据当前整个国家以至整个世界的经济、政治、资源诸方面的形势,以及科技发展最新水平与今后发展趋势等新情况走一条自己的新路子,一条绿色发展的新路子。这条路子的整体目标应是:实现经济富强、政治民主、精神文明高度发展的三位一体的中国特色社会主义。它的体制应是:新型的市场经济,新型的民主政治,新型的科学文化制度。这条路子的新型价值观体系应是:注重天人和谐,以求持续发展;注重人际和谐,以求共同幸福(包括注重国际和谐,以求共同进步);注重每个人的身心和谐,以求全面发展。为此就必须由全人类共同进行天人之际、人际、国际、个人的身心之际的全面协调。① 这是美学家从文化的角度和美学的角度观照人类的生存和发展而选择的一条适合全人类的绿色发展模式和发展道路,其中内在地包含了国家、社会和人的全面发展、可持续发展,共同富裕、共同幸福、建设命运共同体等多个含义。随着可持续发展、科学发展观和建设社会主义和谐社会等国家战略的提出和实践,绿色美学研究与实践获得了更大的精神支持,并将由边缘话语走向主流。联系绿色美

---

① 参见郭因:《关于绿色文化、绿色美学再答客问》,载《郭因美学选集》(第一卷),合肥:黄山书社,2015年版,第462页。

学的三大和谐与两个美化,郭因认为:"所谓和谐社会,当不只是指的中国社会,而应该指整个人类社会。和谐社会当不只是指个人与个人、个人与群体、群体与群体的和谐,还应该包括个人与自然的和谐、人自身的和谐(包括生理的和谐、心理的和谐、生理与心理的和谐)。"[1]因而他主张构建现实的和谐社会必须从一个个基层的单元着手,如构建和谐校园、和谐社区、和谐家庭、和谐农村、和谐城市等,并以一个个单元的和谐作为整个国家和谐的坚实基础。故而他在其八十多岁的高龄仍身体力行,推动构建和谐社会的具体研究与实践。不仅如此,郭因的绿色文化、绿色美学与当下国家的生态文明建设和美丽中国建设的战略目标相契合。党的十八大作出"大力推进生态文明建设"的战略部署,首次将建设"美丽中国"确定为生态文明建设的总体目标。党的十九大提出"坚持人与自然和谐共生"的基本方略。习近平总书记特别重视生态文明建设,多次对"美丽中国"作出明确指示和形象表述。习近平总书记强调"生态文明建设是关系中华民族永续发展的根本大计"[2],"生态文明建设关乎人类未来,建设绿色家园是各国人民的共同梦想"[3],明确指出"人和自然是生命共同体"[4],生态环境是人类生存和发展的根基,要求贯彻创新、协调、绿色、开放、共享五大发展理念,推动形成绿色发展方式和生活方式,改善环境质量,建设天蓝、地绿、水净的美丽中国。绿色文化和绿色美学也必将是国家生态文明建设的有机组成部分,在推进生态文明、建设美丽中国的新时代潮流中可顺势而为,从学术思想和美学实践上提供

---

[1] 郭因:《关于绿色理论与和谐社会答客问》,载《郭因美学选集》(第一卷),合肥:黄山书社,2015年版,第482页。

[2] 全国干部培训教材编审指导委员会:《推进生态文明 建设美丽中国》,北京:人民出版社,党建读物出版社,2019年,第8页。

[3] 全国干部培训教材编审指导委员会:《推进生态文明 建设美丽中国》,北京:人民出版社,党建读物出版社,第16页。

[4] 全国干部培训教材编审指导委员会:《推进生态文明 建设美丽中国》,北京:人民出版社,党建读物出版社,第9页。

更多支撑。

作者简介：吴衍发，安徽财经大学艺术学院教授，安徽省美学学会副会长兼秘书长，安徽省美术家协会艺术理论委员会副秘书长，主要研究方向为艺术美学和艺术学理论。

郭因及其美学的崇高美

张宪平

读郭因的美学论著不可能保持平静的心情。他那足以让天地为之动情的审美跋涉,使我自始至终激荡于崇高美的感受之中。

一、为人仰视的"艰难的步履"

凡有大成就者大都有一段不平凡的经历。郭因以他充满"惊涛骇浪"的经历再一次证明了这一真理。

在他以往的人生旅途中,有过一段悲剧性的遭遇。历史的错误使他将近20年"蒙受着无端的屈辱和难耐的饥寒"[①],承受着肉体的摧残和精神的折磨。也许正是这段叫人感到揪心、痛楚的经历造就了郭因成为一位大美学家的基本素质——坚强的毅力、敏锐的洞察力、深邃的思想、豁达的胸怀、崇高的使命感、突出的批判力……历史往往就像个淘金者,它汰去沙子,淘出真金。当许多同样遭遇的人沉沦了、屈服了,或混世、玩世,或厌世、弃世时,郭因却战胜了惶惑、迷惘,始终对前途充满信心和希望。他在通往真理的道路上顽强地思考着、体悟着、探

---

① 郭因:《水阔山高——我的审美跋涉》,安徽省绿色文化与绿色美学学会内部印行,第264页。

索着、超越着，从肉体的摧残中获得诗情的源泉，从精神的折磨中获得哲理的启迪。他用血肉和灵魂刻下了经过反复思考的心底的声音。他一路走来，艰难而又坚定地一步一个脚印地走来，这脚印犹如黑暗背景衬托下的颗颗星星，更显得清晰、明亮夺目。他那悲剧性的遭遇和对真理的执着追求射出金子般的光彩，塑造出一个高大、伟岸的精神形象，让人振奋，为人仰视。

二、让人惊赞的庞大美学理论体系

读郭因的美学论著，犹如读一部美学的百科全书。这里面有原理有实例，有艺术有文化，有现代有历史，有人物有山水，有技术有教育。读郭因的美学论著，又仿佛被领进了一片广袤的美学原野，这里繁花盛开，姹紫嫣红；这里硕果累累，果香扑鼻；这里处处是美景，令人目不暇接。

郭因美学理论体系的特点就在于它的"大"。他让美学从书斋、课堂、经院中解放出来，"走向人民，走向生活，走向矿山，走向厂房，走向田头，走向原野，走向大街，走向公园，走向橱窗，走向人们的住宅，走向人们的心灵、仪态、语言、辫梢和袖口，走向人们日常的交往酬对"[①]。他让美学大到"无所不在，无人不爱"。

他在保持美学研究主旨的前提下，将美学置于全方位开放的状态，使它具有了广面的涵盖。他吸纳了多门社会科学和自然科学知识，去阐释哲学美学、伦理美学、政治美学、经济美学、文学艺术美学、生活美学、城建美学、技术美学、审美教育等方面的问题，涉及的领域之广、视野之大、思路之开阔，恐美学界没有几人。

他的大美学第一次赋予美学以"终极追求"的性质，认为"美学的最终追求

[①] 郭因：《水阔山高——我的审美跋涉》，安徽省绿色文化与绿色美学学会内部印行，第99页。

是：人自身的和谐,人际关系的和谐,人与自然环境、社会物质环境的和谐"①这样的境界。洋洋洒洒几百万字,几百篇论著奏响了气势磅礴的"和谐"交响曲："美在主客观统一","主客观统一就是和谐","美是和谐","小和谐源于大和谐","种种和谐构成整体和谐"。因而,他进一步认为"美学的功能是指导和帮助人们美化客观世界和主观世界","美化就是追求和谐与实现和谐,美化就是追求与实现我所说的那种从小和谐到大和谐的整体和谐"。② 他的美学的任务是崇高、宏大的,是与人类的终极追求一致的。

他用演绎了的"绿色"来定义他的大美学。"绿是生机、是生命,是一种共存共荣的宽容,是一种互动互助的善,是一种互渗互补的爱,是一种协调共进的和平,是一种普天同庆的欢乐。"③这样的"绿色"正是他那"必将带来整个世界、整个人类的蓬勃的生机、旺盛的活力与绵延的生命"④的大美学的最好写照。

郭因美学是"大"的。大,才能盛下大美学家宽广的胸襟;大,才能高瞻远瞩,超前走进未来;大,才能塑造最完善的人、最高境界的人生、最优状态的天人关系;大,才能树起一面新的旗帜;大,才能为美学发展带来新曙光;大,才能创造辉煌!

三、令人震颤的博大情怀

捧读郭因的论著,由不得你不心潮起伏,情随文迁。时而满腔悲愤,时而欣

---

① 郭因:《水阔山高——我的审美跋涉》,安徽省绿色文化与绿色美学学会内部印行,第218页。
② 郭因:《水阔山高——我的审美跋涉》,安徽省绿色文化与绿色美学学会内部印行,自序。
③ 郭因:《水阔山高——我的审美跋涉》,安徽省绿色文化与绿色美学学会内部印行,自序。
④ 郭因:《水阔山高——我的审美跋涉》,安徽省绿色文化与绿色美学学会内部印行,第214页。

喜非常,时而忧心如焚,时而心花怒放,时而肃然起敬,时而忍俊不禁,时而心领神会,时而感慨涕零……一位走过大半个世纪、历经沧桑的美学家的爱与恨、喜与厌、悲与愤、忧与虑、感与慨跃然纸上,你会看到一颗关爱人民、关爱国家、关爱世界的滚烫的心赤裸裸地捧在了你的面前。

虽然这个世界并未给郭因以足够的关爱,但他历尽沧桑永不悔,以千百倍的赤诚和激情来回报这个世界。虽然这个世界带给他不少痛苦和屈辱,他却始终为这个世界的幸福、美好而奋斗。

他爱人,从家人到外人,从老人到儿童,更对全人类的事业充满深情,因而建立了以人为中心的大美学、大文化。他说他研究美学是为"帮助人们美化客观世界与主观世界"。他说他研究文化,是为使人类"愈来愈好地生存发展,并日趋完善与完美"。他要"尝试着把美学运用于整个人类社会、整个人类历史、整个人生"。他把人类的最高追求作为大美学的最高追求,要达到天人和谐、人际和谐、人自身和谐的最美好的境界。这样博大的仁爱,这样崇高的情怀,怎不感人至深?

他爱自然,仿佛能听懂自然的"哭诉",因而他把深深的忧患意识注入他的大美学、大文化。空气被污染,水流被污染,土地沙化扩大,植被被破坏,动植物遭荼毒,他感到痛心;城市规划有碍生态平衡,旅游区建设有损自然风貌,工业文明破坏臭氧层,他感到疾首。他利用一切可利用的机会,他创造许多可创造的机会,大声疾呼:"为了还水以本来的颜色,为了给水以充分的补给,大力防污治污吧! 大力植树造林吧! 大力兴修水利吧! 大力开展生态城乡、生态旅游风景区的建设吧!"[1]"保护好人类的生命伞。"[2]"人类不能窒息自己。"[3]"人类要照料好

---

[1] 郭因:《水阔山高——我的审美跋涉》,安徽省绿色文化与绿色美学学会内部印行,第735页。

[2] 郭因:《水阔山高——我的审美跋涉》,安徽省绿色文化与绿色美学学会内部印行,第942页。

[3] 郭因:《水阔山高——我的审美跋涉》,安徽省绿色文化与绿色美学学会内部印行,第944页。

土地母亲。"①"谨防地球发烧。"②他摆出大量触目惊心的事实,苦口婆心地告诫人们:"我国78条主要河流即有54条受到了不同程序的污染,其中14条受到了严重污染。"③"现在,全世界都面临着人与自然失去平衡与和谐的生态危机。人类将要面对一个缺少新鲜空气来呼吸,缺少洁净淡水来饮用,连小鸟也难以找到茂密的树林来栖息与歌唱的世界,人类将要过着P.卡逊所描述的'寂静的春天'。"④他在多篇文章中反复强调:环境的污染是多么严重,对人类的伤害是多么严重,保护自然、治理环境刻不容缓!他甚至不顾年事已高,体力不支,奔波于各地进行实地考察,为保护自然,科学开发、合理利用资源,为人与自然共存共荣做了大量的具体细致的工作。这样忘我的情愫,执着的自然情结怎不让人肃然起敬?

他爱真善美,因而能步入文艺的百花园,体味文学中颤动的心灵,感受书画中墨彩的呼吸,遭遇影、视、剧、音乐中荡气回肠的激情,领悟山山水水的灵气,透视城建中的瞬间与永恒,窥测技术冷硬中的灵性……他爱真善美,因而看到了假丑恶带来的"三大危机",即人与自然失和的生态危机,人与人失和的人态危机,人自身失和的心态危机。他提出以物质文明建设、制度文明建设、精神文明建设来解决"三大危机",实现真化、善化、美化,达到"三大和谐"。他爱真善美,因而赋予绿色以真善美的演绎,说绿色是蓬勃的生机、旺盛的活力、绵延的生命的象征,是理解、宽容、善意、友爱、和平与美好的象征。这演绎了的"绿色"完全可以

---

① 郭因:《水阔山高——我的审美跋涉》,安徽省绿色文化与绿色美学学会内部印行,第948页。

② 郭因:《水阔山高——我的审美跋涉》,安徽省绿色文化与绿色美学学会内部印行,第50页。

③ 郭因:《水阔山高——我的审美跋涉》,安徽省绿色文化与绿色美学学会内部印行,第868页。

④ 郭因:《水阔山高——我的审美跋涉》,安徽省绿色文化与绿色美学学会内部印行,第732页。

作为他所提倡的大文化与大美学的象征。他在他的"绿色事业"中实践着毕生的向往和追求,他要让他的"绿色事业"把真善美播撒到世界的每一个角落。他坚信:这世界原本是真善美的,这世界也应该永远是真善美的!

四、使人敬佩的人品、学品

读郭因的文章,你会身不由己地挺直腰杆,因为字里行间宣放着浩然正气。

他在被迫害时,不变信念和希望;他在遭摧残时不妥协、不屈服、不退让;他在得志时不高傲、不自满;他与领导、名人交往时,不谄媚、不逢迎;他与平民、晚辈相处时,不因位高辈高而不屑关照。他甘于淡泊,甘于寂寞,却要去创造辉煌!他有大美学家的高风亮节!

他从不放过对真善美的追求、宣传和创造,也绝不放过对假丑恶的批判、揭露,甚至是淋漓尽致的讥讽、嘲笑,也不为人情、关系、面子、权势而容忍错误与不足。他有大美学家铿锵作响的人格。

他在原则问题上从来旗帜鲜明,不含糊、不暧昧。在重大问题上不隐瞒自己的观点,不违心地迎合别人的观点。对敏感问题不回避,对有争议的问题不和稀泥,对不清楚的问题不勉强表态,对职业有高度责任感和使命感。

他做学问勤奋严谨。他勤于思考,古今中外、文史哲科,思考问题之多,文章数量之大,无几人可比。他还善于思考,博采众家之所长,汇集各科之资料,融会贯通,自成一体。他的文章结构严密,语言犀利风趣又略带诗味。他的思路清晰,观点表述如金石落地铮铮有声。他不迷信权威,勇于创新,又不哗众取宠,刻意标新立异。他写出了许多上乘之作,"奏"出了不少华彩乐章。他有大美学家的才智和气概。

郭因的美学成就及其展示出的超强的思辨能力,厚重的生活和知识积累,开阔的学术视野,非凡的胆识、创造精神和超前的意识,以及深深的忧患意识、可贵的批判精神和难得的一身正气,连同他那孩子般的灿烂的笑容,都体现了郭因那不可替代的、独具魅力的生命价值。他无愧为一位大美学家、大学者,我们崇敬他!

作者简介:张宪平,合肥工业大学社科系副教授。

表现 · 境界 · 精神
——郭因治学观解读

张先贵

　　熟悉郭因先生身世者都晓得，他一不是所谓的"科班"出身，二是在人生的黄金时期，曾被打入"另册"达22年之久，被剥夺了正常人的正当权利。1962年至1976年间，他虽利用当"家庭夫男"的机会，在爱妻卧床8年，甚至连碗柜上都糊满大字报的境遇下，仍坚持治学，但他真正能甩开膀子、正儿八经地从事名实相符的美学研究时，确已过"知天命"之年。

　　即便如此，郭因仍创下常人难以创下的纪录，取得令我等所谓"科班"出身的"正常人"难以企及的成就。

　　原因安在？

　　这固然不是三言两语讲得清的问题。然而，我们尚可从前贤的遗教和郭先生的文集——《水阔山高——我的审美跋涉》中，获取"芝麻开门"的诀窍：

　　梁启超说："凡欲一种学术之发达，其第一要件，在先有精良之研究法。"[1]

　　胡适说："我治中国思想史与中国历史的各种著作，都是围绕着'方法'这一观念打转的。'方法'实在主宰了我四十多年来所有的著述。"[2]

---

[1] 梁启超：《清代学术概论》，北京：商务印书馆，1932年版，第49页。
[2] 黄书光：《胡适教育思想研究》，沈阳：辽宁教育出版社，1994年版，第253页。

郭因在《我爱读什么书》一文中，宣称自己持有"经世致用的治学观"，并承认这种治学观，是他自小就有的"崇侠观"和"崇隐观"的发展和深化。① 他还在《我安身立命的准则》中作了具体说明："如何做学问：博学、审问、慎思、明辨、笃行、锲而不舍。"由此可知，郭因的成功，其中一个因素，是他像同乡先贤胡适那样"围绕着'方法'这一观念打转"，像梁启超那样运用"精良之研究法"——"经世致用"法。

经世致用，始见于《抱朴子·审举》之"经世"说，意为治理世事，后发展为此说法，又叫"实学""经世之学""经世济民之学""通经致用之学"。它是一种"学问"、一种"思维方式"，更是一种治学传统和治学方法。它在中国学术史上有一个漫长的产生、发展过程。但是，明确提出"经世致用"这一命题，却是晚明以后。在有清一代，特别是在鸦片战争以后，经魏源、龚自珍、林则徐、曾国藩、李鸿章的倡导和力行，"经世致用"终于成为占上风的治学观和"精良之研究法"。

张岱年、程宜山指出："中国哲学家研究哲学，有一个共同的基本态度，叫'广大高明而不离乎日用'，强调哲学研究与现实生活的一致……注重实用，从根本上来说并不算错，而且这种传统对中国古代哲学和科学的发展产生过重要的积极作用。在中国古代，天文、数学、医学、农学、兵学几大应用科学相当发达，史学（古人认为有'资治'的重要价值）高度发达，从古至今，有许多人致力于兵农钱谷、水火工虞、典章文物制度等'经世致用'之学的研究，'学贵玄远'的魏晋玄学和宋明理学中醉心于'性命'空谈的倾向受到严厉的批判。"②杜维明也指出："从事中国思想史研究的中外学人，常把'实学'界定为17世纪中叶，也就是

---

① 参见郭因：《水阔山高——我的审美跋涉》，安徽省绿色文化与绿色美学学会内部印行，第1236页。
② 张岱年、程宜山：《中国文化与文化论争》，北京：中国人民大学出版社，1990年版，第228页。

晚明才兴起的经世济民之学。一般的印象是：实学以实质、实测、实证、实行为主，针对空谈性命的泰州心学而发，是一种重视客观、专门注意实际民生的有用之学。"①

郭因所持有的"经世致用的治学观"，既有传统说法中合理的因子，又根据变化的情况，赋予了它新的内涵。用他在答我问时的话说，叫"学以致用"，"有益于人民，有益于社会"，也就是"有益于世道人心"。②

解读郭因的治学观，大体包括以下三个方面：

一、一种表现：小中见大与平中见奇

回顾郭因半个多世纪的治学历程，可以看出，他在从事学术研究时，注重从大处着眼，小处着手。一旦选准切入点和突破口，就一往无前地拓展、开掘，风吹不动，雨打不摇。

（一）构思早，韧性足

郭因起先是在地方上干新闻工作的。20世纪50年代初被调入省直机关后，他主要致力于政策研究和历史研究。着手研究美学，是在"1957年以后，而决定搞绘画美学，是在1962年"。确立研究方向后，他在异常困苦的情况下，"咬定青山不放松"。他手不释卷，思考不停，即使在劳教期间，在干活间隙仍以书为伴。1962年8月以后，他始终盯着"研究美学"的目标，一步一个脚印地向前突进。他积累了几百万字资料，用废烟盒纸做了许多张卡片，"文革"爆发前，写了《中国绘画美学史稿》《生活用品的美学》《画廊断想》（出版时更名为《艺廊思絮》）的初稿。"文革"初期，抄家风起，上述书稿被抄。在邓小平"二起"前，郭因在干活和受罪之余，继续收集中国思想史资料。为了给自己的后半生谋出路

---

① 杜维明：《一阳来复》，上海文艺出版社，1997年版，第332页。
② 为1998年9月25日下午5时许，郭因先生在电话中回答我的提问时所说。

做准备,他又学会了针灸和理发。在此期间,他偷偷地写下对林彪、"四人帮"痛加鞭挞的《沉思刻痕》(问世后更名为《关于真、善、美的沉思刻痕》)与《红楼人物咏》。1975 年,邓小平实施整顿,环境有所松动。郭因找回幸存的书稿,专心致志地修改、加工,并把研究绘画美学的副产品——《艺廊思絮》改成讨伐"帮派文艺"的檄文。

改正并得到适当安排后,郭因又快马加鞭地写出《中国古典绘画美学中的形神论》一书。

截至 1984 年,郭因即以《艺廊思絮》《中国绘画美学史稿》《中国古典绘画美学中的形神论》《审美试步》等著作,奠定了他在中国美坛乃至整个学坛上的地位。他的几本专论绘画美学的著作,都在海内外产生较大反响。对此,李建强作了介绍:"1986 年 5 月,台湾丹青图书有限公司集郭先生关于中国古典绘画美学研究之精粹,出版了郭因著《中国古典绘画美学》一书,并盛赞郭先生的研究'确立了中国古典绘画的审美范畴,综合、归纳了历代绘画美学家的理论,并对绘画美学的重要发展时期做了全面探讨……是了解与欣赏中国绘画的佳作'。1987 年 7 月,台湾金枫出版有限公司又根据郭因著的《中国绘画美学史稿》,编印了《先秦至宋绘画美学》《元明绘画美学》《中国近代绘画美学》三本书,赞誉郭因在中国古典绘画美学研究中'撷要探微'的功绩不可埋没。南朝鲜(注:现称韩国)学者和画家金谨中在台湾看到郭著《中国古典绘画美学中的形神论》和《审美试步》之后,认为是'非常了不起的理论书',曾著专文介绍,并着手翻译郭著《中国古典绘画美学中的形神论》一书。""日本东北大学文学部从事美学研究的西田秀穗教授曾在给郭先生的信中称赞《中国绘画美学史稿》……是一份相当贵重的研究成果,是一本非常有益的著作。"李建强认为:"郭先生长期潜心凝气惨淡经营,对中国古典绘画美学史和绘画美学理论的研究作了拓荒的工作,填补了中国美学研究领域的一项空白。"①

可见,郭因研究美学,是从20世纪50年代末开始酝酿、60年代初开始构思,60—80年代初付诸实施,始终本着治学先从治美学下手、治美学先从治绘画美学下手的路径,一步一步走过来的。他经历了一个由博返约、由约返博,再由博返约的发展过程。对郭因治学道路和美学理论颇有研究的美学家陈祥明指出:郭先生主要是以研究绘画美学名世的。

郭因在绘画美学方面的研究成果,初步显示郭氏"经世致用"治学观的业绩。

(二)呕心高头讲章,沥血"思絮""闪想"

郭因踏上治学道路,是从写《中国绘画美学史稿》开始的。接着,他又写出《生活用品的美学》《中国古典绘画美学中的形神论》《审美试步》等书。其中,尤以前两本为体系完备、构思精美的专著,当属"高头讲章"。李泽厚说:"如此皇皇大著,当扫地焚香拜读。"②关于其在学坛上的地位、作用和影响,前已提及,不再赘述。

令人更加关注,且在青年学子中引起轰动的著作,是他先后连载在《社会科学战线》《新观察》《当代》《诗刊》《读书》《艺术界》等刊物上的"思絮""闪想"类的"小"文章。其中,当以《艺廊思絮》《关于真、善、美的沉思刻痕》《劫余书屋散简》《夜读零札》《观世微音》《荧屏前的闪想》为代表。

说它们"小",只就篇幅而言。若从文学理论中关于内容与形式方面的规定出发,它却是小中见大、平中见奇的。证明"小题做大文,小文论大道",是为文正途;证明"机巧不如拙诚"(吕坤语)。

---

① 参见郭因:《水阔山高——我的审美跋涉》,安徽省绿色文化与绿色美学学会内部印行,第1229—1230页。

② 郭因:《从我的〈中国绘画美学史稿〉谈来》,载《水阔山高——我的审美跋涉》,安徽省绿色文化与绿色美学学会内部印行,第438页。

这种文体，不能说是郭因的独创，但是，他有发扬光大、推陈出新之功。"文革"时，在一边倒的、大批判式的"治学"中，假、大、空始终占主导地位；在文风浮躁、人心不古的当时，郭因以这种短小精悍、缘事而发、鲜活清新、机锋毕现、睿智闪光的文风，对起于"文革"的绮縠纷披、浮华衰朽之文风，以迎头痛击。他有匡正文风、正本清源之劳。更不要说在内容上，他以无懈可击的真善美，抵制了来头很大却破绽百出的假恶丑，在众人皆醉时清醒得叫人难以置信。例如：

在那个年月，微弱的文艺创作上的公式主义、模仿主义、概念化、雷同化、内容与形式对立、割据等，都到了令人无法容忍的地步，郭因在《艺廊思絮》中，针锋相对地指出：

要反对公式主义。
因为，
在公式主义艺术家的作品中，
张飞、牛皋、李逵，是一模一样的性格；
西施、昭君、玉环，是一模一样的脸庞；
茉莉、兰花、玫瑰，是一模一样的香气；
苹果、甘蔗、石榴，是一模一样的甜味。

要反对模仿主义。
因为，
在模仿主义者那里，
艺术家是园艺师，老是移栽；
艺术家是荣宝斋，专门复制；
艺术家是小蒙童，只会描红；

绿学·从原点到未来

　　　　艺术家是跛子，没有依傍，不能举步；
　　　　艺术家是鹦鹉，没人教话，无法开腔。①

他旗帜鲜明地指出：

　　　　形式的存在，是为了表现内容。
　　　　形式的最大职责，是最完美地表现内容。
　　　　形式的主要任务，是使人们忽视形式的存在，而只感染、激动、潜移默化于内容。

　　　　"翠纶桂饵，反所以失鱼。"（刘勰）
　　　　形式不顾内容而哗众取宠，是喧宾夺主；
　　　　形式不顾内容而搔首弄姿，是密叶遮花；
　　　　形式不顾内容而自作多情，是浮云蔽月。②

　　类似这样的"思絮""闪想"，郭著中俯拾皆是。它们实是哲理与诗情即内容与形式的完美融合。就此在中国学术史上的地位、作用与影响而言，当与《中国绘画美学史稿》类的高头讲章，形成双峰对峙、二水并流之势。
　　如果说，郭因的高头讲章专业性强，带有"提高"性质，那么，他的"思絮""闪想""刻痕""散简"类著述，兼容性足，更带有"普及"性质。郭因在处理提高与普及的关系方面，成功地做了突破性探索。
　　学术史告诉我们，愈是普及性的东西，愈有群众性，愈能活在群众的口头和

---

① 郭因：《艺廊思絮》，合肥：安徽人民出版社，1980年版，第41—42页。
② 郭因：《艺廊思絮》，合肥：安徽人民出版社，1980年版，第43页。

心头,愈有生命力。郭因的"思絮""闪想"类著述,不仅是 20 世纪 80—90 年代大学校园里的风行读物,深深打动了万千学子,还赢得了王子野、楼适夷、臧克家、秦牧、李泽厚、伍蠡甫、范曾等名家的一致好评。1980 年 5 月 10 日,李泽厚在致郭的信中说:"人有云,七宝楼台,拆下不成片段。大作适与相反,片玉段金,砌成琉璃世界,可祝贺也。"范曾尤其推崇《关于美与爱的若干闪想》(结集后定名为《关于真、善、美的沉思刻痕》),说自己"读后久久不能平静"。他认为:"这是 1975 到 1976 年这段'四人帮'猖獗时期一个正直的知识分子的内心闪想。它有光芒,因为支撑郭因同志的,是中华民族的不朽的信念;它有锋刃,因为郭因同志矛头所向,是'四人帮'政治上的倒行逆施和文艺上的反动专政。"他称郭因是他"真正的灵魂上的朋友",大有相见恨晚之感,称"如果我当时(指 1976 年四五运动时——引者注)认识你,郭因同志,我一定陪着你到百尺玉碑下,一洒怀念周总理英灵的祭酒,我一定会高歌你这壮烈悲怆的诗句"[①](指《苦·乐·生·死》一文——引者注)。这很像爱新觉罗·永忠写的读《红楼梦》的感想诗:"传神文笔足千秋,不是情人不泪流。可恨同时不相识,几回掩卷哭曹侯。"

如果说,郭因的高头讲章有"大江东去""长河落日"似的崇高美和雄壮美的话,他的"思絮""闪想"类"短平快"著述,则更有九寨沟的五彩池似的恬静美和纯情美,即"清水出芙蓉,天然去雕饰"之所谓也,同样具有沁人心脾、撼魂摄魄之魅力。罗丹说,最纯粹的杰作中,一切都融化为思想和灵魂。用这个精神来观照郭的著作,特别是"思絮""闪想"类的作品,大抵如是。

(三)落笔求平,自露其奇

奉行"经世致用"治学观,首先要讲冷静客观。胡适就曾强调,学人不可动火气,才能保持冷静乐观。

郭因在这一点上与胡适颇有"暗合"之处。遭受冤屈的郭因,即使是在千年

---

① 范曾:《郭因〈关于美与爱的若干闪想〉读后》,载《书林》,1983 年第 5 期,第 11 页。

难遇的"文革"中,在众人处于发疯状态时,仍葆有一种宁静。他像一个超然物外的"看客",静静地站在边上看上斗上、下斗下、上斗下、下斗上,看你砍我杀、你争我夺;他像很有"夙慧"的、注解《好了歌》的甄士隐那样,意识到正在上演的闹剧,结局只能是:"乱哄哄你方唱罢我登场,反认他乡是故乡;甚荒唐,到头来都是为他人作嫁衣裳。"

综观 1966—1976 年间写的《艺廊思絮》《关于真、善、美的沉思刻痕》,读者当能看出,他对现实义愤填膺,又无可奈何。但在抨击假恶丑时,他却表现得异乎寻常的冷静和客观。

针对政治骗子们翻云覆雨、拉旗当皮的做派,他为那群丑类画像:

本渺小而充伟大,才需要装腔作势。
本丑妇而充美人,才需要刻意梳妆。
本懦夫而充英雄,才需要张牙舞爪。
本浅薄而充高深,才需要故弄玄虚。

以假充真,是因为真不足观。
强词夺理,是因为理不在手。
以假充真,或可有一时之效果。
强词夺理,只能得表面之胜利。[①]

"文革"时期,在国家封闭、浮夸,在众人自吹自擂、自我陶醉之时,生活在社会最底层的、有顾准、张志新一样才思的郭因,却有自己的定见:

[①] 郭因:《关于美与爱的若干闪想》,载《艺廊思絮》,合肥:安徽人民出版社,1980 年版,第 15 页。

走向一个目标,道路决非一条。

到达一个目标,办法决非一种。

目标一致,大可同心协力。

主张各异,何妨各显神通。

坚信自己的拳术过人,定敢摆下擂台,欢迎比武。

坚信自己的主张最好,岂怕开放交流,试验高低。

只有开放交流,才能够提高民智。

只有开放交流,才能够兑现民权。

只有开放交流,才能够取长补短。

只有开放交流,才能够破旧立新。

只有开放交流,才能够互促发展。

只有开放交流,才能够共趋繁荣。[①]

在《转化与演化》一文中,郭因再次从哲学原理的高度,对流行多年的"以阶级斗争为纲"说、非此即彼的"单项选择"的思维方式和"冷战思维"提出质疑,对与之相关的畸形的闭关自守提出诘问:

对立的两极可能彼此相互转化。

对立的两极可能各自自行演化。

对立的两极之间的非极可能自行演化。

对立的两极之间的非极可能向两极之中的一极转化。

对立的两极和对立的两极之间的非极,更可能是大家互相影响,互相

---

① 郭因:《目标与道路》,载《水阔山高——我的审美跋涉》,安徽省绿色文化与绿色美学学会内部印行,1980年版,第50页。

吸收。

　　说转化，却是演化；说演化，却是转化。

　　泥儿全打破，和水再捏过，哥哥当中有妹妹，妹妹当中有哥哥。

　　内因在化中的作用，是基于遗传的变异；外因在化中的作用，是对于原体的渗透。

　　既然运动是不变的规律，那么，变化当然是不变的规律。

　　闭关不易，

　　自守难能。①

在坚冰尚未打破，航线尚未开通的那个时候，身处逆境的郭因，尊重哲学原理，肯定内因外因作用，坚信运动、变化"是不变的规律"，更坚信"闭关不易，自守难能"，"开放交流"是不可逆转的发展趋势。他有如此之先见之明，着实令人感佩。

何以如此？后来郭因在自述中和接受记者采访时，从一个侧面作了交代："我就有这么股倔强劲头，环境越艰苦，性格越刚强，精神越昂奋。"②他充满乐观主义精神和必胜信念，能在黎明前的黑暗中，看到破晓后的万道霞光。正像他在对《关于真、善、美的沉思刻痕》所作的《一点说明》中所说："为保持原来面目，我不打算根据现在的想法来修改那时的想法。我想使人们由此得以知道，在'十年浩劫'期间，曾有人思考过这些问题，而且写下来、保存下来了，并从而向世界说明，我们这个民族，即使在冬天，也是处处蕴藏着蓬勃的生机的。"③

---

① 郭因：《转化与演化》，载《水阔山高——我的审美跋涉》，安徽省绿色文化与绿色美学学会内部印行，第61页。
② 地丁、晓黎：《久怀江海志，长歌泻琼瑰——访美学家郭因》，载郭因：《水阔山高——我的审美跋涉》，安徽省绿色文化与绿色美学学会内部印行，第1264页。
③ 郭因：《一点说明》，载《水阔山高——我的审美跋涉》，安徽省绿色文化与绿色美学学会内部印行，第38页。

"文革"中,朱光潜仍在探讨做学问与做人的境界问题。他对郑涌说:"言常人欲言而未能言者,为常人欲为而未能为者,这就是做学问、做人的一种很高的境界。"①

窃以为,郭因就是这样,特别是他所写的"思絮""闪想""微音"类著述,的确收到因小见大、平中见奇的效果。更加难得的是,他不论是对假恶丑的鞭笞,抑或是对真善美的肯定,都能以平常人的平常心态对待之,既不心浮,亦不气躁。他不像置他于绝境的那号人那样"矫枉过正"、恶语相向、以牙还牙,甚至不惜大打出手。他坚持"有一分证据说一分话",以理服人,以情感人。用郭因自己的话来说,是:"美人蓬头粗服,不掩其妍,奇才落笔求平,自露其奇,英雄韬光养晦,难免英溢眉宇,宝剑锋芒藏鞘,仍透闪闪寒光。"②

笔者认为,郭因在奉行"经世致用"治学观时,冷静客观,不动"正义的火气",是"落笔求平,自露其奇"的。照王国维关于"无我之境,人惟于静中得之;有我之境,于由动之静时得之。故一优美,一宏壮也"的说法,郭因的这种治学法,是集"优美"与"宏壮"于一身的。

二、一种境界:活学活用与大而化之

在《人间词话》中,王国维开宗明义地指出:"词以境界为最上。有境界则自成高格,自有名句。"③又说:"能写真景物、真感情者,谓之有境界。否则谓之无境界。"④

根据王国维的提示,笔者以为,奉行"经世致用"治学观,同样应"以境界

---

① 郭因:《朱光潜在十年浩劫中》,载《文化周报》,1992年5月17日。
② 郭因:《关于美与爱的若干闪想》,载《艺廊思絮》,合肥:安徽人民出版社,1980年版,第56—57页。
③ 王国维:《人间词话》,南京:江苏文艺出版社,2007年版,第1页。
④ 王国维:《人间词话》,南京:江苏文艺出版社,2007年版,第3页。

为最上"。这种境界,笔者把它界定为:活学活用,大而化之。也可简称为融会贯通,亦即通常所说的"百炼钢化为绕指柔"之"化境"。郭因治学有这种境界。

(一)准备充分,厚积薄发

诞生于"徽学"故乡的郭因,饱受传统文化熏陶,是国学根底厚实的学者。他主要靠自学。1980年下半年,他在接受记者采访时,简单回顾了自己的自学道路:"我的自学是从四书五经、《古文观止》开始的。白天读完一本,晚上就把它背熟并且做笔记;家穷,就千方百计去借书,手头只要有一点钱,就用来买书。那时,我很崇拜高尔基,想走他的路……多少年来,我总是书不离手,游击生活时期,宿营在地主家,就找书来看。劳教期间也从不离开书。"①

人才学原理告诉我们,自学,是成才之一路,更是治学之一途。郭因的成功,再次验证了这一定律。早就靠自学——治学名世的梁漱溟对此体会更深:"学问必经自己求得来者,方才切实有受用。反之,未曾自求者就不切实,就不会受用。俗语有'学来底曲儿唱不得'一句话,便是说:随着师父一板一眼地模仿着唱,不中听底。必须将所唱曲调吸收融会在自家生命中,而后自由自在地唱出来,才中听。学问和艺术是一理:知识技能未到融于自家生命而打成一片地步,知非真知,能非真能。真不真,全看是不是自己求得底。一分自求,一分真得;十分自求,十分真得。"②梁的深切体会,证明郭因采用的自学——治学方法,是完全适合自身实情的。

郭因治学,广采博取。他以"国学"为本,对中外古今的各类书,各种学问,都涉猎,基本上是"前言往行无不察矣,天文地理无不达焉"。他不是躺在书上读,被书牵着鼻子走,而是站在书上读,居高临下;对书本世界所描绘的种种,他

---

① 地丁、晓黎:《久怀江海志,长歌泻琼瑰——访美学家郭因》,载《水阔山高——我的审美跋涉》,安徽省绿色文化与绿色美学学会内部印行,第1264页。

② 梁漱溟:《梁漱溟自述》,桂林:漓江出版社,1996年版,第3页。

都用批判的眼光加以审视,不放过一个疑点、难点;并随时记下所思所想,连缀成文,做到胡适所提倡的"四到":心到、眼到、口到、手到。一句话,他是书的主人,让书为自己所用,着力于一个"活"字,因此方有多方面的创造。秦牧早在1978年1月21日致王子野的信中,仅依据《艺廊思絮》原稿,就肯定郭因"很有素养,读书甚多,又能融会贯通……挥洒自如,敢于独辟新境"[①]。

从微观来看。《读圣贤书,所为何事》不过是千把字的短文,劈头就直接"破题",指出:"圣贤,过去指的是孔、孟及其学说的卓越继承人。今天该指的是马列与其他卓越的马克思主义者。"仅用两句,就把古老的儒学和现代的马列学说,不露凿痕地联在一起,说明:凡是能被称作是"学说"的,一定会有可取之处,且彼此间一定会有"玄妙"的契合点,是相容相通的。那种厚此薄彼、褒此贬彼的做法,都只是焚书坑儒的翻版,终究没有出路。接着,他用简练笔触,对关乎儒学的基本范畴和代表性说法,诸如张载的"为天地立心"说、《大学》的"齐家"说、《礼记》的"大同"说,以及"格物致知"说、"内圣外王"说、"三不朽"说、"己所不欲"说、"天地万物一体"说等等,稍加点拨,就为我们勾勒出中国儒学史的基本轮廓。接下去,他把儒家的"己所不欲"说、"天地万物一体"说,与马列的相关论述,放在一起,比较对照,从而自然而然地得出自己的结论:"任何人读书,都该读出一颗爱心、一颗慧心,这就可望使世界充满爱,不至于有太多的不平的人和不平的事,到处是一派祥和之气;使世界充满聪明才智,不致于有太多的荒唐的人和荒唐的事,到处是一派灵慧之光。"[②]

至此,对"读圣贤书,所为何事"的问题,他做了明晰回答。设想一下,郭因对中华原典中的儒学经典,对马列的代表作,不烂熟于心,他不可能会如此信手

---

① 《几位著名学者对〈艺廊思絮〉的好评》,载郭因:《水阔山高——我的审美跋涉》,安徽省绿色文化与绿色美学学会内部印行,第1306页。
② 《几位著名学者对〈艺廊思絮〉的好评》,载郭因:《水阔山高——我的审美跋涉》,安徽省绿色文化与绿色美学学会内部印行,第1092页。

拈来、举重若轻地糅进自己的文章。其中,仍能映照出他在青少年时代背诵、抄写四书五经、《古文观止》时的身影。说他像赵树理那样,是在做了多方面的充分准备,是在成熟后,再跃上学坛的,是符合他的治学实际的。

从宏观来看。郭因是20世纪70年代末到80年代初开始"走红"的。可贵的是,他没有满足于既往,也没有满足于现在,而把努力目标,死死地定格在未来。之后,他以绘画美学为依托,在求宽、求深、求新、求精上不停地开拓。就研究领域而言,他涉及基础美学(一般美学或称美学原理)、文艺美学、艺术美学、生活美学、技术美学、医学美学,以及绿色美学。仅艺术美学,就包括影视剧美学、音乐美学、造型艺术美学、景观美学、城建美学等等。且在每个领域,都卓有建树。他所发表的一系列看法,足够固守本领域的专家琢磨好一阵子,最后不得不佩服他的学、识、德、才、胆。

有鉴于此,安徽省绿色文化与绿色美学学会会长何迈教授由衷地评价他:"是宗师师出宗师,非主流流必主流。"[1]这是对郭因治学中的一个环节——准备充分,厚积薄发的准确概括。

(二)理实辉映,相得益彰

理实,既指理论与实际,又指学理与现实。郭因在这两方面的结合上下了功夫。

社会主义、共产主义、生产关系、生产力、人类的根本使命、仁、义、中庸、和谐、美、文化、修正主义、各尽所能、按劳分配、人、神、鬼、命运、机会、偶然、写真实与写理想、典型化、理想化、解放全人类、阶级斗争、消灭阶级、美学研究的对象与目的,以及"意""气韵"等等,都是科学社会主义、政治经济学、儒学、美学、文化学、哲学、文艺理论等学科的基本范畴和基本命题,既是各自学科的原点,

---

[1] 何迈:《读郭因著〈水阔山高——我的审美跋涉〉感联》,载《绿潮》,1997年第3—4期,封2。

又是各自学科的"珠峰"。解释多种多样,表述五花八门,叫人眼花缭乱,莫衷一是。

郭因恪守学理并紧密联系实际,根据自己的理解,都一一下了新的定义,或重新阐释。

例如:

文化。郭因下的定义是:"人类为求愈来愈好地生存、发展、完善与完美,而进行的一切设想、设计与创造。文化是一种运作,运作的成果便是文明。"①

文化的定义有一两百种。外国人下的定义且不说,国内近现代学者下的定义,从柳诒徵开始,经胡适、梁漱溟到张岱年、方克立再到冯天瑜、李振纲、李宗桂,各有千秋。但是,这些不是古板深奥,就是繁简失当,或"弯弯绕",或受西方学人观点的影响比较明显。总之,缺少个性和平实性。相比起来,郭因的解释富有平民性、大众性,很有个性色彩,因此,易为多数人所理解,所接受。引人注目的是,他捎带一笔,就把"文化"与"文明"这两个既有联系,又有区别的概念,区分得清清楚楚。

美学。郭因下的定义是:"人类为求愈来愈好地生存和发展,而优化与美化人类的客观世界与主观世界的一门科学。"②

比起那些掉书袋的美学教材和美学专著所下的定义,郭因的解释通俗易懂,便于朗读记忆。

修正主义。当年这是宣传时用的频率最高的字眼之一,也是令多少人闻风丧胆的字眼,同时也是使不少人因批判有功而大红大紫,又一落千丈的字眼。从那个时代过来的人,几乎都诅咒过它。但是,如同演了一出《三岔口》,斗了一夜,天亮时一看,却是一场"误会"。待尘埃落定后,大家都有一种被"涮"了的感

---

① 郭因:《我看皋陶文化》,载《绿潮》,1998年第2期,第20页。
② 郭因:《关于绿色文化与绿色美学答客问》,载《绿潮》,1997年第1期,第11页。

觉,到底谁也没搞清什么叫修正主义。

早在二三十年前,在"批修"正酣的时候,郭因就有理解它、解释它的门道。他说:

> 修改目标,是修正主义。
> ……
> 把目标全体人各尽所能,全体人按需分配,修改成多数人按少数人之需,各竭尽心力,少数人吸多数人之血,按等级分红,这就是修正主义。
> 如果把修正主义理解为修改各尽所能,按需分配的目标,
> 这样的修正主义,
> 尚未怀孕,就该绝育;
> 已在娘肚,就该刮宫;
> 已经出生,就该扼杀。
> 如果把修正主义理解为致力于使人类获得一个代价最小的达到各尽所能、按需分配这一目标的手段,
> 这样的修正主义,
> 尚未怀孕,就该下种;
> 已在娘肚,就该保胎;
> 已经出生,就该万岁。[①]

这就是郭因当时理解的修正主义。他认为,对修正主义要全面看待,要作具体分析,要一分为二,不能笼统地"一锅焖",更不能谈"修"色变,把"脏水"与

[①] 郭因:《修正主义与教条主义》,载《水阔山高——我的审美跋涉》,安徽省绿色文化与绿色美学学会内部印行,第50—51页。

"孩子"一起泼掉。

事实证明,在对修正主义的理解上,是他力排众议,独树一帜;又是他的意见,经得起时间的磨洗和检验。

仁与义。自孔子及其弟子和孟子以降,对它的解释林林总总,不可计量。例如,谭嗣同就以"仁学"为题,写了一本五万言的哲学著作。其中一个内容是,主张以"仁"沟通世界,实现平等、博爱与自由,论证了维新变法的合理性。他试图从一个角度,对"仁"作"谭氏解释"。

郭因不为"定论"所囿,也不管批林批孔时的"权威解释"。他有自己看法:

"沉舟侧畔千帆过",
不义!
"病树前头万木春",
无情!
是解放全人类,
就应该捞起沉舟。
是解放全人类,
就应该治愈病树。
"亦有仁义而已矣,何必曰利。"
不!
最高的仁义,就是最广泛的利。
"仁者,人也。义者,宜也。"
仁,这便是全人类齐登天堂。

义,这便是全人类各得其所。①

可见,郭因对"仁"与"义"的诠释,同样是独辟新境,真正是"大而化之"。

此外,对"意""气韵"、美学的研究对象、美的本质等诸多概念和命题,郭因均有自己精当巧妙的解释,几乎都有原创性的贡献。连"儒将"张爱萍都派秘书主动与他联系,说他"很喜欢"郭因的著述,希望能买到郭因写的书。天津美术学院闫丽川教授称赞郭因的一系列见解,有"苍松倒挂之奇,飞瀑横流之势"。并就此绘画一幅赠给郭因。

在学理与现实的结合上,郭因最值得称道的是:1988年,他在钻研多年"大文化与大美学"的基础上,不失时机地推出"绿色文化与绿色美学"命题。十年来,他和何迈等一帮志同道合者,通过办学会、出书刊、导实践、动手干等方式,初步创立了一个有影响、有前途、有活力的"绿学派"。他的绿色美学,是一门包容文理农医工等多门学问的、新兴的横断学科,是美学研究的最新成果,是"美学中的美学",富有前瞻性、历史性和世界性。其主题是:弘扬"三大和谐"(人与自然和谐、人与人和谐、人自身和谐),致力于两个"美化"(美化客观世界,美化主观世界),关注"全球问题",唤醒"人类意识",追求终极关怀。说它内容丰富深刻,绝非溢美之词。

对西方绿色运动素有研究的王谨教授认为:"在人类面临人与自然不和谐的生态危机、人与人不和谐的人态危机、人自身不和谐的心态危机以及由此引发的其他危机严重威胁的今天,郭因先生率先倡导'追求三大和谐'的'绿色文化与绿色美学'实在是一件富有远见卓识的大事。郭因先生的倡导是觉醒了的时

---

① 郭因:《解放全人类·阶级消灭·阶级斗争》,载《水阔山高——我的审美跋涉》,安徽省绿色文化与绿色美学学会内部印行,第45—46页。

代声音的反映。这在中国来看是如此,在世界范围内来看也是如此。"①孙显元教授把它誉为"中国绿色未来学",预言:"绿色未来学的兴起,为中国未来学的研究,带来了生机。一门以绿色道路求达红色目标的马克思主义未来学,必将从中国走向世界。"②石化在《郭因和他的绿色文化与绿色美学》中提到,学术界一些知名人士评价,安徽的桐城文派标志古文化的终结,陈独秀、胡适之所倡导的文学革命的新文化的发轫,郭因和他的同事们以追求三大和谐为基本观点的绿色文化则代表通向未来的文化的兴起。台湾地区《远望》杂志编委孙以苍先生,也有类似说法:"五四"新文化运动领导者,是安徽人;绿学的倡导者,又是安徽人!

(三)浚沦新知,不变应变

如前所述,郭因是在年逾半百之后,才进入治学快车道的。这个年龄段的人,说老不老,说小不小,极易为思维定式所困扰,对新鲜信息有一种天然的排拒。

他却找到了有效对策,他声称,要想跟着年轻人跳迪斯科,做花式蛋糕,成不了气候,不如做烧饼油条。足见他有"识自意识",即自知之明;他善于扬长避短,打"擦边球",善于盘活"优势"这个无形资产。

实际上,郭因既会"跳迪斯科",又会"踱方步";既会"做花式蛋糕",又会"做烧饼油条"。他特别关注"迪斯科"和"花式蛋糕":从"老三论"到"新三论",从格式塔心理学到灰色理论,从魔幻现实主义到后现代主义,从王朔到扎西达娃,从罗马俱乐部到"绿党""绿十字会",从《人论》到《丑陋论》,从《寂静的春天》到《改革与新思维》,从托夫勒的《第三次浪潮》、甘哈曼的《第四次浪潮》到

---

① 王谨:《从西方绿色运动看"绿色文化、绿色美学"崛起的必然性》,载《安徽大学学报》(哲学社会科学版),1995年第1期,第15页。

② 孙显元:《中国绿色未来学的崛起》,载《合肥工业大学学报》(社会科学版),1998年第1期,第66页。

严春友、王存臻的《宇宙全息统一论》,从《我们共同的未来》到《21世纪议程》,从王达敏的《稳态学》到刘承华的《中国音乐的神韵》,从生物圈理论到"全球均衡"学说,等等,他都熟读精思,从中觅取大量的新信息;再与早在脑子里扎了根的"老学问"相对照,从而获得新的体认,画出新的"螺旋式圆圈"。

这就是我所概括的"浚沦新知,不变应变"。

比如:

"知识就是力量",是培根的名言。稍微念过几年书的人,都能口诵心维。这是一句鼓舞人心的口号,又是一句聚讼纷纭的口号。郭因从"老学问"和"新学问"和谐统一的视角,对它重新加以评判,认为在"今天,科学发展已进入大综合时代",如"把培根所讲的知识看作""浑然一体的文化",这句口号就没有过时,但有局限性;如加上学、德、才、胆、遇这五个因素,"一个人就可发出巨大的个体创造力","一个社会,能使人人都具备学、识、德、才、胆、遇","就可发出更加巨大的综合创造力"。[①]

关于灰色理论,不少人都不知其为"何方神圣"。郭因却能如数家珍似的把它的来龙去脉——包括首创者情况、创立经过、基本内容、与绿色理论的关系,以及重大意义——讲得明明白白。

仅以后两个问题为例。他指出:"我们的绿色理论就方法来说,也正是既根据世界现代的,我们所已知的部分和我们所未知的部分的现状、演变与发展,来进行预测并帮助决策者决策、帮助操作者控制其运行的。要说关系,可以说,这就是绿色理论与灰色理论所可能有的一种关系。灰色理论的重大意义,包括对绿色理论的意义也就在于:它可以使人在不必知道一切现象的全部底蕴的情况下,就有所作为,而免得蹉跎岁月,错过解决问题、克服危机的大好机遇。我认为,邓小平所说的摸着石头过河,实际上就正是对灰色理论一种极有哲理意义的

---

① 参见郭因:《力量在哪里》,载《珠江晚报》,1995年11月25日。

启示,事后想来,也是对灰色理论的一种形象化的高度概括。"①这种大俗大雅、深入浅出的表达,是他活学活用灰色理论的结果,是以不变应万变的成功范例。他切中肯綮,深得个中三昧。

许有为教授说:"在仔细阅读他的理论著作和他的实践记录的时候,我不禁大为惊叹:他真像一头巨大的理论章鱼,在美学的深海里遨游,而把他的多个触角伸向他所感兴趣的领域,包括理论的和实践的。真是一头章鱼!一头在学术深海里的审美章鱼!"②这是对郭的"浚沦新知,不变应变"治学法的另一种表述。所以,他才能达到这样的境界:既有老学者的儒雅、诚信、执着,又有新学人的开放、敏感、灵活;他恪守"士"的传统美德,又彻底战胜了孔乙己式的迂腐。

三、一种精神:宗教承当与坚韧不拔

从对社会人生和实际生活的态度划分,治学观大体可分为"象牙之塔"式与"经世致用"式。相比而言,用前者治学,比较省力省心;用后者治学,纯系推石上山,自讨苦吃,持有的只能是达摩、慧可式的"头陀行"(当苦行僧)。因为前者仅仅满足于做纸面文章,沉湎于为做学问而做学问,因此,它毋庸检验,不讲应用,没有责任,更遑论使命;后者恰恰相反。

郭因偏偏选择后者。他言为心声地宣布:"我不入地狱,谁入地狱?"

(一)自加压力,负重前进

郭因在绘画美学研究的诸多领域,有开山之功,在全国居领先地位。他若以"老头子"自居,写点应景文章,讲些"内行加时髦"的话,四面八方、海内海外地

---

① 郭因:《关于绿色文化与绿色美学再答客问》,载《绿潮》,1997年第3—4期,第18页。
② 许有为:《学术深海里的审美章鱼》,载《合肥教院学报》(哲学社会科学版),1998年第3期,第31页。

跑跑颠颠,指指点点,还不照样吃香的喝辣的?他却自加压力,负重前进,不断向更宽领域、更高境界突破。他是这么表态的:"只要我丝未抽尽,烛未成灰,我还将自强不息,力图对祖国继续作出涓埃之报的。"

20世纪80年代初,有人好心地问他:"你既担任行政领导工作,又担任教学工作,还有大量的社会活动,在这种情况下,仍能同时搞研究和写作,不断出新的成果,这里面是否有什么宝贵经验?"他的回答是:"这里没有好经验,而只有以勤补拙的笨办法。那就是少休息,少娱乐,吃喝上马马虎虎。……一天二十四小时,工作、读书、写作、思考,给填得满满的。有人说,不太苦了吗?不!苦乐观各有不同。我是以忙为乐的,只可惜我不是孙悟空,也不是千手观音。……我乐意一直忙到死。"①

这就是"宗教承当"精神。

(二)有全球视野,当"世界公民"

梳理郭因的生平和治学道路,我们可以说,他在这些年里,在治学上是爆炸式发展,滚动式前进,出现过三次高潮:绘画美学、大文化与大美学及绿色文化与绿色美学。他给绿学所规定的五大主题,有产生、发展、渐趋成熟的清晰脉络,是他的美学理论发展的新阶段,且是一以贯之的,绝不是心血来潮的产物。他所确定的主题,或者说研究方向,个个都是顶尖的,面向世道、人心的"主战场",带有极大的前沿性,特别是其中的"人类意识"。

"站在家门口,眼望天安门,胸怀全世界""解放全人类"等等,是那个时代的豪言壮语。多数人写在纸上,挂在嘴上,贴在墙上,无非是小和尚念经——有口无心,纯是一种"习惯"。在写于同一个时代的"刻痕""思絮""散简"类的文章中,郭因也不时地提及同一命题。根本不同的是,他不是"习惯",而是当作严肃

---

① 参见郭因:《紧跟党中央,在文艺战线上奋勇前进——1981年在省统战系统先进工作者大会上的发言》,载《水阔山高——我的审美跋涉》,安徽省绿色文化与绿色美学学会内部印行,第1219页。

的学术主题,并且抓住不放,有所创新。他的"人类意识",除了在大部头的《绿色文化与绿色美学通论》(与人合作)、关于绿学的两次答客问,以及《绿色美学的崛起》(与人合作)一书中有集中论述外,在《吾复何求》这篇短文中,也有相关陈述:"我最忧的是整个世界生态失衡与环境污染日益严重,淡水危机、人口膨胀危机等等愈演愈烈,而人们死在临头又还在相整相害相残,并无节制地追求奢侈的物质享受。""千桩心愿中最大的心愿,当然是希望我那绿色理想彻底实现。如果能在地球未遭致命破坏前,实现这个理想,也许尚能救地球一命。""我的心愿与忧愁的确是到死方休。"[1]

令人钦敬的是,他是如此安排自己之"后事"的:

我年届六五时,又曾写了几句遗嘱放在一边:

"死尸很不好看,因此,请免了向遗体告别。

"死人不该耽误活人功夫,因此,请免了开追悼会。

"造纸既耗费木材,又污染淡水,用纸理该得省且省,因此,请免了发讣告。

"人口日益增多,土地日益紧缺,森林日益减少,死人决不能占用该留给活人的地皮和木材,因此,请免了造墓和用木盒装骨灰。我的尸体请尽量利用,最好用于肥田。"

我死前的最后一句话是:祝愿包括我的亲人在内的所有活着的人统统幸福。[2]

---

[1] 郭因:《紧跟党中央,在文艺战线上奋勇前进——1981年在省统战系统先进工作者大会上的发言》,载《水阔山高——我的审美跋涉》,安徽省绿色文化与绿色美学学会内部印行,第1235页。

[2] 郭因:《紧跟党中央,在文艺战线上奋勇前进——1981年在省统战系统先进工作者大会上的发言》,载《水阔山高——我的审美跋涉》,安徽省绿色文化与绿色美学学会内部印行,第1256页。

这就是这位美学家的胸怀。

这就是这位读书人的追求。

(三)本色书生,刚健有为

说到底,郭因只是一介书生。

唐德刚说,凡书生,必是"三无"人士:一无权,二无拳,三无钱,只能是"恂恂儒者"。而郭因这位老书生,偏偏又在干超前性、跨越性都很强的绿色大业,其遭遇的新磨难,没有如此经历的人,是难以体会的。

即使如此,郭因仍要跟自己"过不去"。为了让他人知道什么是绿色理论,他逢会必讲,逢人必说,逢文必写;凡是有利于传布绿学知识的事,他都乐意为之,全力以赴,从不在乎什么"面子""架子";任何难处,都动摇不了他的信念。让笔者难以忘怀的是:安徽省绿学会刚成立时,一文莫名,勿论其他。为了向世人普及绿学思想,他与我商议,找我的学生帮忙,把他的基本观点分五次抄录,贴在安徽画廊的橱窗上。而这个时候,他早已是闻名遐迩的美学家。就是如此一件小事,他还把我的姓名和"事迹"写进文章,发表在《江淮文史》杂志上。他就是这么善于调动每一个与他有交情甚至只有一般交情的人的积极性。他从不贪天之功,将其据为己有,颇有"一饭尚酬恩"之遗风流韵。因此,他团结了一大批志同道合者。

他创立的安徽省绿学会,由于"讲奉献"的空气浓,被人称作"慈善性"学术团体,成为安徽省社联统领的诸种学会中的先进者之一。何迈会长说它有五个特点:虽然经济上贫穷,但是思想上富有,学术上活跃,理论上厚实,队伍上团结。这与老会长郭先生开了个好头,是密不可分的。一群另一种"丐帮"式的书生,正在干一项有望与国际接轨、正在吸引更多有识之士加入的绿色事业。因此,郭因便成为如今省内外能独领风骚,学派林立却能自成一家的美学家。

如果没有郭因的竭尽全力和坚韧不拔,这一切是不可想象的。这就是孔子的弟子曾参所提倡的"弘毅"精神,《易传》所讲的"刚健有为""自强不息"精神。

郭因的治学观,渗透并洋溢着这种精神。

作者简介:张先贵,原为合肥联合大学中文系副教授。

初探郭因美学思想的价值

洪树林

同乡郭因老先生,具有高尚的人格、坚忍的精神、缜密的思维和生动的语言。我们翻开《郭因文存》,除了第六卷《中国绘画美学史稿》是系统的鸿篇巨制,第十二卷《世人评说郭因》是其他人的文章集锦外,其他十卷都是长则数千字,短则几百字的随笔式的短文,但是无论是《中国绘画美学史稿》,还是像《环境灾难与蝴蝶效应》这类短文,都非常耐读。无论内容艰深如这套丛书卷一《大美学与中国文化传统》中所举的《易经》的例子,还是像《环境灾难与蝴蝶效应》中几段随手拈来的例子,都是将深奥的理论,以浅显、活泼的语言,娓娓道出,充满节奏感,还不时出现精辟而华彩的句子。让我们百读不厌,不时地翻开来读一读,每读一次,都有新的启发和感悟。这种用"形散而神不散"的散文原则,来论述抽象的美学理论,郭因是第一人。

当然,本文不是探讨郭因著作的独特的语言美学风格,而是以此作为开头语,试着从他这些百读不厌的论述或叙述的语句中,探讨郭因美学思想的价值。

如果说,宗白华融贯中西艺术理论,从中国绘画、书法、音乐、建筑等方面探究中国美学思想,帮助我们深刻了解中国传统艺术和美学,感受艺术之美、生活之美;如果说,《西方美学史》是朱光潜最重要的一部著作,也是中国学者撰写的第一部美学史著作,具有开创性的学术价值,代表了中国研究西方美学思想的水平;如果说,李泽厚针对美的本质独创"积淀"说,提出的"人化的自然"这一美学思想的总观点是他的实践美学的核心和灵魂,那么,郭因则始终立足于马克思关于美是主客观辩证统一的美学观点,批判吸收了古今中外的美学思想,形成了一个颇有影响、包罗万象并且极为严谨的美学思想体系。既为我国构建社会主义和谐社会,实现"中国梦",也为实现"世界大同"理想提供了系统的理论根据。我们可以从四个方面来解读。

一、郭因的美学思想是一个全面的完整的美学体系

我之所以如此说,是因为郭因从研究中国绘画美学史开始,随着时间的推移和研究的不断深入,视野也就不断地延伸和扩大:造型艺术美学(包括中国绘画美学史、中外绘画美学比较、美术评论)—文艺美学—语言艺术美学—表演艺术美学—景观美学—城建美学—技术美学—生活美学—绿色文化和绿色美学,他"就这样一步步地从美学走向大美学,走向绿色美学"①,形成了囊括社会生活、自然生态、科学技术的一个全面的完整的美学体系。通观古今中外美学史,没有一个美学大家能做到如此全面和完整,郭因老先生是第一人。

综观中外美学史,历代哲学家、思想家、文学家、画家、美学家,或从哲学史、美学史,或从美学本质,或从文学、艺术,或从社会形态等方面进行专门的研究,并且都获得指导人们进行审美活动的社会价值。但都没有郭因研究得广泛、全面、明确和系统。

有人曾将郭因的大美学贬为"这是美学泛化,是泛美学"。郭因的回答很干脆,他说:"我们的大美学,也实在就是泛美学。只要对社会主义现代化建设有利,美学何怕其大,何怕其泛。"②是呀,任何科学研究都是为了社会发展和人类

---

① 郭因:《大文化与大美学》,载《郭因文存》(卷一),合肥:黄山书社,2016年版,第3页。
② 郭因:《大文化与大美学》,载《郭因文存》(卷一),合肥:黄山书社,2016年版,第9页。

自身进步,为什么要把研究局限在先人规定的范围内,作茧自缚,以至自己本可能会有更大研究成果而不为呢？研究者可以有自己的主攻方向,"你可以搞艺术美学,你可以搞技术美学,你可以搞什么以亚里斯多德为源头的经验主义美学,以毕达哥斯为源头的理性主义美学,以贺拉斯和西塞罗为源头的艺术哲学,以柏拉图为源头的非理性主义美学,以康德为源头的自律的思辨美学以及从赫尔德到丹纳的社会学方向的美学,你可以搞现在时髦的系统论、控制论、信息论美学等等"[1],对某一具体事物、事件、现象的观点可以争论,但不能要求别人跟你一样,更不应该指责别人。正如《论语·卫灵公》中记载孔子说的:"己所不欲,勿施于人。"

任何科学研究成果都是在总结前人研究的基础上发现、获得的,郭因也毫不例外。他的探索起步于《中国绘画美学史》。郭因在中国绘画美学研究领域中卓冠群芳,其成果为海内外所瞩目。他对中国古典绘画美学的核心问题"形神论"做了深入系统的研究,还以专文对中国古典绘画美学中的"意""气韵"等美学范畴做了深入的阐述,为中国古典绘画美学史和绘画美学理论的研究做了拓荒性的工作,填补了中国美学研究领域的一项空白。

郭因在美学研究整个过程中,找到了《易经》这个源头和儒家思想这条主线,同时批判吸收了道、释和西方美学思想的合理成分,结合中国当代社会主义改革和建设的实践,形成了他独具一格的完整的美学体系。

他将自己的这个体系概括为两句话和两个字。第一句话就是美学的核心就是要帮助人们实现人与自然、人与社会或人与人、人自身的三大和谐；第二句话是"'道中庸'而'致中和'以达'极高明'"。两个字就是:绿色。"三大和谐"是郭因从事美学研究的出发点和最终结论。第二句话是实现第一句话的过程,或

---

[1] 郭因:《大美学与中国文化传统》,载《郭因文存》(卷一),合肥:黄山书社,2016年版,第11—12页。

者说是道路。"绿色"则是郭因美学思想的精髓。

"绿色"是什么?绿色是很特别的颜色,它既不是冷色,也不是暖色,属于居中的颜色,是大自然的基本颜色。绿色首先代表生命、成长、生机,是大自然中万物的根本所在,也是人类的根本所在。对于人类来说,绿色还代表青春、清新、希望、安全、平静、放松、舒适、和平、宁静、自然、环保。绿色还有无公害、健康的意思。在绿色环境中锻炼能提高情绪、活力和愉悦感。所有这些绿色的意义,不正是人类一直以来所共同向往而前仆后继地求索的吗?哲学家、美学家、文学家、艺术家……无论从事哪一个领域的工作,针对哪一种对象,使用哪一种方式,运用哪一种语言,创作也罢,研究也罢,哪一个不是在求索着绿色所代表的意义中某一个方面或者几个方面的内容?而郭因的美学思想囊括了全部内容,所以说,是一个全面的完整的美学体系。

作为一个思想体系,不仅要有面上的广泛性,还应该具有付诸实践的可行性和必然性。以往的哲学家、美学家更多地着重对历史,或者说对已经发生过的事物、现象以及产生了的效果进行分析、研究,得出结论,形成一种经验、教训,供后人去参考和吸取,至于后人是否会接受并付诸实施,则好像与他无关了。譬如李泽厚提出了"自然的人化""积淀""主体论""人的自然化""情本体"等重要范畴,构建了一个涉及美—美感—艺术的理论逻辑框架,从而形成一个既具有共时性,又具有历时性的美学体系。其中"积淀"说被视为"实践哲学的核心理论",是新时期学术界最重要的理论成果之一,甚至被某些人认为是我国20世纪五六十年代美学研究的唯一有价值的成果。我并不否定这个成果的价值,但由于李泽厚的学说很少涉及现在时,更没有提到将来时的结果,让人感觉到只有理论而没有提议,也就算不上是一种全面的系统的美学体系。相比之下,郭因的美学思想始终贯穿着"三大和谐"这根主线,按着"道中庸"而"致中和"以达"极高明"这条道路,实现绿色所代表的全部意义。从这个角度上说,郭因的美学思想是一个全面的完整的美学体系。

二、郭因的美学思想又是真、善、美众流归海的美学

自从柏拉图开启美的哲学的《大希庇阿斯篇》，夏夫兹博里开启审美心理学的《论特征》，巴托开启艺术哲学的《论美的艺术的界限与共性原理》，维特根斯坦对美学语分析具有影响的《美学讲演录》以后，从哲学角度来研究美及审美问题的美学就成为一门既是思辨的，又是感性的属于哲学的二级学科。

随着美学研究的不断发展，大家渐渐地发现，美学有其独立存在的价值，也就从哲学中独立出来。到了近现代，人们对美学的定义越来越模糊，越来越边缘化：一方面是形而上的思辨，如对于所谓美的本质、美感的本质和艺术的本质的追寻等；另一方面是形而下的分析，如一些对审美现象的描述，对审美经验的归纳等。一般而论，人们将美学分为哲学美学、心理学美学和社会学美学等。哲学美学是关于美学基本问题的哲学思考，它将美学的基本问题置于哲学的基本问题之中；心理学美学是从心理学的角度研究审美现象；社会学美学则分析审美现象的社会学意义。因此，不能说美学属于哲学的范畴。有的学者甚至主张应当把哲学从美学中排除出去，以保持美学的独立地位。

其实，这个问题很简单，就跟绘画、音乐、表演等许多门类既包含在艺术这个范畴里，又各自独立一样，根本不值得花费时间和精力去讨论，更没有必要为此大伤脑筋。大家们之所以一直为这个问题所困惑，各持己见，争论不休，莫衷一是，就是因为往往把哲学、美学的研究当作一门高深莫测的学问，束之于"象牙塔"之中，而忘记了研究的目的。

而郭因则更多地从现实社会、社会生活去研究哲学、美学问题。他说：

我搞大美学是从我的一些特有的想法出发的。

我一直认为，人类社会出现以后，面临的问题尽管千千万万，但大可归纳为三个问题：第一，人应该成为一个什么样的人。第二，人与人之间应该

有一个什么样的关系。第三，人类应该有一个什么样的生存和发展的空间，也即应该有一个什么样的物质环境与自然环境，以及人与这个环境应该有一个什么样的关系。

我一直认为，人类自从成为人类以后，一直有意无意地致力于三个提高：第一，提高人自身的质量。第二，提高人际关系的质量。第三，提高人类生存和发展的空间的质量。

我一直认为，解决三大问题，致力于三个提高，目的可以归纳为一个：使整个人类更好地生存与发展。

怎样才能解决三大问题，致力于三个提高，从而使整个人类更好地生存与发展呢？

我认为，这就在搞三个"化"：真化、善化和美化。

真化是真理化。那就是使人类的一切言行都既符合自己的主观理想，又符合理想得以实现的客观规律。也就是科学化。

善化是道德化。那就是使人类的一切言行都既符合个体的利益，又符合群体的利益，既符合自己的利益，又符合别人的利益。这也就是伦理化。

美化是艺术化。那就是使人类的一切言行不仅符合人类应有的行为准则，而且成为随心所欲不逾矩的、乐在其中的、内心的、情感性的自觉要求，使人自身、人与人、人与环境达到一种和谐的审美境界。[①]

郭因的这一段话，明白无误地告诉我们，他的美学思想承认物质决定意识，意识是物质的反映；意识对物质具有能动作用，正确的意识会促进客观事物的发展，错误的意识会阻碍客观事物的发展。因此，他认为哲学、文化、美学、宗教

[①] 郭因：《大美学与中国文化传统》，载《郭因文存》（卷二），合肥：黄山书社，2016年版，第10—11页。

"是一回事,一切使人们增加知识与技能,去创造物质文明、制度文明、精神文明之学,一切使人们提高人生境界之学,究其实质都是一回事"①。

"绿色文明的核心,即建设绿色文明的指导思想应该就是绿色哲学。"②

"绿色哲学理所当然是人类走向未来的赖以安身立命的根本观点体系。如果说,一种哲学必须有它的本体论、认识论与方法论,那么绿色哲学的本体论应该是宇宙统一和谐论,绿色哲学的认识论应该是主客互动共进论,绿色哲学的方法论应该是主体全面协调论。"③

因此可以说,郭因的美学思想是真、善、美众流归海的美学,也为理论研究指明了方向:无论你是研究哲学,或是美学,或是文化,或是宗教,也无论你说的是本体论,或是认识论,或是方法论,都是为了"经世致用","使人们提高人生境界",从而达到真、善、美的统一,实现三大和谐。

三、郭因的美学思想是马克思主义与中国社会主义建设实践相结合的美学体系

1926年,郭因老先生出生在徽州绩溪县霞水村的一个普通农民家庭。霞水村虽然地处深山中,却是一个有着浓厚的儒家文化传统的千年古村落。因而,他从小就受到儒家思想的熏染和教育,树立起"修身齐家治国平天下""穷则独善其身,达则兼济天下"的儒家人生观。1948年夏,他弃教从戎,因为历史环境,他没能够参加中国共产党,而与人结伴前往香港参加了中国民主同盟,同年秋天回皖南参加了中国共产党领导的游击队。新中国成立后,先是担任宣城地委机关

---

① 郭因《我的绿色观——一个提纲》,载《郭因文存》(卷二),合肥:黄山书社,2016版,第6页。

② 郭因《未来的哲学应该是绿色哲学》,载《郭因文存》(卷二),合肥:黄山书社,2016版,第18页。

③ 同上。

报副社长兼副总编,之后又在省文教委从事政策研究、在省科学研究所从事历史研究。基于对世界总会日益美好的信念和为创造一个美好世界贡献力量的热情,他选定了研究美学的人生道路。这一经历让他接触了马克思主义,并建立起了对共产主义理想的坚定信念。即使在那苦难岁月里,也没有丝毫动摇。他白天拉板车挣钱维持生计,晚上凝气潜心研究美学。靠着爱人在生活上的支持和若干朋友的真诚相助,"厕上炉旁,手不释卷;寒宵炎午,笔不停挥",积累了几百万字的卡片,完成了40万字的《中国绘画美学史稿》、20万字的《生活用品的美学》和7万字的《艺廊思絮》的初稿。在他美学研究的"独立王国"里,马克思主义的经典作家们原则性的美学观点和中国传统儒家美学思想越来越紧密地结合起来,理论研究与现实生活也随之越来越紧密地结合起来。随着"四人帮"的垮台、"文革"的结束、思想文化禁锢的解除,郭因的美学思想犹如天安门广场上放飞的和平鸽,自由翱翔在美学领域的蓝天白云里,他越来越明确自己的研究方向。

"中国历史上一切文化的、政治的、经济的、军事的斗争,无不是失去一定的和谐而发生的,又无不是为求取得新的和谐而进行的,也无不为'道中庸'而'致中和'这个文化传统注入新的内容与活力。"[1]

他不仅从古今中外的哲人涉及三大和谐的思想与言论中,更从伟大的马克思主义那里,找到了绿色文化与绿色美学理论上的根据:"马克思对于共产主义的表述是:人复归人的本质,全面发展,自由自觉劳动创造;各尽所能,按需分配;人与人,人与自然对立冲突根本解决;人彻底自然主义,自然彻底人道主义。这对于共产主义的表述,在我看来,就意味着人自身、人与人、人与自然三大和谐正是共产主义的内涵。""我还认为,通过最佳道路,运用最佳方法去追求整体和谐

---

[1] 郭因:《大美学与中国文化传统》,载《郭因文存》(卷一),合肥:黄山书社,2016年版,第24页。

的思想,正是马克思主义与中国文化传统的一个最佳结合点。"①

在这里,我觉得需要特别提出的是,郭因老先生从人类发展史中,尤其从"文革"时期"否定一切,打倒一切"的沉痛教训中指出:"在儒家这里,无论政治上或艺术上的狂者与狷者,实际上都是中行者的一种补充与衬托,是中华民族发展史上少不了的人物。他们所创造的人生境界或艺术境界,常常是一种悲剧性的壮美或优美。""在人类发展过程中,固然免不了有狂者与狷者,也需要狂者与狷者,但是,对于向往与追求'道中庸'而'致中和'的人来说,还是希望狂者与狷者逐渐减少以至绝迹的。因为,只有到了那样的时候,一个政治上与艺术上的大同世界才能真正出现。"②这里,郭因旗帜鲜明地表达了他看待不管政治上还是艺术上的各种极端思想的辩证唯物主义和历史唯物主义的态度。

马克思主义的经典作家们提出了许多重要的具有原则性的美学观点,然而他们没有来得及使之系统化。郭因将马克思主义美学观点与中国传统文化和当代社会主义改革和建设的实践相结合,建立了一个全面的、完整的、系统的绿色美学体系。

四、郭因的美学思想为构建社会主义和谐社会,实现"中国梦"提供了系统的理论根据

如果说宗白华先生将美学与哲学,甚至是我们的生活紧密结合在一起,为我们揭示了美学的无穷境界,那么,郭因老先生在美学上的最大价值,就在于他把美学从书斋里、"象牙塔"中,推向了当今中国社会和现实生活。他说:"我想,如果把中国特色理解为'道中庸'而'致中和,力求以最好的办法,通过最佳的道路

---

① 郭因:《大美学与中国文化传统》,载《郭因文存》(卷一),合肥:黄山书社,2016年版,第25页。
② 郭因:《大美学与中国文化传统》,载《郭因文存》(卷一),合肥:黄山书社,2016年版,第22页。

去追求三大和谐,那必将给中国人民带来更大的幸福,也必将给其他发展中国家树立一个更好的样板。"①他更明确、更具体地解释说:"在今天,人类解决三大问题和致力于三个提高,所采取的措施可以千千万万,但归纳起来,只不过三个建设和三个化:第一,以自然科学和技术科学进行物质文明建设,以实现真理化。即,使人类根据主观愿望所进行的一切有关作为都符合客观规律,从而既使人类的主观愿望有实现的可能,又使人类的生存和发展的空间得到建设性的保护和保护性的建设,以达到天人之间的和谐。第二,以社会科学进行制度文明建设,以实现善化。即,使人的一切有关作为都符合人类应有的行为准则,从而实现人际的和谐。第三,以人文科学进行精神文明建设,以实现善化。即,使人际关系、人的生存发展空间都达到美的境界;使每个人都不仅是高度掌握真理的人,自觉符合人类行为准则的人,而且是高度美好又具有高度审美能力,从而能不断美化世界的人,并由之实现人自身的和谐。"②

当然,郭因只是一个理论家,不是政治家,他从年轻时就形成的"达则兼济天下"的抱负,还得通过政治家来实现。我国近四十多年来的政治环境为他实现抱负提供了条件和可能。尤其是近两代国家领导集体相继提出的治国纲领及一系列方针、政策、措施,正与他的理论不谋而合。"中国共产党十一届三中全会以来,从反对各种极端,到提出一个中心,两个基本点,这实际上又就是'道中庸'而'致中和'这个老系统在新时期的新内容。把世界上所有问题概括为和平与发展两大主题,以及安定团结、开放、改革、两个文明建设、扩大与发展爱国统一路线、一国两制,以至加强环保工作等等方针政策的提出与实施,这实际上无不是为了追求人自身、人与人、人与自然三大和谐。在中西文化的不断碰撞中,我们当然还应该继续不断地吸收一些外来的营养,但分别取舍的标准,永远只应

---

① 郭因:《大美学与中国文化传统》,载《郭因文存》(卷一),合肥:黄山书社,2016年版,第26页。
② 郭因:《大文化与大美学》,载《郭因文存》(卷一),合肥:黄山书社,2016年版,第7页。

是：是否有利于实现层次愈来愈高的三大和谐。"①

他又说："三大和谐彼此又是什么关系？我认为，是缺一不可，密不可分的关系。其中，人与自然的和谐是基础。如果人把自然破坏与污染得不适合人类生存与发展，人与自然和谐不起来，那就一切都谈不上。人与人的和谐是保证。如果人类老是相互倾轧、相互残杀，甚至不惜动用核武器，那么人类与地球必将同归于尽，更遑论其他的一切。人自身的和谐是动力。如果每个人自身不和谐，身心不健康，甚至性格乖张，冷酷暴戾，就很难指望他去认真考虑与努力追求人与自然的和谐，人与人的和谐。"②

我们再来看看近两代国家领导集体相继提出的治国纲领及其一系列方针、政策、措施，是如何与郭因的美学思想不谋而合的。

2002年11月，党的十六大上就提出"要使社会更加和谐"。此后，胡锦涛总书记和中共中央领导集体又相继提出了和平崛起、和平外交，"把和谐社会的建设摆在重要位置"，希望全人类共同努力建设一个各种文明兼收并蓄、持久和平、共同繁荣的和谐世界。胡锦涛同志自2003年7月至2012年11月这段时间内发表了40篇关于"构建社会主义和谐社会"的重要讲话和文稿。其中，2005年9月，在省部级主要领导干部提高构建社会主义和谐社会能力专题研讨班上，胡锦涛在讲话中，阐明构建社会主义和谐社会的重大意义、科学内涵、基本特征、重要原则和主要任务，丰富发展了马克思主义关于社会主义社会建设的理论。具体指出和谐社会应该是"民主法制、公平正义、诚信友爱，充满活力，安定有序，人与自然和谐相处"的社会，并作了相当详细的阐述。特别强调和谐社会必须是生产发展、生活改善、生态良好的社会。2006年4月21日，胡锦涛在美国耶

---

① 郭因：《大美学与中国文化传统》，载《郭因文存》（卷一），合肥：黄山书社，2016年版，第24—25页。

② 郭因：《浅谈绿色文化与绿色美学》，载《郭因文存》（卷二），合肥：黄山书社，2016年版，第21页。

鲁大学演讲时,概括出中华文明四大优长:一是历来注重以民为本,尊重人的尊严与价值;二是历来注重自强不息,不断革故鼎新;三是历来注重社会和谐,强调团结互助,早就提出了"和为贵"的思想,追求天人和谐、人际和谐、身心和谐,向往"人人相亲,人人平等,天下为公";四是历来注重亲仁善邻,讲求和谐相处。2006年10月11日胡锦涛同志在党的十六届六中全会第二次全体会议上的讲话中指出,要构建的社会主义和谐社会,即人与人、人与社会、人与自然整体和谐的社会。全会审议通过了《中共中央关于构建社会主义和谐社会若干重大问题的决定》,全会一致认为,社会和谐是中国特色社会主义的本质属性,是国家富强、民族振兴、人民幸福的重要保证,是中国共产党不懈奋斗的目标。全会提出了到2020年构建社会主义和谐社会的指导思想、目标、任务和原则。这个决定和公报,还有胡锦涛在这次会议上的讲话,形成了一个当代的经世致用的治国平天下的完整的理论体系。

中共十七大又进一步完善了这个理论体系。习近平总书记把"中国梦"定义为"实现中华民族伟大复兴"。

中国梦是中国百姓的小康梦。习近平总书记说:"要实现中华民族伟大复兴的中国梦,就是要实现国家富强、民族振兴、人民幸福。"中国梦是民族的梦,也是每个中国人的梦。

中国梦是追求和平的梦。中国梦需要和平,只有和平才能实现梦想。天下太平、共享大同是中华民族绵延数千年的理想。历经苦难,中国人民珍惜和平,希望同世界各国一道共谋和平、共护和平、共享和平。历史将证明,实现中国梦给世界带来的是机遇不是威胁,是和平不是动荡,是进步不是倒退。拿破仑说过,中国是一头沉睡的狮子,当这头睡狮醒来时,世界都会为之震动。中国这头狮子已经醒了,但这是一只和平的、可亲的、文明的狮子。

中国梦是追求幸福的梦。我们的方向就是让每个人获得发展自我和奉献社会的机会,共同享有人生出彩的机会,共同享有梦想成真的机会,保证人民平等参与、平等发展的权利,维护社会公平正义,使发展成果更多更公平地惠及全体人民,朝着共同富裕的方向稳步前进。

中国梦是奉献世界的梦。"穷则独善其身,达则兼济天下。"这是中华民族始终崇尚的品德和胸怀。中国一心一意办好自己的事情,既是对自己负责,也是为世界作贡献。随着中国不断发展,中国已经并将继续尽己所能,为世界和平与发展作出自己的贡献。

如此构建中国社会主义和谐社会的基本精神,正与郭因老先生一直倡议的"道中庸"而"致中和"以达"极高明"理论体系相吻合。

同是炎黄子孙的胡锦涛、习近平总书记和哲学家郭因,他们都在继承中国传统文化的基础上,将马克思主义与中国社会主义建设实践相结合,产生新的结论。胡锦涛、习近平总书记是从治国实践的角度提出的,郭匛则是从哲学美学理论的角度提出的,应该说是殊途同归。

综上所述,郭因在研究中国传统思想、文化、美学的过程中,运用马克思的辩证唯物主义和历史唯物主义的观点,批判吸收了中外哲学、美学的精华,结合中国当代社会主义建设实践,建立了以"人与自然、人与人、人自身三大和谐"为核心,以"绿色"为精髓的独特的全面的美学体系,为构建社会主义和谐社会,实现"中国梦",也为实现"世界大同"理想提供了系统的理论根据。可以毫不夸张地说,郭因的美学思想不仅是中外美学史上,也是中外哲学史上的一个里程碑。因此,研究郭因的美学思想具有重要的现实价值和长远价值。

作者简介:洪树林,安徽省绩溪县卓溪村人,主要从事徽州文化研究,业余爱好绘画。现为安徽省美协、作协会员,省徽学会理事,黄山市徽商文化研究会理事,绩溪县文化旅游咨询决策委员会委员等。

"三和两美"话绿学

——郭因学术思想初探

郑圣辉

郭因先生的美学著作,主要有五卷《郭因美学选集》和十二卷《郭因文存》。其学术思想,用一个字来概括是"绿",用两个字是"和谐",用三个字是"真、善、美",用四个字是"经世致用"。而其学术思想来源于马克思主义,植根于中华优秀传统文化,也借鉴了当代西方科学理论。这是我对郭因学术思想尝试进行的初探。

一、"绿色之梦"——绿是郭因学术思想的起点和目标

"绿树村边合,青山廓外斜。"这是郭因先生老家——皖南绩溪霞水村的迷人景致。在这里,他度过了他的幼年、童年、少年时期,村前屋后那满眼好似涌起来的绿、左邻右舍那真诚淳朴的善,深深地刻在他的脑海里,像一颗种子深播在他那聪慧的心田,在马克思主义真理和中华优秀传统文化的甘泉的浇灌下,生根,发芽,透绿,长成参天大树。

他说:"大地失去了绿,将是一片荒凉;人间失去了绿,将是一派冷漠;人心失去了绿,将是一腔乖戾。"

绿学会会歌第一句就是:"愿五洲到处绿油油。"

《郭因文存》第二卷,是绿色文化、绿色美学专辑。序文便是《绿色的心愿》:

让自然界遍布绿色,让社会充满仁爱和平,让人心成为爱的绿洲。

郭因先生说,绿色文化、绿色美学是"大"的,大文化、大美学是"绿"的。和谐为美,而美缘于绿。绿是生机,是活力,是生生不息的生命,是一种共存共荣的宽容,是一种互帮互助的善,是一种互渗互补的爱,是一种协调共进的和平,是一种普天同庆的欢乐。

他在《我的绿色观——一个提纲》中说,绿象征着蓬勃的生机与绵延的生命,所以他以"绿色"命名他的观点。绿色观便是郭因的文化观、美学观、哲学观,甚至宗教观。在《郭因文存》第二卷,不,应该说,十二卷文存中,有不少文章,就连标题都不离"绿"字,如《绿色文化与绿色美学的呼唤》《呼唤绿色的明天》《绿色之梦》《走绿色道路,奔红色目标》《文化扶贫与绿色理论》等等。还有一些文章,标题虽无"绿"字,文中却无处不谈绿,绿的呼唤,绿的梦想,绿的愿望,绿缘,绿潮,绿洲,绿梦,绿学,绿学会,还有绿色食品、绿色住宅、绿色书店、绿色服装、绿色汽车、绿色电脑、绿色理论、绿色事业、绿色养老,等等。甚至,十二卷文存,五卷选集,封面都是绿的,只是绿的浓淡略有差异而已。

尤为宝贵的是,这样的追求、这样的设想,这样的绿学理论、绿色文化、绿色美学思想,在今天看来,不但毫不过时,而且具有很强的现实性,甚至对我们准确、全面地理解和把握"创新、协调、绿色、开放、共享"的新发展理念,也有积极的作用和有益的启示。

二、"和谐为美"——郭因学术思想的灵魂

郭因先生有篇短文《和谐》,其中对和谐有这样一段动人的描述:"和谐是多样而统一,多元而互补。和谐是并育而不相害,并行而不相悖。和谐是百鸟争鸣而欢声一片。和谐是百花竞艳而遍地芬芳。和谐是人与天地万物为一体,自然乃人的无机的肉体。和谐是合唱队而不是同唱队,和谐是交响乐而不是同响乐。和谐是平等相处,协商办事,友好合作,互惠双赢。"

从绘画美学到大美学,到绿色美学,和谐贯穿始终,是思路是历程,是主题是主线,是精髓是灵魂。和谐为美!

他在《大美学与大文化传统》中说:"我一直认为,人类社会出现以后,尽管面临的问题千千万万,但大可归纳为三个问题:第一,人应该成为一个什么样的人;第二,人与人之间应该有一个什么样的关系;第三,人类应该有一个什么样的生存与发展的空间,也即应该有一个什么样的社会物质环境与自然环境,以及人与这个环境应该有一个什么样的关系。我一直认为,人类自从成为人类以后,一直有意无意地致力于三个提高:第一,提高人自身的质量;第二,提高人际关系的质量;第三,提高人类存在与发展的空间的质量。我一直认为,解决三大问题,致力于三个提高,目的可以归纳为一个,使整个人类更好地生存与发展……实现人自身、人与人、人与自然环境及社会物质环境的和谐。""在我看来,三大和谐是人类最高的追求,也是美学的最高追求。"

可见,和谐,三大和谐,追求三大和谐,是郭因先生学术思想的灵魂,是他的一贯主张,是他一生的追求,也是绿色文化、绿色美学思想的价值所在。这种和谐理论,于当下而言,也是符合中国实际、符合人类发展趋势的,"和谐"与"富强""民主""文明"一道,成为社会主义核心价值观在国家层面的核心价值之一。

三、真、善、美——郭因学术思想的真谛

上面说过,在《大文化与大美学》等纲领性的文章中,郭因先生一直认为,人类社会出现以后,尽管面临的问题千千万万,但大可归纳为三个问题;他一直认为,人类自从成为人类以后,一直有意无意地致力于三个提高。怎样才能解决三大问题,致力于三个提高,从而使整个人类更好地生存与发展呢?郭因先生认为,这需要搞三个"化",即真化、善化和美化,也即真理化、道德化、伦理化,以及艺术化。而三个"化"的目的,正是为了实现人自身、人与人、人与自然环境及社

会物质环境的和谐。由此也可看出,真善美"三化"与实现三大和谐是有其内在的逻辑关系的。

郭因写于1967—1976年的《关于真、善、美的沉思刻痕》,最能集中反映他在那个特殊年代对真善美的追求。在《幸福的生活》一节中,他说:

> 最幸福的生活,
> 是那种自己的生存,有利于人类的生存;自己的发展,有利于人类的发展;自己的学习、思考、劳动、创造,为人类所需要;自己的呼吸、命运、愿望、悲欢,与人类相一致的生活。
> 最幸福的人,
> 是那种活着的时候,不是消耗、糟蹋、破坏了人类所创造的许多好东西,而是根据自己的禀赋,发挥自己的才能,为人类创造和留下了许多好东西,因而问心无愧的人。这样的生活,自然是真善美的生活;这样的人,自然是追求真善美的人。

由此,我们不是可以看到一位美学家毕生对真善美的向往、追求、探究、实践吗?今天,在实现中华民族伟大复兴,建设中国特色社会主义强国,构建中华民族共同体、人类命运共同体、人与自然共同体的新征程上,不是尤其需要这样的大爱和大真、大善、大美吗?

四、经世致用——郭因先生学术思想的实践特色

我在读《郭因文存》之《大文化与大美学》《绿色文化与绿色美学》等卷时,有一个很深的感受,就是:郭因先生的主张、思想、理论是基于对社会现实问题的深刻洞察和思考,在其不断深化、丰富的研究探索中,又始终关注社会问题,同时,又特别强调将研究用于回答和解决现实问题。

在1992年发表的《浅谈绿色文化与绿色美学》中,郭因先生说:"美化两个世界,追求三大和谐,走绿色道路,奔红色目标,我和一些与我有共同认识的同志一直在作这样的思考,也一直在进行着这样的实践。"

郭因先生将他学术思想中的强调实践运用,贯穿于他的全部学术活动的始终。比如,他曾和绿学会同人进行过农村集镇建设规划与研究,推出21世纪集镇建设示范蓝图;他曾组织绿学会专家参与池州生态经济建设工程的调查、规划与设计,曾组织专家参与大蜀山野生动物园扩建工程。至于说结合实际开展深入的调研活动,利用省政协常委的身份,在政协会议上提出建议,更是频繁而有效的。

郭因先生的这些实践,基于他的深刻认识。他在《我和"绿色文化与绿色美学"》一文的开头,有这样一段话:"我从知道'学问'这两个字的时候起,就认定学问有所谓经世致用之学和所谓寻章摘句之学的区别,而且愈来愈明确地认为,经世致用之学,应该就是有利于人类的存在、发展、完善与完美之学,也就是能使整个人类获得幸福之学。同时我坚定地认为,做学问就应该做这样的经世致用的学问。"在《关于绿色理论的回顾与思考》中,郭因先生说:"在我看来,做学问有两条不同的路:一是从对前人的理论的感悟中引申出自己的一些看法;二是从对现实生活的感受中产生一些自己的想法,然后找前人的理论来印证自己的一套,而最重要的是以常识常理、以实践来检验自己的一套。我的绿色理论的提出走的是第二条路。"

这是郭因先生最让人敬佩之处,也是当今学术界尤其需要倡导的作风和方法。这种"学而时习之",知行合一,永不满足、永不止步的求是学风、务实作风,更是郭因先生的道德、文章让后辈景仰之处,是留给世人的宝贵的精神财富。

最后,探究一下郭因学术思想的渊源。

郭因先生的学术思想来源于现实、立足于现实、服务于现实,十分强调实践性。这样说,丝毫不是否认其学术思想的深厚渊源和学理根据。郭因先生在

《关于绿色文化、绿色美学答客问》中说过,我们提出绿色文化与绿色美学,最主要的理论根据,是马克思主义。他说:"马克思在《1844年经济学—哲学手稿》中所描述的共产主义,讲人与人、人与自然对立冲突根本解决,讲人克服一切异化,复归人的本质,全面发展自由自觉劳动创造等等,如我们一向所阐述的那样,显然是把共产主义看作一个和谐社会的。"

同时,郭因的学术思想,深深地植根于中华优秀传统文化的沃土之中。《大美学与中国文化传统》一文系统地阐述了其学术思想与中国文化传统的关系。此外,还有《中和思想是中国传统文化的主流》《国学的基本精神与当代和谐社会的构建》《论语论和谐》《孟子论和谐》等等,都系统地阐述了中华优秀传统文化的和谐思想及其对当代和谐社会建设的深刻影响,以及对他自身学术思想的影响。而张载的"横渠四句"——为天地立心,为生民立命,为往圣继绝学,为万世开太平,或许正是郭因学术思想的写照,也是其风雨兼程、百年人生的写照。

作者简介:郑圣辉,安徽新华发行集团党委委员、纪委书记。

郭因美学理论是传统美学理论的新跨越

方静

郭因是我的长辈、同乡。我的老家鱼龙山与郭老所在的霞水村只有一里之遥，我们都是爬饭甑尖、喝云川水、听徽州民谣长大的。惭愧的是，认识他，却是从他给我的《走近徽文化》《魅力绩溪》写序开始的。后来因为研究徽州文化、关注徽州审美、关注绿色美学，郭老的书籍、文章、字画便走进了我的视野，郭老成为我的偶像、我的老师、我心中的挚友。最近这几年，我在写《审美徽州》一书时，细细地品读了他的美学著作及论文，从每期《新安画派论坛》中，读他有关中国绘画美学史方面的系列文章。尤其是最近出版的《郭因文存》，让我系统接触了郭因美学理论体系，让人震撼。作为后学不敢妄评，但我认为，郭因美学理论是对中国传统美学理论的扬弃、继承，更是对中国传统美学理论的跨越和发展。

一、郭因审美理论跨越的三部曲

郭因美学研究是沿着传统美学走向大文化、大美学，从大文化、大美学走向绿色文化、绿色美学的。这也凸显了郭因美学理论的特色。郭因审美思想从绿色原点出发走向绿色未来，把美学放在大文化的平台上来审视，每一个审美难题的突破，都是对传统审美理论的艰难跨越。

1. 从生活审美走向美学思考

郭因美学理论的产生有着坚实的生活基础。他对美的思考是从对人生、人性、人类的思考开始的。他认为,美学即人学。人生的一切活动可归纳为做人、做事、做学问,人类追求的总是真善美,而不会是假恶丑。但审美活动同时也是"审丑"活动。美学应该叫审美学。郭因对美学的定义是:美学思考的是如何使人类的客观世界与主观世界更加美好,并将美学的根本目的定为:实现人与自然、人与人、人自身三大和谐。从这一意义上说,美源于生活,服务于生活,融于生活之中。

审美需求产生于生活,审美灵感来源于生活,审美功能服务于生活,审美情趣高于生活。郭因对审美艺术的探索经历了从儒学理性实践精神到与现代审美意识的碰撞,他从专注绘画美学史探讨到倡导研究艺术审美与现实社会的联系,把书斋审美研究触角伸向了实践和火热的现实生活。在《审美试步》中,他认为,美是审美客体的美的潜因与审美主体的审美潜能相互作用后的统一。在《关于真善美的沉思刻痕》中,他以理性的态度评述当时流行的一些错误言论,真实地揭示了现实人性中丑陋的一面,以昭示、呼唤美的东西。他曾说:"艺术家必须从各个方面吸收营养,提高总体素质,并具有卓越的创作技巧。艺术家应该不仅是创作艺术的人,而且首先是个很有道德的人,有多方面文化素养的人,是个能诗能文能书法的人。"[①]郭老《书头书尾》一书中的系列文章,其审美由小见大,由个体而社会,由隐性而显性,把人的审美活动融入了家族、故乡、朋友、同人,把生活审美追求融入了有机的国家建设和世界的大和谐之中,让审美理想达到"完美和态"。

2. 从传统美学走向大美学

传统美学认为,审美活动就是要在物理世界之外构建一个情景交融的意象

---

① 郭因:《我看萧云从》,载《新安画派论坛》2012年,第3期,第7页。

世界。与朱光潜、宗白华两位美学大师的核心思想"美在意象"不同,郭因美学理论的特色是一种生活美学、劳动美学、应用美学,沾满了泥土的芳香。郭因在谈到美学研究的对象和美学体系时表示,美学不应该满足于解释世界,而应该去美化客观世界和主观世界。

20世纪90年代后,郭因以大文化为前提,以大美学为逻辑起点,把研究视野由纯美学转向大美学,重视解决现实中的审美困惑和审美难题。他凭借自己的努力实践,通过对技术审美规律的认知,进一步阐述了医学美学、戏剧美学、影视美学、旅游审美等应用课题,对造型美学、文艺美学、语言美学、城建美学、景观美学等进行了探讨。他通过考察调研,对黄山、凤阳、滁州等旅游景区建设提出了一系列"议政心声",为当代生态文明的建设规划新的天地,为提高人类生存与发展的空间质量进行审美探索,依靠自己的人格魅力和淑世情怀,引领一批有识之士共筑和谐美好的家园,同时也使大美学理论充满了活力。

3. 从大文化大美学走向绿色文化绿色美学

郭因的大美学思想是以大文化为依托为基础的。他在大美学中找到的美的基本表现形式是"绿",并得出"美源于绿"的结论。他的审美探索另辟蹊径,通过绿色文化与绿色美学的构建和发展,形成独特的绿色审美理论。他以"绿"为美学起点,以"人"为美学基石,以"和"为美学核心,以"文"为美学研究血脉,进而大胆地提出了建设绿色文明的主张。

绿色,是本原的、和谐的,也是未来的。郭因先生指出,绿色文化应该是一切文化的基础文化或母文化。[①] 他把"绿学"的基本观点概括为一句话,就是:美化两个世界,追求三大和谐,走绿色道路,奔红色目标。要完成这样的目标,人与自然的和谐是基础,人与人的和谐是保证,人自身的和谐是动力。也就是说,追求、推进与提高三大和谐,是整个人类的根本目的,也是绿色美学的根本目的。

---

① 参见《郭因文存》(卷二),合肥:黄山书社,2016年版,第48—49页。

没有和谐,也就没有美。没有绿色,美就失去了灵魂。郭因曾说,绿色理论的形成,和他与生俱来的总爱"非非"而"求是"的秉性有关,和中西文化对他的滋养有关,更和他一生的经历有关。这是他对绿色审美最深的感悟。

二、郭因审美"和谐论"的三个层面

从大美学宏观思维出发,郭因审美理论以传统"中和"哲学为基础,以"和谐"概念为内核,以"三大和谐"全面协调为实践,与时代精神合拍,与中国未来同方向,是他的美学理论体系中最为精彩的部分。

1. 以"中"为轴

从某种意义上讲,中国哲学发展史是一部中庸史、和合史。"由中致和"的思想是中国传统文化的主流。中国人对"中"的审美体验和人生理解,具有独特的人文背景,创造了中道、中和、中庸的审美意境和美学概念。郭因在《孟子论和谐》一文中把孟子的和谐观归纳为三点:一是正心修身以求自我和谐,二是推己及人以求人际和谐,三是推己及物以求天人和谐。他对孟子和谐观进行梳理归结,并在此基础上完善了"道"的路径,提升了"和"的境界,形成的"由中致和"的新阐述。郭因说,中华民族传统的审美意识可以用《中庸》上的六个字来概括,这就是"道中庸"而"致中和"。用现代语言来说,就是走最佳的道路,用最佳的方法,去取得整体和谐的最佳效果的。① 他用"三个最佳"和"整体和谐"来解读"中"与"和"这一传统审美境界,使古老的"中和审美"具有了现代思想活力。这是郭因对传统审美理论的继承和发展。"由中致和","中"是关键,"中"是主轴。这是郭因在人生逆境中对人性、道德、美丑深刻反思的结果,可以"和而不同",可以"和而不流",以达到"执两用中"。根据这种思路来处理审美主体与客体的关系,分析人与自然的"和"态,分析人与人的"中"矩,要求的是"以天地万

---

① 参见《郭因文存》(卷一),合肥:黄山书社,2016年版,第17页。

物为一体","使万物皆得其宜,六畜皆得其长,群生皆得其命"①。全面协调,总体和谐,"中和"成为一种审美普惠。

郭因认为,"致中和"是理想,"道中庸"是实现这种理想的路径和方法。郭因在寻根究源时最注重《易经》。他认为,《易经》最大的价值在于它最先提出了追求人与自然、人与人、人自身三大和谐的思想,追求宇宙整体和谐的思想,而这种思想正在逐渐成为全人类的共识,正成为挽救地球、挽救人类的良方。如果破坏了和谐,取消了中和,万物就不可能获得生存的土壤,就不可能获得发展,就不可能获得永不枯竭的生命力。②李景刚在《绿色美学的坚实内核——解读郭因的三大和谐理论》中指出,郭因的绘画美学思想以"中和"思想为逻辑起点。从整体性"中和"到系统性"和谐"的进化,从"小中和"到"大中和",从"道中致和"到"绿色和谐",充分显示了"中"在郭因审美理论中的轴心作用。

2. 以"和"为美

"和"是主观见之于客观审美现象的对立统一体。美是什么？美是和谐。主客观统一就是和谐。"以和为美",这是郭因由衷的生活感受,也是郭因发自心底的声音,更是郭因一生追求的最佳审美境界。郭因认为,"和是并育而不相害,并行而不相悖；和是相克相生,相反相成"③,"和是多样统一,多元互补；和是创造的源泉,发展的动力,人类永恒的追求"④。他认为,"和谐"是人类的审美理想,"和谐"是审美实践追求的最佳状态。积极的和谐是多元互补,多元统一；消极的和谐是万物并育不相害,万道并行不相悖。虽或相克,但必相生。

"以和为贵"是"以和为美"的另一种解读,它是从辩证动态的角度来认知"和美"的。现实生活中"不和"是常态,"和"是短暂的。用《国语》中的话说,

---

① 《郭因文存》(卷二),合肥:黄山书社,2016年版,第23页。
② 参见《郭因文存》(卷一),合肥:黄山书社,2016年版,第204—205页。
③ 《郭因文存》(卷一),合肥:黄山书社,2016年版,第177页。
④ 《郭因文存》(卷二),合肥:黄山书社,2016年版,第42页。

"上下内外,大小远近,皆无害焉,故曰美"。这里的"无害"应指整体和谐、全面协调达到了"贵"的状态。社会发展、人类进步正是在"和"与"不和"的反复中进行的。正因为如此,审美实践才凸显"以和为贵""以和为尊"。"不和"会带来自损自耗,"不和"会引来困顿、烦恼,"不和"会难以顺畅顺心,而"和"是矛盾的妥协状态,"和"是内外的短暂平衡。只有和谐与自由相结合,权利与义务相结合,才能发展高度真善美的、低熵模式的生态学社会主义,也即绿色社会主义,才能实现全人类共同幸福这一共产主义目标。① 只有内心的和谐和世界的和谐趋于一致,主观和谐与客观和谐相统一,形式与内涵相一致,其艺术的境界才是崇高的、美好的,从"以和为贵"的追求,达到"以和为美"的境界。

3. 以绿为最高境界

郭因认为,和谐为美,而美源于绿。这里的"绿",不是色彩,不是形式,而是人审美过程的生机活力,是生生不息的生命,是一种共存共荣的宽容,是一种互动互助的善,是一种互渗互补的爱,是一种协调共进的和平,是一种普天同庆的欢乐。在郭因看来,绿是希望,是美丽,是无邪,绿才是人类大美的最高境界。

绿体现了人类追求美的质量。郭因在《我的绿色观》及《绿色文化与绿色美学通论》中指出,他所倡导的绿色文化、绿色美学追求的是大和谐,是各个领域的和谐,是环环相扣的整体和谐。绿在哲学上表现为中庸、中和、中正,在情感上表现为"乐山""乐水""爱物",在思想上表现为儒道合流。郭因认为,儒家侧重人与人的和谐,道家侧重人与自然的和谐,佛家则侧重人身的和谐,特别是内心的和谐。在真、善、美的三种境界中,美是以真、善为基础、为内容的最高境界。他说他之所以将绿色美学与绿色文化并列,是为了强调人类应该在主客观世界中追求和谐的内容以及和谐的形式,追求既给人以真理感、善感,又给人以美感

---

① 《郭因文存》(卷二),合肥:黄山书社,2016年版,第37页。

的最高境界。①

和谐是不断追求、不断出现,更是不断发展的。不和谐是不断产生又被不断抛弃的。② 胡迟曾在《圆圈与螺旋——从和谐的演变观照绿学派的和谐观》一文中说过,绿学派的"和谐观"在人本方面赋予"和谐"一词以新的生命力,那就是:人本主义立场、整体意识和发展观点。从这一角度讲,和谐才是人类的终极追求,绿才是审美的最高境界。但和谐永远是一个不断被不和谐打破的过程。这一过程是"绿为最"内容不断丰富、不断出新的过程。

三、郭因美学理论的基本架构

郭因是继朱光潜之后安徽又一美学大家,他通过对两千年中国绘画美术史的系统研究,从中国传统美学发展史中汲取营养,为自己的审美观点、审美方法、美学理论的形成做了充分的学术准备。20世纪七八十年代,他进一步提出了大文化、大美学思考,接着又提出了绿色文化与绿色美学的概念,并逐步形成了绿色美学理论架构。

1. 郭因的大美学体系

大美学即相对于传统美学而言,之所以称"大",是因为研究的范畴已远远超出了艺术美学。孙显元先生在《郭因对当代美学的贡献》一文中指出,把郭因美学放到中国现当代美学发展的历史进程中去审视,我们感到它不仅和中国现当代美学总体趋势相一致、相契合,而且体现了一种新的美学学术路向,构成了一个新的美学增长点,已成为新时期多元美学格局中的一元。郭因的大美学,正是美和美学在当代发展的产物,它代表了当代中国美学发展的一个正确方向,并认为大美学方向就是美学发展的综合方向和应用方向。③ 郭因将"绿色"引入美

---

① 参见《郭因文存》(卷二),合肥:黄山书社,2016年版,第41页。
② 参见《郭因文存》(卷二),合肥:黄山书社,2016年版,第60—61页。
③ 参见《郭因文存》(卷十二),合肥:黄山书社,2016年版,第211页。

学,将"美化两个世界,追求三大和谐,走绿色道路,奔红色目标"作为人类追求美的大方向,这一大美学思想体系呈现出一种既立足中国传统美学,又直面当代现实问题的综合实践倾向,具有科学性和革命性,无疑是对传统美学功能的一次大提升大释放,其当代实践意义是巨大的。

郭因的大美学,以开放性思维,战略性、系统性思维替代传统的平面思维和纵横思维,是美学研究方法论的突破。它的立足点和出发点是解决现实中的美的问题或如何让"美"服务社会的问题。他把人类追求美的过程,解决自身生存与发展问题纳入美学思考中来,要求方法论上的整体把握、本体论上的整体和谐。这是在传统美学基础上的超越。大美学是"既是社会科学又跨着自然科学的美学,是人们用来认识与美化主客观世界的。它研究的目的是求美;研究的对象是:美在哪里,美是什么,如何求美"[①]。在新编《郭因文存》12卷中,编者虽没有对郭因大美学体系进行学理性划分,但已初步显现出了学理体系架构,呈现出多元而有序的体系格局,构建出宏观的战略体系,包括:

(1)美学原理部分,主要解决"美在哪里,美是什么,如何去求美"的基本问题。

(2)艺术美学部分,主要解决意象审美问题,包括造型艺术美学、表演艺术美学、语言艺术美学等,用以指导人们的艺术创作及欣赏、批评。

(3)技术美学部分,主要解决应用审美绿色化和技术工程审美化问题,包括生活美学(人与社会)、劳动美学(人与自然)、伦理美学(人自身)等应用美学体系。通过美化客观世界去美化人们的主观世界。

(4)审美教育部分,主要解决审美能力提升、美的人的塑造问题,包括家庭美育、学校美育、社会美育等。通过美化人们的主观世界去美化客观世界。

2. 郭因的绿学美学体系

郭因在大美学基础上提出的绿学或绿色美学理论,将人们的审美认知和美

[①] 《郭因文存》(卷十二),合肥:黄山书社,2016年版,第210—211页。

学理论研究向前推进了一大步。郭因在他的文章中多次谈到,人类社会出现以来,一直致力于解决三个问题:提高人类自身的质量,提高人际关系质量,提高人类生存与发展空间质量。而提高这三个质量的过程实际上就是在不断追求、推进与提高三个和谐:人自身和谐、人际关系和谐、人与自然环境及社会物质环境的和谐。追求三大和谐是中西文化结合点,也正成为当今世界有识之士的共识。他的"绿色美学是以三大和谐的审美理想去建设客观世界和化育主观世界的"①。正如何娟、王昳在《关于绿色美学断想》中指出的:"绿色美学就是以绿为'魂',以'和'为对象,以'优化'与'美化'为目标的一门新科学。"②由此可见,郭因的绿色观,不是简单的色彩学和方法论,已上升到一种世界观的高度。

孙显元在《中国绿色未来学的崛起》一文中认为:"郭因先生创立的这门科学,称它为绿色文化和绿色美学也未尝不可。但称它为一门未来学,可能更为贴切。因为它综合了文化学、美学和科学社会主义的理论精神,服务于社会未来的研究。这个特点,正是未来学的综合研究所要求的。这是中国绿色未来学,也是中国的马克思主义未来学。"③陈祥明先生在《审美情怀与人文关怀的双重变奏——郭因的美学建构及其当代意义》一文中认为:"把郭因美学放到中国现当代美学发展的历史进程中去审视,我们感到它不仅和中国现当代美学发展总体趋势、特点相一致、相契合,而且体现了一种新的美学学术路向,构成了一种新的美学生长点,已成为新时期多元美学格局中的一元。"④"郭因同志的绿色美学是我国传统美学的延续,并且在新的历史条件下注入了新的内容,并提出了殷切的呼喊,希望人类猛醒过来,刻不容缓地去挽救我们生存的环境,也挽救人类自

---

① 《郭因文存》(卷二),合肥:黄山书社,2016年版,第58页。
② 《郭因文存》(卷十二),合肥:黄山书社,2016年版,第304—305页。
③ 《郭因文存》(卷十二),合肥:黄山书社,2016年版,第153页。
④ 《郭因文存》(卷十二),合肥:黄山书社,2016年版,第225页。

己。"①郭因认为,我们要立足现实、面向世界、放眼未来,遍考精取,从以儒道为主体的中国传统文化中发掘思想源头,从马克思主义哲学中寻找理论依据,从外来文化中汲取丰富营养,由此来构建为人类愈来愈好的生存与发展而进行设想、设计与创造的美学体系。笔者以为,郭因的绿色美学理论体系架构包括:

(1)研究人与自然和谐美学,目标是实现"天人和谐",主要涉及技术美学即审美绿色化与技术艺术化等相关问题,包括生态美学、环境美学、城建美学、生产美学等。

(2)研究人与人和谐美学,目标是实现"人人和谐",主要涉及政治美学、公关美学、伦理美学、社会学美学等。

(3)研究人自身和谐美学,目标是实现"身心和谐",主要涉及艺术美学、行为美学、心理美学、医学美学等。

四、结论

综上,郭因的审美理论是在传统审美思想的基础上的一次时代跨越,他的有关大美学、大文化的路径思考是对传统美学理论的重大突破和创新,有关绿色美学的理论体系构建、三大和谐美学思想的阐述,意义深远,影响巨大,有助于人们把审美理想与国家绿色文化建设、世界未来发展大势结合起来。绿色美学体系创新的目标境界是"绿色",核心理念是"和谐",理想路径是"优化""美化",并逐步建立完善的绿色美学分支体系,这为人们审美理想的实现、审美艺术的优化闯出了一个新天地,人们可以在郭因绿色审美理论的海洋中尽情遨游。

作者简介:方静,安徽绩溪人。绩溪县人民检察院三级高级检察官。安徽省徽学会副秘书长,安徽师范大学历史学院兼职教授,绩溪县胡适研究会会长。

---

① 《郭因文存》(卷十二),合肥:黄山书社,2016年版,第109页。

郭因美学研究述评和学术史反思

毛锐

郭因先生的美学研究有其自身特色,特别是在现当代以来学术日渐规范化的背景下,他的学术格局和学术姿态同主流学院派学术范式之间更是形成了一种张力。他的学术特点在于"外部性",而非纯粹的知识追求,只有从学术史的宏观视角才能更好地把握和描述。

从宏观学术史的角度考察郭因的美学研究,在学术发展的脉络上寻找个体学术行为的坐标,通过学人个体和学术史之间的相互映照,可以明晰学者个体学术探索的价值,促进对学术史的反思以及发现学术发展的丰富的可能,从而为当代学术发展提供某种参考。

一、从郭因20世纪80年代的学术转向谈起

20世纪80年代,郭因先生在美学研究上取得了很大的成绩,特别是《中国绘画美学史稿》,作为一本具有开创性的著作,在国内外都引起了较大的反响,日本、韩国和中国台湾地区不少学者都加以肯定、褒奖。李泽厚因此建议郭因继续深入搞绘画美学研究,但郭因没有采纳李泽厚的建议,他表示,自己"兴趣不

在于搞某一专题的小美学,而是美化主客观世界的大美学"①。此后,郭因的学术研究开始转向,从以艺术美学为主的学科意义上的美学,转向关注宏观发展和应用领域的大美学。1986年,他开始提出和宣传绿色文化与绿色美学。1988年,他发表《绿色文化与绿色美学的呼唤》,并在此前筹建了绿色文化、绿色美学研究会,带领一批赞同其观点的同志,正式开启绿色美学研究。

李泽厚的建议,是从现代学术范式出发,特别是从现当代以来借鉴西方学科体制而形成的"窄而深"的专家型学术出发,这是一条被主流认可的学术道路。

一般而言,中国现代学术的建立是西学东渐的结果。中国学术自清末开始引进西方学术分类、分科观念,是建构现代学术规范的真正开始。其中一个最为显著的特征,就是摒弃"知行不离、政学不分"的传统中学,走向分类分科、"窄而深"的专家型学术。这最先为王国维所倡导,他认为"现代的世界,分类的世界也",提出治学应"从弘大处立脚,而从精微处着力",从事于"个别问题,为窄而深的研究"②。新的学术观念、方法,通过民国的现代大学体制化,其先进性也被很多学人所认同,如顾颉刚,早年批评清儒襞积饾饤,后来则认为"窄而深"的路径是合理的:"人的知识和心得,总是零碎的。必须把许多人的知识和心得合起来,方可认识它的全体。""必有零碎材料于先,进一步加以系统之编排,然后再进一步方可作系统之整理。"如若只"要系统之知识,但不要零碎的材料,是犹欲吃饭而不欲煮米",宏大而不能证实的建构没有意义,"与其为虚假之伟大,不如作真实之琐碎"。③

新中国成立以来,教育体制借鉴苏联,教育和学术的一体化,又自然地接续

---

① 郭因《说说李泽厚》,载《郭因文存》(卷十一),合肥:黄山书社,2016年版,第348页。
② 参见梁启超:《〈国学论丛·王静安先生纪念号〉序》,载《饮冰室合集·集外文》,北京:北京大学出版社,2005年版,第1075—1076页。
③ 参见顾颉刚:《零碎资料与系统知识》,载《顾颉刚全集·读书笔记》(卷四),北京:中华书局,2011年版,第501页。

了这一范式。1951年10月,政务院《关于改革学制的决定》规定:"高等学校应在全面的普通的文化知识教育的基础上给学生以高级的专门教育,为国家培养具有高级专门知识的建设人才。"①因此,自清末民国以来,这套学术体制一直延续:"中国现代学术体制尽管是民国时期逐渐建构起来的,但仍然是目前中国学术运行的重要体制。"②

应该说,新的学术体制与学术范式的制定,是出于晚清以来应对变局、解决社会实际问题的需要,特别是中国现代化建设的需要,也因此成为一种必然选择。同时,传统中国的官学一体化格局被根本打破,与"政界"对应之相对独立的"学界"逐渐形成,整体上推动了我国学术的进步,是我国现代化进程中的重要标志。

二、学术的有我之境:郭因美学的主体精神

郭因先生在学术方向上越出当代学术范式的藩篱,实际上在其早期学术研究中就已端倪初现。一般来说,现代学术秉承西方科学精神,要求学者尽可能地摒除主观情感,价值中立是现代学术体系方法论的基本原则,如韦伯所言:"一旦科学工作者在研究中掺入了自己个人的价值判断,对事实的充分理解就到头了。"③"专业研究者必须避免任何伦理的、艺术的、宗教的评价,尤其要彻底避免政治的评价。"④而郭因的学术研究则有着强烈的主体精神,始终处于"有我之境",他的阐述中始终贯注着强烈的价值判断和感情表达,同时,在艺术美学的

---

① 上海市高等教育局研究室等编:《中华人民共和国建国以来高等教育重要文献选编》(上),内部印行,1979年版,第38页。
② 左玉河:《中国近代学术体制之创建》,成都:四川人民出版社,2008年版,第11页。
③ [德]韦伯等著、李猛编:《科学作为天职:韦伯与我们时代的命运》,上海:生活·读书·新知三联书店,2018年版,第31页。
④ [德]李凯尔特:《韦伯及其科学观》,载韦伯等著、李猛编:《科学作为天职:韦伯与我们时代的命运》,第90页。

研究上也非常关注主体,如在对绘画美学的研究中对人格、思想与知识素养等主体因素十分关注。

他在《艺廊思絮》中说:"一个艺术家,只有在道德意义上是一个美的人,才可能使自己的作品成为道德意义上美的作品。"[1]他在文中引用何绍基的"人与文一,是为文成,是为诗文之家成"、康德的"美是道德上善的象征",来阐述自己的观点。他说:

> 不让自己的血跟人民的血流在一起,哪能写出属于人民的、惊天动地的血的诗。[2]

> 没有鲜明、强烈、深刻的感情,艺术家不能成为杰出的艺术家;没有反映出艺术家鲜明、强烈、深刻的感情的艺术作品,不是杰出的艺术作品。[3]

在绘画美学研究中,他推崇传统美学思想中以主体为根本的观点,重视人品与画品、诗品、文品的关系,认为"人成而后诗文之家成"(何绍基),认为"人非其人,画难其画"(笪重光),等等,这种美学观点是我国传统美学思想中特有的、极有生命力的宝贵遗产,我们决不能抛弃,而应该发扬。[4]

在专门的文章《中国古典绘画美学论人品与画品》中,更是明确表明态度:

> 我一直认为搞艺术不能光讲求形式美,不能只是客观主义地对待生活、对待题材内容。绘画,应该多多提倡主题画,提倡表现思想,表现你赞成什

---

[1] 郭因:《艺廊思絮》,载《郭因文存》(卷四),合肥:黄山书社,2016年版,第219页。
[2] 郭因:《艺廊思絮》,载《郭因文存》(卷四),合肥:黄山书社,2016年版,第221页。
[3] 郭因:《艺廊思絮》,载《郭因文存》(卷四),合肥:黄山书社,2016年版,第223页。
[4] 参见郭因:《关于渐江和其画派的几个问题》,载《郭因文存》(卷八),合肥:黄山书社,2016年版,第69页。

么,反对什么,歌颂什么,鞭挞什么。①

"以我观物,则物皆着我之色彩",在强烈的主体精神的笼罩下,客体的意义和价值受到限定,无论是美学还是艺术都在某种规约之下。因此,郭因的学术研究,其实从开始的阶段,其路径和方向就确定了,那就是并不致力于无限的知识追求,而是始终在社会关怀和客观知识追求之间寻求一种平衡,而且是以前者统摄后者,始终以对人的关怀、对社会的关注为鹄的,因为知识的增长同人类幸福之间并不构成绝对的正向关系。

这是同追求纯粹知识的"窄而深"的研究截然不同的方向,没有通向无止境的围绕对象的思辨,而是将美同社会性的善统一,这也是有人认为郭因学术著作思想上"左"的原因。即使在早期绘画美学的研究上,他也没有显示出理论上过于深入化和细密化的倾向,在对"专业"知识的追求上,有一种老派学人的随和态度。如在开创性的绘画美学著作《中国绘画美学史稿》中,他更多的是列举式地展示中国古代绘画美学思想,没有刻意去建构一种逻辑或者一种可能看起来更深刻的阐释模型。

强烈的主体精神的另一种表现,是郭因对现实的高度关注,从而使他的研究显现出鲜明的时代性,现实和时代因素是他美学研究中的重要内容。我们看郭因早期的美学研究,由于特定的政治环境,其美学的核心内容实际上指向良知,指向社会意义的"善",表现的是对人性善意和公共正义的坚守。到 20 世纪 80 年代后期,在我国加速推进工业化建设时,他又提出绿色美学,赞成汤因比不要过度推进工业化的思想:

---

① 郭因:《中国古典绘画美学论人品与画品》,载《郭因文存》(卷七),合肥:黄山书社,2016 年版,第 253 页。

美国的汤因比和日本的池田大作在他们题为《展望二十一世纪》的对话录中,提出人类必须"把抑制贪欲、厉行节俭放在第一位",以"维护做人的尊严","保护现代人不受污染的危害","为子孙后代保存有限的地球资源",决不能让"人类力量所创造的文明背叛了人类自己","被这种文明送进坟墓"。人类应有"崇高的精神自由","人们之间和睦相处",并"取得人和自然的和谐"。①

当物质生活更加丰富,城市建设以及围绕生活消费的技术快速发展时,他更进一步将美学推向具体的应用场景,提出城建美学、技术美学。他的观点在实践中得到很好的印证,绿色成为国家发展理念,在城市居住休闲空间建设中、科技产品设计中,美学在悄无声息地被重视、被应用。他的学术始终"为时而作"。

三、大美学同中国学术传统

在对郭因先生的美学研究进行一个大致的梳理和归结后,我有这样一个印象,即他的学术更多是对中国学术传统的延续,虽然在方法和理论上也表现出一定的现代的特征,但相比之下,同传统的亲近性更为突出。主体精神和大美学的观念是突出的表征。

传统学术以人为核心,是士人群体的自觉行为。因此,传统学术精神的根本是士人精神。《孟子·尽心上》有一段对"士"的阐述:

穷不失义,故士得己焉;达不离道,故民不失望焉。古之人,得志,泽加于民;不得志,修身见于世。穷则独善其身,达则兼济天下。

---

① 郭因:《大美学与中国文化传统》,载《郭因文存》(卷一),合肥:黄山书社,2016年版,第26页。

这一阐述历两千年,大体上仍然可以作为士人精神的一个经典描述,也是学术的主体精神之依托。

在内容上,传统学术以明"道"为旨归。"道"带有西方所谓真理的某些义项,但不同的是,"道"的切入处在主客观作用中,在个人和群体的交互中,在自然宇宙与人的作用中,在确切的把握和流动的现实之中。因此,"道"不倾向于获得某种静态的知识,而是一种思辨、体会甚至行动的浑成状态。

如果说"道"这一指称有较为内向化的色彩的话,那么传统学术向外则如蒋梦麟所说:"第一是有益于世道人心,第二是有益于国计民生。"[1]《尚书》中的"正德、利用、厚生"就对中国政治与学术的基本价值作了很好的概括。明代理学家陈献章称"高明广大而不离乎日用",顾炎武更是倡导以明道救世为旨归的实学,开明清经世学派,"凡文之不关于六经之指、当时之务者,一切不为"[2],梁启超评其"标'实用主义'以为鹄,务使学问与社会之关系增加密度"[3]。

而郭因美学的内在精神同中国传统学术精神一脉相承。美学是现代学科中一个比较特殊的门类。有的学者指出,20世纪80年代的"美学热"出现的原因之一是,"美学是一门非常具有包容性的学科,这种包容性可以规避掉学科自身的孤立性,极易进入其他领域,或与其他领域相通"[4]。美学的这种特质,恰好可以在一定程度上消解现代学术的条块分割,同传统学术的通儒之学遥相呼应。

郭因先生的大美学,正是基于美学的包容性和开放性,走上传统的明道匡时、经世致用的道路。他在《我爱读什么书》一文中,就宣称自己持有"经世致用的治学观",他在讨论艺术的文章中说:"我认为,一切艺术都应该首先考虑它的

---

[1] 蒋梦麟:《西潮与新潮》,北京:人民出版社,2012年版,第267页。
[2] 顾炎武:《与人书三》,载《亭林文集》(卷四),四部丛刊清康熙本。
[3] 梁启超:《清代学术概论》,上海古籍出版社,1998年版,第12页。
[4] 张冰:《从"美学热"到美学的复兴——改革开放四十年美学历程探踪》,《湖北大学学报(哲学社会科学版)》,2018年第4期,第55页。

功能，考虑它派什么用场。"①

　　前文已述，郭因早期美学研究的真正关注点主要在社会正义良知方面，以善为美的内在标尺，继承了传统美善统一的思想。其后，随着经济社会发展成为国家要务，郭因进一步向建设和发展这种实务性的"致用"腾挪，转向绿色美学。郭因大美学的一大特征，就是推动美学走向实践层面。改革开放后工业化迅速发展，郭因积极倡导技术美学研究，他的努力获得了广泛的认同，全国美学学会1983年把技术美学研究与应用作为全国美学学会工作重点之一，安徽省美学学会创办了技术美学刊物。他进而提出外延更广的生产美学和生活美学："我曾经认为，以美学与技术科学、艺术与技术相结合的技术美学，可以包括生产美学与生活美学。现在，我觉得也不妨不提技术美学而径自分为生产美学与生活美学。"②将美学引入实践领域，不断地扩大学术的外延，郭因的美学研究也因此被认为是"泛美学"。平心而论，这种诟病从现代学科意义上说不无道理，郭因所赓续的传统经世致用、通人式的治学道路，确实在现代学术体系中找不到精确的坐标。

　　不同于规范的现代学术以论文为主要表达形式，郭因先生的学术表达较为个性化，反而很少见到那种规范的论文。传统的学术就是活化的，并无固定的形式。孔门四科，德行、言语、政事、文学都是学术的表现形式。司马迁著《史记》，目的是"通古今之变，究天人之际，成一家之言"，实际上是以对历史的叙述和解释去探讨自然和社会的规律，也是一种学术行为。文章与学术是一体的。章学诚说："古人本学问而发为文章，其志将以明道，安有所谓考据与古文之分哉？学问、文章皆是形下之器，其所以为质者，道也。彼不知道，而以文为道，以考为

---

　　① 郭因：《山水画美学简史》，载《郭因文存》（卷七），合肥：黄山书社，2016年版，第120页。
　　② 郭因：《美学与生产——程新国〈生产美学概论〉序》，载《郭因文存》（卷九），合肥：黄山书社，2016年版，第339页。

器,其谬不逮辨也。"①姚鼐《〈述庵文钞〉序》曰:"鼐尝论学问之事,有三端焉:曰义理也,考证也,文章也。是三者苟善用之,则皆足以相济;苟不善用之,则或至于相害。"②

学科意义上的美学或者艺术研究,则是传统学术另一面的投影。传统文人在经世致用的同时,其审美活动则带有一定的独立性,追求精神的舒放自得,注重营造私人化的精神空间,有意同公共政治理想拉开距离。余英时在叙述传统士人的精神历程时说到这一问题:

> 士人开始自觉意识到人作为精神独立之个体,不应完全附庸于社会政治、公共生活而汩没了自我的个性要求,因而逐渐减淡其对政治之兴趣与大群体之意识,转求自我内在人生之享受,文学之独立、音乐之修养、自然之欣赏,与书法之美化遂得平流并进,成为寄托性情之所在。③

这可能是郭因先生选择绘画美学作为学术研究课题的动因。前述《中国绘画美学史稿》出版后,评论中也有认为"右"的,这种"右",就是来源于传统文人审美的独立性。

郭因学术最为显著的特点,是知行合一,孜孜不倦地将思想化为行动,化为推动实践和改造现实的力量。近年来,郭因先生又致力于绿色农业研究,组织了一批专家同道探索现代农业发展的科学之路。他的学术绝非案头之事,不是仅仅停留于理论的思辨研讨,而是人与学一体,修身与济世一以贯之,同时仍留有精神自适之地。张岱年揭示中国传统学术着重生活与思想一致的特点,认为这种言行和知行的统一关系包含三点:(1)学说应该以生活中的实际情况为依据;

---

① 《章学诚遗书》,北京:文物出版社,1985版,第79页。
② 姚鼐著、刘季高校注:《惜抱轩诗文集》,上海古籍出版社,1992年版,第61页。
③ 余英时:《士与中国文化》,上海人民出版社,2003年版,第301页。

(2)学说应该有提高生活、改善行为的作用;(3)生活行为应该是学说信念的体现。① 这在郭因先生和他的学术上得到非常恰当的印证。传统学术不是一种职业,而是修身济世的一体化,从内在的道德需求出发去追求真理,又通过知识的增进来达到心、体的透彻,自诚而明、因明而诚。士人的理想形象,正如秦观称道苏轼所说的"器足以任重,识足以致远",同时进退裕如、性命自得,具备审美上的妙赏深情。

郭因先生在《生活情趣与人生境界》一文中评述朱光潜:

> 中国知识分子历来有一个这样的传统:无论如何总要寻求一个安身立命之处。他们进则"猛志逸四海",退则"采菊东篱下",进则"颇怀拯物情",退则"凤歌笑孔丘",进则追求一个积极用世的生活目标,退则追求一种旷达玩世的生活情趣。而又常常在进时,仍有一种遗世独立的情怀,在退时,仍有一种积极用世的态势。而无论进退,都力求完成一种湛然清明的人生境界。他们进退裕如,俯仰无愧,悠然自得,心君泰然。他们中许多人是不立功便立德立言,反正要追求一个不朽。有的人则只是自我充实,自我丰富,精神需求上自我满足。中国历史上,"君命召,不俟驾行矣",而"道不行"便想"乘桴浮于海",而终于杏坛讲学,弟子三千的孔子,"世与吾而相违"便"归去来兮",而终于写出了不少不朽诗篇的陶渊明,"济苍生""安黎元"的抱负无法实现,便要"散发弄扁舟",而终于成了诗仙的李太白,等等,便是这样的知识分子。在我看来,朱光潜基本上也是这样的知识分子。②

我们看,也像是夫子自况。

---

① 李存山编:《张岱年选集》,长春:吉林人民出版社,2005年版,第286页。
② 郭因:《朱光潜——作为一个历史现象——朱老逝世3周年祭》,载《郭因文存》(卷十一),合肥:黄山书社,2016年版,第234页。

四、反思与中国现代学术的复调进程

2013年,87岁的郭因先生获中国美术家协会授予的"卓有成就的美术史论家"称号。而真正承载郭因先生学术理想的大美学、绿色美学,虽然有着一批真诚的追随者,但在专业化的学术层面,似乎并未得到太多的响应,当"绿色"上升为重要的国家发展理念后,郭因的先见之明也并未获得太多的注意。

一方面,学术应该具有怎样的面貌,主流学术范式似乎对此有着非常严格的规约。专业化和规范化往往被视为现代学术成熟的标志。但另一方面,引自西方的现代学术范式及其所伴随的学术专业化和职业化,其弊端也早有显露,民国时就有学者谈到这一问题:"吾国自开办学堂以来,最良之教师,亦不过云教授有方而已,若曰研求真理,则相去甚远。"[1]更有学者尖锐地指出,专业化、职业化的学术,其研究的动力往往是"经济之压迫",所以很多学人都期望"得一罕见之书,中秘之本,纂辑排比,暝搜夕抄,不数日而成巨帙,一跃而为专门之学者,经济问题,庶乎可以解决矣"[2]。这一尴尬在今天的学术圈仍然是一种现实。

而"窄而深"的研究,从知识本身来说,也同样暗含某种危机:

> 一般而言,某一种学科越朝向一种更深入的方向发展,就越来越陷入一种狭窄的研究领域中,与其他学科的不可通约之处越大,而且距离人的生活世界越来越远。于是,任凭这种分科之学的发展,知识便陷入一种碎片化的境遇之中,陷入庄子所说的"道术为天下裂"的状况之中。[3]

---

[1] 《理科研究所第二次报告》,载《北京大学日刊》,1917年11月22日。

[2] 谢国桢:《近代书院学校制度变迁考》,载沈云龙主编:《近代中国史料丛刊》(续编)第66辑,台北:文海出版社,1974年版,第40页。

[3] 陈赟:《中国精神、经学知识结构与中西文化之辩》,载《西学在中国》,上海:生活·读书·新知三联书店,2010年版,第356页。

从实践来看，中国传统思想文化的研究，在当代这种学术范式中，便显得支离破碎而生硬机械，特别是用西方理论和话语体系来阐述中国传统思想文化时，显得凿枘圆方、不得其门。

当代关于学术史的反思也由来已久。2006年，学者戴登云撰文指出，当代中国学术持续地细密分化、实证化和学院化，当代中国学术与思想的问题意识的匮乏和表述方式的千篇一律就是现实的明证与表征之一。学术似乎已越来越名正言顺地成为一种技术和谋求名利的手段，而不再是一种志业，更不再是一种文化创造的关键要素和生命安顿的本源依据。思想似乎也越来越成为一种话语权力游戏，而不再是有生命关怀与真理底蕴的现实所指。[1]

作为现代学术的源头，西方自身同样有深刻的反思。如韦伯认为，现代学术体系本质上是一种工具理性，但"算法等工具理性的进步，并不能带来价值理性的安顿，技术没有解放人类，却成为现代社会生活中新的桎梏"[2]。韦伯对现代学者的批评非常尖刻："无灵魂的专家，无心的享乐人，这空无者竟自负已登上人类前所未达的境界。"[3] 专业化也意味着对人生和世界整体把握的缺失，同样会带来迷茫："学者们每日操劳，却越发陷入狭窄的专业化境遇中，连认清自己都难，谈何世界的未来？"[4] 同时，现代学术体制实际上从属于官僚体制，权力会带来学术的异化：

---

[1] 参见戴登云:《学术分科制度的建立与现代中国学术典范的内在缺失——学术史反思札记之二》，载《中文自学指导》，2006年第4期，第28页。

[2] 郑飞:《学术为业何以可能——论韦伯对现代学术体系的反思》，载《学术研究》，2021年第3期，第25页。

[3] [德]韦伯:《新教伦理与资本主义精神》，康乐、简惠美译，南宁:广西师范大学出版社,2010年版,第183页。

[4] 梁敬东:《"学术生活就是一场疯狂的赌博"——韦伯与德国大学体制的论争》，载韦伯等著、李猛编:《科学作为天职:韦伯与我们时代的命运》，上海:生活·读书·新知三联书店,2018年版,第143页。

这种盛行的体制,试图把新的一代学者改变成学术"生意人",变成没有自己思想的体制中的螺丝钉,误导他们,使他们陷于一种良心的冲突之中,步入歧路;甚至贯穿他们整个学术生涯,都要承担由此而来的痛苦。①

当我们回望中国现代学术的发生,再次审视王国维的学术主张时,必须强调的是,他最根本的观点是学术独立:"学术之发达,存于其独立而已。"②此外,他对西方学术中的科学精神,在我国学术实践中多大程度地得以贯彻,也难以有乐观的估计。如以西方的分类分科方法对中国传统学问进行切割,从中分离出哲学、文学等等,生成现代意义上的学科和问题,就完全不符合中学原本的肌理,是一种形式上的学问,反而背离了现代学术的核心价值。

西学东渐有其特殊的背景。晚清的贫弱、在国际竞争中的败北,引发学习西方的潮流,正如亨廷顿所说的:"经济和军事实力的下降会导致自我怀疑、认同危机,并导致努力在其他文化中寻求经济、军事和政治成功的要诀。"③这种学习自然无可厚非,但也隐藏着非理性的因素,不排除邯郸学步式的盲目和东施效颦式的生搬硬套。

实际上,学术发展也并非非中即西的简单取代关系,中国传统学术自身也一直处于裂变、革新之中,清代的"汉宋之争"就是传统学术循着自身内在理路而导致的分歧。现代意义上的学者,某种意义上在清代已经肇端:

> 继新儒学而起的清代知识分子业已变成一个世俗性学术团体的成员;

---

① [德] 韦伯:《马克斯·韦伯论阿尔特霍夫体制》,载《韦伯论大学》,孙传钊译,南京:江苏人民出版社,2006年版,第51页。
② 刘继林:《王国维与中国现代学术的创立》,载《五邑大学学报》,第11卷第1期,2009年2月,第86页。
③ 萨缪尔·亨廷顿:《文明的冲突与世界秩序的重建》,周琪等译,北京:新华出版社,2010年版,第69页。

这个团体鼓励严格的富有创造性的文献考证,还为之提供生活保障作为学术奖励。与其理学先辈相反,清代学者崇尚严密的考证、谨严的分析,广泛地搜集古代文物、历史文件与文本保存的可靠证据,以具体史实、版本及历史事件的分析取代了新儒学视为首要任务的道德价值研究和论证。①

在汉学昌炽之时,坚持宋学立场的方东树批评道:

> 汉学诸人,言言有据,字字有考,只向纸上与古人争训诂形声,传注驳杂,援据群籍证佐数百千条,反之身己心行,推之民人家国,了无益处……②

我们不难看出,当代学术界实际上仍有汉宋之争的余响。宋学派主张为学向内要有益身心、向外有益家国,"兼取古人之长,使之相反而可相资,而必义理为主,以正其原;考证为辅,以致其确"③。而郭因先生的学术路径和理想,就蕴含着宋学的余绪。当代学术在成型的体制和范式之下,仍然隐含着对西学的吸收与融和、对旧学的继承与新变等因素:"百年来中国学术传统本身就包含了驳杂而丰富的多种路向,有待学者鉴别、选择和反省,若以西方为参照系,可以说中国现代学术尚未完成转型,但也正因为此,其中或许还蕴藏着未被开掘的生机。"④

在主流学术范式的内外,中国的现当代学术可能有一个潜在的、需要被挖掘

---

① [美]艾尔曼:《从理学到朴学》,赵刚译,南京:江苏人民出版社,1995年版,第5页。
② 方东树:《汉学商兑》卷中之上,载《汉学师承记(外二种)》,上海:三联书店,1998年版,第276页。
③ 刘开:《姬传先生八十寿序》,载严云绶、施立业、江小角编:《桐城派名家文集·刘开集》,合肥:安徽教育出版社,2014年版,第80页。
④ 季剑青:《中国现代学术的自我理解与再出发》,载《思想》,2020年第12期,第102页。

的复调进程。

五、重建与返本开新之路

　　再回到郭因 20 世纪 80 年代的学术转向,他从专业的、学科意义上的美学研究,转向关注社会发展的大美学,这一转向在某种意义上越出了当代"合法"的学术范式,实际上是对学术价值和意义的追求,逾越了既成的学术体制和规范。同时,他放弃自己开创的学术领域和可以预见的专业成就,而转向发自内在的自主选择,这种看似个人化的抉择,实际上有其内在的必然性理路:学术研究不同于别的事业,而是先天性地带有超功利的特征,有着某种内在信仰,这种内生的、无形的力量正是学术的价值核心和动力源头,相比之下,外在的、有形的、建构的学术范式显然是第二位的,是学术内在价值的表达形式;当学术的本原性力量无法在既成的学术范式中实现自我表达,那么,"出走"便成为一种合理和当然。

　　学术范式从来不是一种规则那么简单,其源头是某种文化类型对待人自身以及自然宇宙的理念、方式。我们今天对西方理论过度依赖的原因可能就在这里。"中国社会科学研究在很大程度上依然是西方理论的'资料员'和'研究助手',对于西方理论存在严重的路径依赖,从而导致有关中国发展的主体性知识的供给不足。"[①]

　　传统的力量是巨大的。诺贝尔经济学奖的获得者道格拉斯·诺思认为,文化传统和信念体系是根本的制约因素,必须考虑过去是怎样走过来的,过渡是怎样进行的,才能很清楚未来面对的障碍和机遇。[②] 我们不可能将历史仅仅当成一种学科,历史是无法割裂的,"真正的历史对象根本就不是对象,而是自己和他者的统一体,或一种关系,在这种关系中同时存在着历史的实在以及历史理解

---

　　① 李小云:《中国社会科学的学术自主与文化自觉》,载《文化纵横》,2018 年第 5 期,第 43 页。

　　② [美]道格拉斯·诺思:《制度变迁理论纲要》,载《改革》,1995 年第 3 期,第 56 页。

的实在"①。因此,传统学术的内在精神必然会存在并延续。

《礼记》有云"情深而文明",有着深厚根底的力量终究会显现于外在。越来越多的学者开始意识到回归传统的重要性,因为这种回归包含着实事求是的科学态度。如在文学研究上,很多学者提出回归本土的"大文学"观念,提出"重视本土立场、本土观念,重建本土话语体系",走"返本开新"之路。② 西方理论家同样认为应该从传统中寻找理论前进的方向:"知识的进步不必取决于新理论家和新理论的发现……挑战在于通过激活旧的思想家,重新审视理论正典,为思想提供新的路线。"③而对于现代分科观念和专业化带来的弊端,西方也努力通过通识教育予以克服,在美国的大学,本科生是没有资格专修企业管理、法律、医学和建筑等职业倾向和专业性极强的学科的,学生必须先打好全面的知识基础以后才能进入研究生院攻读这类专业。④

中国学术传统有着不言自明的价值,其自觉尊奉理性,追求知行合一、体用合一,将个体的身心安顿与公共真理的追求、自我精神的成长与改造社会一体化,追求和谐与动态平衡,建立了一种个体身心自处以及个体与群体相互作用的秩序,同时有着独特的美学追求,包含了人类学意义上一种值得弘扬的人的"存在"之道。"返本"不仅是一种文化意义的自我认证,更是重建现代学术的价值、体制和范式所需,学者戴登云对此有一段阐述值得重温:

> (学术史的书写)不仅要发现种种"旧有"的和"新出"的芜杂的学术资

---

① [德]伽达默尔:《真理与方法》,洪汉鼎译,上海译文出版社,1999年版,第424页。
② 参见欧明俊:《古代散文研究脱离传统"学术"体系之反思》,载《兰州大学学报》2021年1月,第49卷第1期,第88页。
③ [美]乔纳森·卡勒:《理论中的文学》,于嘉龙、郑楠译,上海:华东师范大学出版社,第2—3页。
④ 参见陈平原:《当代中国人文学之"内外兼修"》,载《学术月刊》(第39卷),2007年11月,第18页。

源之间的隐秘联系,挑战和修正某些传统的或习见的"偏见"与"伪知",而且要投入到历史与现实的具体情境中,去重建那为一代又一代学人所曾经领会过并明确表述出来的,或事实上触及了但尚未被明确意识到的、或至今仍未被发现而本身是存在的学术研究在研究立场、学科体制、理论基点、价值诉求、学术精神和表述策略等方面的自明性认同,并透过此重建,去领会"学人与社会、学人与学术、学术与生命"之间的种种非此不可的本源性联系。[①]

通过对郭因先生学术研究的梳理,我们得到的启示是:对于学术这种丰富、复杂的活动,对其形式层面的关注绝不应该甚于对其本质的关注,必须让体制与范式的建构同其安顿身心、改造社会、追求真理的本源性价值实现对流;"返本"并非历史意义的,同时也是学术自身价值和意义的深层追溯,而"重建"则是"返本"的另一面,是在现代世界为古老的意义和价值找到归宿,自觉地触碰和进入历史与现实的统一体。

六、结语

郭因先生其人其学有一定的特殊性,他的学术历程并不具备普遍意义;钱谦益论诗,标举"性情、世运、学养",学人又何尝不是如此?特殊的时代和经历造就了郭因先生,他有着专业的学术成就,但他的学术最为闪光之处,并不在学理性的思辨探讨和理论话语体系的生成。在学术史的大坐标中,他的姿态与坚持所显示的意义更加明晰。《庄子》有言,有真人而后有真知。我们可以认为,人和学、学术活动和学术规范应该是一种互文关系,相互生发。

同时,本文并非否定现代学术的价值和意义,王国维认为现代世界是分类的

[①] 戴登云:《函须反思的学术史反思》,载《中国图书评论》,2013年第4期,第82页。

世界,这一观念仍然是正确的,分类是人类认知扩展和技术进步的必然。特别是当前西方及西方文化走向衰落①,而我国在历经多年的经济发展后,综合国力日益增强,曾经的"西方先进文明"本土化加速,东方文化回归的趋势越来越明显。在这一语境下,"回归"或者"返本"反而要更加谨慎,这一点有的学者也已注意到,对学术研究上的狭隘民族主义是应该保持警惕的,民族文化的先天亲近性有利于消解一味西化之弊,但"在国家文化政策转向'民族复兴'的时候,习惯性地'嗅到''西方中心主义论的气息'却未见得会是一件学术上的善事"②。人类文明的碰撞、交缠与融合是不可逆的趋势,正确的道路应该是在全球化的大背景下以更宏阔的历史视角,重新审视文化传统,发现其中对人类文明的有益之处,破除学术范式中床上安床、画地而趋的狭隘和机械,沿着科学的道路,实事求是地面对学术传统和本源性价值,实现中与西、传统与当代更深层次上的会通,构建更具包孕性和生命力的宏观学术体制与范式。此外需要注意的是,可能还应另行突破"学术"的界限,以人或者个体的人为核心,有意识地保扩知行合一、致用与审美兼具的传统学术精神,实现其整体和活态的传承。

作者简介:毛锐,安徽省艺术研究院助理研究员。

---

① 此观点参见缪尔·亨廷顿:《文明的冲突与世界秩序的重建》,周琪等译,北京:新华出版社,2010年版。
② 吕效平:《论"情节整一性"对于"现代戏曲"文体的意义——兼答傅谨〈"现代戏曲"与戏曲的现代演变〉》,载《戏剧艺术》,2021年第4期,第14页。

读郭因先生的"绿色美学"有感

葛建中

美学作为哲学中的一门学科,诞生在18世纪,即唯理主义的时代,在200多年的进程中自身得到不断的丰富和扩展,同时也不断受到各种挑战,以致有人大呼"美学死了,美学万岁!"的口号。[①]

最近我有幸接触到著名美学家郭因先生在20世纪80年代就倡导的"绿色美学"理论,其中创新的美学观点中论及了如何寻求各种关系之间的和谐,其核心内容"三和",包括人与自然要和谐,人与人要和谐,人自身要和谐。实现"三和"有利于历史的发展、社会的进步和人民的幸福。在学习领会之余,谈谈本人一些粗浅的体会。

郭老曾说,朱光潜先生的一些美学思想给他很多启发。朱光潜以中国儒家思想之木,接西方美学之花,其研究美学的终极目标是改造现实世界,如果不可能就躲在狭窄的艺术世界里过自己的艺术生活。郭老还特别欣赏和向往马克思提出的共产主义社会模式:人克服一切异化,复归人的本质,全面发展,自由自觉劳动创造。人与人、人与自然的对立冲突根本解决,人彻底自然主义,自然彻底人道主义,一切人的自由以每个人的自由为前提和条件,社会是自由人的联合

---

① 参见高建平:《"美学"的起源》,载《社会科学战线》,2008年第10期,第177页。

体,自然是人的无机的肉体。郭老一直推崇做学问要经世致用,他的"三和"论点与马克思在对社会发展规律的客观认识的基础之上,将人的解放、自由与全面发展视为根本目的的共产主义理论是相一致的。我们只有在马克思主义的一般原理的指导之下,认真研究把握变化发展的社会现实生活,才能不断丰富马克思共产主义理论。

2016年12月,中国社会科学院哲学研究所王柯平教授在"美学与家国:中国美学高层论坛"上曾经指出,中国美学研究范式的变革有三个方面:一是从小历史到大历史,比如说美学史的问题,不仅来源于美学史,还涉及哲学史,以及国家、民族、文化等;二是从小功能到大功能,即从研究艺术的创作规律、审美特征等到研究政治、意识形态的因素等对艺术的影响;三是从鉴赏论到本体论,即从鉴赏艺术,研究什么是有意味的形式,艺术是否只是对情感的一种表达等问题,到研究艺术本体论问题。他呼吁美学研究要具有家国情怀。

郭老在这方面更是先行一步,"三和""绿色美学"理论的提出,不仅体现"家国情怀",更是面向世界,面向未来的。郭老"绿色美学"中的"三个和谐"论点,完全与当前我国美学界呼吁美学研究要有对社会、对人性和对人类生存境况的关切,脱离纯粹的书斋化的呼声不谋而合。在我国和谐社会建设方面,2016年11月,中国共产党第十六届中央委员会第六次全体会议审时度势,及时作出了"中共中央关于构建社会主义和谐社会若干重大问题的决定",中共十八大提出的社会主义核心价值观中又包含了"和谐"的关键主题,可见"和谐"得到了我国学界、政界及民众的广泛认同。

我们知道,马克思在《1844年经济学哲学手稿》中认为人是自然不可分割的一部分,强调人与自然紧密联系,不断交流。他将共产主义描绘为完成了的人道主义,也是与自然主义的统一。显然当时的马克思已经观察到,资本主义生产方式的运行必定加剧人与自然的对立,会带来严重的生态环境问题,因此提出将人与自然对立的消除作为共产主义运动的重要内容。

在经济全球化的今天,资本主义巨头依靠跨国公司和专利技术打遍天下,形成了"超级世界",正如费德烈·华格纳教授在20世纪60年代末就指出的"在这种超级世界中为了要达成科技的目标与经济的用途,大自然基本上成了一种工具"[1],作为人类生存基础的大自然遭到重创与破坏,地球村中的"村民"往往也沦为工具。

郭老指出,绿是一种共存共荣,绿也是一种协同共进,散发出"和谐"的本色美,这种中国特色的"天人合一"美学观,认为在人类社会发展的同时要保护好生态环境,提倡人与自然和谐生存,其中渗透着中国古老的的绿色生态文化思想,如老子的思想中认为人来源于自然,与苍宇相比,人就如高山中的一株树、一棵草。庄子也认为人要回到人类本身之中,要慎重地对待生存和存在,防止人类出现自我膨胀的观念。郭老凝练了古代生态美学的思想观念,发扬了中国的"天人合一"美学观,更是对马克思提出的人与自然对立的消除之道作了最好诠释。

美学先贤伽达默尔在《美的现实性》一文中曾经指出:自然科学"已以一种越来越令人喘不过气来的速度转变为技术,从而决定我们当今世界的面貌"[2]。费德烈·华格纳教授说现代人生活在两个世界,即"人文世界"(数千年来人类文明所创造产生的)和"科学世界"(最近两百年创造产生的),"这两个世界无所不包,彼此间紧张的关系与矛盾对立决定了现代人日常生活以及精神生活的形态"[3]。在过度开发并且与绿色文化相左的国家,普遍存在工作至上、消费至上和娱乐至上的现象,"人文世界"里的传统和规范在西方模式的科技、政治和社

---

[1] [德]费德烈·华格纳:《人类当前的基本课题[科际整合]——两种文化造成的世界性问题》,查岱山译,载孙志文主编《人与现代》,台北:联经出版事业公司,1982年版,第4页。
[2] 刘小枫:《人类困境中的审美精神》,上海:东方出版中心,1996年版,第659页。
[3] [德]费德烈·华格纳:《人类当前的基本课题[科际整合]——两种文化造成的世界性问题》,查岱山译,载孙志文主编:《人与现代》,台北:联经出版事业公司,1982年版,第3页。

会形式的冲击下逐渐瓦解和沦丧,以致不断地引起政治和社会的动荡。"绿色美学"的现实性体现在给人们提供了最好的反思。

2020年9月22日,习近平在第七十五届联合国大会一般性辩论上发表的讲话中提到,人类需要加快形成绿色发展方式和生活方式,建设生态文明和美丽地球。应对气候变化,《巴黎协定》代表了全球绿色低碳转型的大方向,是保护地球家园需要采取的最低限度行动,各国必须迈出决定性步伐。

美国学者赛缪尔·亨廷顿在《文明的冲突与世界秩序的重建》一书中提出的一个著名论点,即"在未来的岁月里,世界上将不会出现一个单一普世文化,而是将有许多不同的文化和文明相互并存"[1]。亨廷顿指出,现代化不同于西方化,它既不会形成任何意义上的普世文明,也不会导致非西方社会的西方化。防止文明的激烈冲突,各国要遵守三个原则:(1)避免原则;(2)共同调解原则;(3)求同原则。人类必须学会如何在复杂的多极的多文明的世界内共存。

如上这些也印证了郭老"三和"的美学和谐观以及他发出的"绿色美学终将能够挽救地球、挽救人类"的预言具有正确的指向。

作者简介:葛建中,芜湖职业技术学院教授。

---

[1] [美]赛缪尔·亨廷顿:《文明的冲突与世界秩序的重建》,周琪等译,北京:新华出版社,1998年版,第2页。

浅论"绿色美学"的当代社会意义

林天湖

绿色美学,究其本质,自然是一套美学思想理论体系。可是,研究其现代意义,却不可止于美学范围之内。正如《郭因美学选集》(第二卷)中《对社会主义现代化建设进行美学的思考》一文所说:美学应该研究人。人是社会性的动物,研究人,最终是要作用于人类社会。因此,挖掘绿色美学当代的社会意义,是让绿色美学经世致用的关键。

本篇小文,以绿色美学代表性观念"三大和谐"为切入点,浅谈绿色美学之于现代社会的价值所在。

所谓"三大和谐",其内容为:人自身的和谐、人与人的和谐、人与自然的和谐。三重和谐,范围上层层递进,以个人为起点,不断向外扩散,最终形成人与万物的大和谐之美。而从关系上来说,人与自然之和谐为基础,人与人的和谐为保证,人与自身的和谐则为动力。

人自身的和谐,意在塑造人自身之和谐美。这一和谐,包括心理和谐与生理和谐。人何以自身和谐呢?在心理上,其关键在于正确且积极的自我认知,即自洽,或言"自我悦纳"。而自我悦纳的第一层,就是清醒的自我认知。古希腊哲学家苏格拉底曾倡导"认识你自己",便是在强调自我认知的重要性。自我认知,既包含外貌,也包含内在品德、内在性格,是从客观到主观,从物理到心理的全方面认知。第二层,则是接受真实自我,并对其客观理性地看待。优而不骄,劣而不馁,以平和的心态认识并接受现在的自我,同时基于自我之现状,对未来发展做出合理科学的安排。顺从本意,顺从特长,顺从客观条件而在此基础上谋求优化,从而达成自我之心理和谐。

至于人自身之生理和谐,一言以蔽之,便是健康的体魄。

高速发展的时代,相应地带来高速膨胀的焦虑。对所谓成功的需求异常膨胀的背后,乃是自我认知的扭曲、自我悦纳的缺失。此为现下人们焦虑、价值观剧烈冲突的起源。而自我悦纳的缺失,是人自身没有达成和谐的典型标志。以本人较为熟悉的高校为例,目前,全国高校学生患抑郁症比例高于百分之七,这意味着许多高校学生存在较为严重的心理危机。究其原因,大多与学业压力或生活挫折有关,他们没有足够的理性去认知自身的实际情况,在短时间内给予自己过高的要求、过多的期待,结果则多为佛教八苦中所谓"求不得"。如此产生的落差,很容易导致自我认知的极端化逆向扭曲,让他们转而质疑自己的能力,乃至质疑自我存在的意义。因此导致高校学生的心理健康状况大幅下降,甚至发生自残、自杀等诸多恶性事件。

和谐之人,方为美好之人。倡导人自身之和谐的美学培育,乃是应对当下心理危机的一剂良方,定可予人以治愈,进而上升至对集体精神的优化。而在这一优化的过程中,生理和谐与心理和谐有时互为因果。这是在当代,乃至未来很长时间内需要持续的工程。

人与人的和谐,意在构建和谐的人际关系。微而观之,为个人交际圈之和谐,宏而观之,则为世界人民和谐共荣之理想。引入"悦纳"之概念来解释,便是人对他人的悦纳,这种悦纳,是超然于国家、种族、信仰、意识形态之上的。

建立这种悦纳,与自我悦纳相近,源于了解,归于理解、包容与接纳。全球化进程开始以来,世界联系的日益紧密为我们提供了达成人与人和谐之基本条件。近年来,我们欣喜地看到,世界各国文化已呈现出一定的包容、理解之趋势。多元文化的结合,已经在艺术、社会等领域得到不同程度、不同形式的展现。人类文明正逐渐进入各区域文化相互交融、兼收并蓄的新繁荣时期。例如,在艺术方面,我们可以看到大量用中国乐器演奏异国古今乐曲的"异乐中奏"相关视频。此外,在建筑行业,融合中西特色的新建筑方案亦是层出不穷。我的高中母校合肥市第七中学(新校区)便是融合西式现代建筑与中国传统徽派建筑的典范。而在人际交流方面,最直观的体现便是旅游国际化。在世界各国的旅游景点,来自不同国家、不同文化圈的人们相互交流也相互欣赏。

然而,不可忽视的是,在当代的国际环境中,人与人的和谐在意识形态层面上尚有较大缺失。人类基于生物本能的排异特性,因为没有得到根本性控制,发展演变遂成当今世界一切敌视、陷害、残杀之根源,这是人类社会最深重的悲哀。以"自我"的标准为中心,强调"自我"的正确性,并以此为标准责难"非我"之标准。这长久以来的思维惯性形成了世界各国文明封闭自我的柏林墙,亦是文明精神异化的催化剂,甚至是点燃极端恐怖行为的一根无法根除的引信。纵一国有改善现状之本心,也难以力挽狂澜。

私以为,破世界人心之桎梏,非一国之力可为,而当求世界文明齐心。若求世界文明齐心,则须第二和谐观念深入人心。如费孝通言:各美其美,美人之美,美美与共,天下大同。世界人民相互悦纳的建立,则为天下大同之基石。

道路十分明晰,方法有待探索。天下止戈,为武之极致。探止戈之道,则为时代课题。人际和谐,既为方法,也为目标。

人与自然的和谐,意在构建和谐的人地关系,着眼的乃是人类文明赖以生存发展的根本物质基础。这一看法的提出,是对旧世纪"征服"自然之说法的有力回击,是对以往破坏性人地关系模式的尖锐批判。

所谓人与自然的和谐,也可理解为人类要寻求人与自然的相互悦纳,即人类尽力保护自然,自然助力人类发展。

自然孕育人类,人类以"征服"待之,是愚蠢的、不明智的。回望历史,不难看出,但凡被冠以"征服自然"之名的行动,多半以自然之无情报复为结局。古国楼兰何以埋没于黄沙?是皇室奢靡,大兴土木,摧残绿地的结果。南太平洋岛国图瓦卢为何大费周章举国迁移?正是人类引以为傲以至于几乎过度的工业,让海水在这小小的岛国领土上肆虐横行。

这充分证明了,对自然的暴力开发不可取,为错误方向。追求人与自然的和谐相处,使人与自然由对立性质的"征服与被征服"转向和谐共融,是人类应该具有,也应该永久坚持的状态。

我们可以看到,基于对未来威胁的感知,世界各国大量针对人地关系的改良措施陆续出台并付诸实施。多年以来,其中相当一部分措施可谓卓有成效。这是人类开始正视、追求人地和谐的表现。我国大力营造防护林带,提倡部分地区退耕还林,阻遏了黄沙与荒土蔓延的脚步。瑞典推广节能式住宅,在北地有限的资源条件下诗意栖居。德国改良老重工业区,严格实行垃圾分类,限制私家车使用,让一个重工业起家的国度呈现出绿色环保的新面孔。

旧日一味征服自然,以人类短期利益为目标的错误观念,如今已不是世界发展的主流,但这并不意味着第三和谐已然实现。揆诸世界各地,由于低生产能力与高产品需求的矛盾,抑或是单纯地为了追求短期的经济利益,对自然的大肆掠夺和粗暴干预并未完全断绝。就像在拥有全世界最大雨林区的巴西,采取军事行动也未能阻止对热带雨林的非法采伐,在其背后暗藏的,便是经济结构单一带来的发展与保护之悖论。

继续强调第三和谐在当代依然是必要的。在这一理念的指引下,针对前者,我们应当以"先富带动后富"的做法,着力使科技先进国家的环保科技助力世界各国绿色化生产。而针对后者,我们应当以第三和谐为思想武器,谴责并打击置人类与地球之未来于不顾,为利益所驱使的鼠目寸光之流。

如今,我国欲成为社会主义现代化强国,则更应坚持人地之和谐,坚持"绿水青山就是金山银山"。如此,则我国发展有保障,世界发展有榜样。

基于三大和谐而建成的社会,是人类爱护自然,人类共同幸福,物质上低消耗,精神上高享受的社会。究其本质,与马克思主义所倡导的共产主义之最终目标——人复归人的本质,全面发展,自由自觉劳动创造,各尽所能,按需分配,人与人、人与自然冲突根本解决,人彻底自然主义,自然彻底人道主义——相一致。此为目前人类所构想的理想社会之上限。而三大和谐,则是理想社会之道路,理想大门之钥匙。

作者简介:林天湖,安徽大学历史学院本科生。

"和"——郭因绿色美学思想的核心

韩雪莉

随着工业、科技的迅速发展,环境污染、食品安全等问题的日趋严重,对物质与金钱无上限的追求也使得人与人之间充满猜忌,整个社会陷入一种焦虑的状态。除此之外,由于人类无节制地掠取大自然资源,使得许多动物失去原本属于它们的家园,处于灭绝的边缘,还有一些动物活动在人类生活区域,苟延残喘。优美的自然环境、平静淡然的内心、和谐融洽的人际关系等是人类生存的基本需求,也是中国美学的研究对象。从朱光潜的"美在物的形象"到宗白华的"美在意境"再到叶朗的"美在意象",都是说我们可以在内心之中构建一个充满灵韵、生动形象、圆满丰富、活泼泼的、有情趣的灵魂境界,以一种相对独立的精神世界过着一种从容优雅的理想生活。但这种理想的生活境界在实际中推行起来并不容易,以郭因为代表的绿色美学虽注重实用性,但在物欲横流的当下,推行起来亦是举步维艰。郭因绿色美学思想体系的形成是他不断学习和思考的结果,他的绿色美学理论并不是由一系列的概念和逻辑支撑起来的,而是一种实用美学,是一种和谐美学。郭因绿色美学理论的宗旨之一就是追求三大和谐,即追求人与自然的和谐、人与人的和谐、人自身内部的和谐。这是符合当下社会需要的绿色美学思想。那么如何让更多的人理解绿色美学,接受绿色美学,让绿色美学思想成为国人自觉的追求和内化于自身的行为准则,进而解决当下环境污染、动物急速减少与人类身心健康的问题?笔者以为,环境的优美与污染、社会的安定与混乱、人心的祥和与浮躁等一切社会现象,最终都可归因于一个"和"字。如果人与人之间、人与社会之间达到"和"的状态,那么就会环境优美、社会昌盛、人民幸福,绿色美学思想自然而然就会被大家所接受并实践。

一、绿色美学思想的基础:三大和谐

首先,三大和谐指的是人与自然的和谐、人与人的和谐、人自身的和谐。郭因认为,"和谐"从积极的意义上来说,是具有多样性;从消极的意义上来说,是并行不悖,它们之间存在一种辩证关系。在郭因看来,人与自然的和谐是三大和谐的基础,人与人的和谐是三大和谐的保证,人自身的和谐是三大和谐的动力与归宿。三大和谐就是一个缺一不可的有机整体,郭因把三大和谐看成一个动态和谐的过程。郭因认为,只有在实现了人自身的和谐这一前提之下,人与自然、人与人的和谐才会成为可能。由此可以看出,其中人自身的和谐是最重要的,以人自身的和谐来推动人与人的和谐、人与自然的和谐。只有人类自己自发地意识到自己是与社会环境不可分割的一分子,才能正确地认识自己和社会、自然环境的关系及人与人之间的关系,从而才能实现人与自然、人与人、人自身的和谐。如果人自身都无法实现和谐,那么就不会有人与自然、人与人之间的和谐的动力。

其次,在郭因看来,"三大和谐"理论的理论内涵不是只有字面意思上狭义的三个层面,它应该包含着人类生活领域的方方面面。其中人与自然的和谐,不仅包括人与天然自然之间和谐,还包括人与人工自然之间的和谐,以及人工自然与天然自然之间的和谐。人与人的和谐,不仅包括个人与个人之间的和谐,还包括个人与群体之间的和谐、群体与群体之间的和谐,它的基本要求是人与人之间要相互理解、宽容、友善与爱护等。人自身的和谐,主要是指生理和谐、心理和谐,自己与自己和解,达到身心的和谐之境。

最后，在郭因看来，三大和谐不仅是其绿色美学思想的基本观点和基本内容，也是文化的根本追求，更是人类的根本追求。人与人、人与自然之间的对立冲突的根本原因是没有做到"和"，只有人自身先"和"，人与人、人与自然之间才有"和"的可能性。

二、"和"：对中国传统哲学思想的继承与超越

纵观中国哲学史，有不少名人大家提出"和"的概念，郭因的三大和谐之"和"和它们有什么区别呢？通过上文梳理，可以看出郭因绿色美学中三大和谐之"和"与传统哲学思想中的"和"是有所不同的，是对传统哲学思想的继承与超越。郭因在《中西文化碰撞中的〈易经〉》一文中说："在中国，这三大和谐的思想则早就相当完整地出现于'五经之首'的《易经》。"[1]这是对传统哲学思想的延续与继承。同时，郭因又把《中庸》中提到的"道中庸"与"致中和"联系在一起，作为其三大和谐的理论源头。由"中"致"和"，根据"中和"思想来处理人与自然之间的关系，使"万物各得其和以生，各得其养以成"[2]。根据"中和"思想来处理人与人之间的关系，通过"仁"和"义"体现"和而不同"[3]，达到"天下大同"[4]的社会环境。根据"中和"思想达到人自身的和谐，做到"中立而不倚"[5]，"穷则独善其身，达则兼善天下"[6]，并最终达到"从心所欲不逾矩"[7]的境界。

---

[1] 郭因：《山高水阔——我的审美跋涉》（第一册），安徽绿色文化与绿色美学学会内部印行，第26页。
[2] 方勇、李波译注：《荀子》，北京：中华书局，2011年版，第266页。
[3] 李泽厚：《论语今读》，北京：世界图书出版有限公司，2018年版，第247页。
[4] 李学勤主编：《十三经注疏·礼记正义》，北京：北京大学出版社，1999年版，第658页。
[5] 朱熹：《四书章句集注》，北京：中华书局，2011年版，第23页。
[6] 朱熹：《四书章句集注》，北京：中华书局，2011年版，第329页。
[7] 李泽厚：《论语今读》，北京：世界图书出版有限公司，2018年版，第24页。

受中国传统哲学思想的影响,郭因的"三大和谐"理论在中国独特的文化语境中孕育出一种类似"天人合一"的理论体系,但又与"天人合一"存在差别。"天人合一"的思想最早是由中国古代著名哲学家庄子所提出的,而早在《易经》中就已将天、地、人并立起来,并把人放在中心。但由于科学技术较落后的原因,人类早期对待宇宙万物是处于一种朦胧的意识中的,在"天人合一"的思想中,对于人的主体性认识并不是很突出;而在郭因"三大和谐"理论中,人是主体,是推动和谐理论的动力和源泉,具有主观能动性,可以说是"天人合一——合于人"的模式。在人与物的关系中,人与万物不是对象性的关系,而是共处和互动的,人与天地万物相通相容。[①]"三大和谐"理论是对传统"天人合一"模式的超越,并涵养了一种新的哲学观念。正是这种新的哲学观念的注入,让郭因以三大和谐为理论内核的绿色美学不再是一种形而上的美学理念,而成为一种具有实用性的审美理论。郭因把"审美"作为了一个生存范畴,并注重人生体验。

郭因是在中国传统哲学的文化滋养中形成自己的理论的,但通过阅读他的著作,我们可以看出,他并没有把自己的思想局限于中国哲学之中,而是积极吸取西方进步思想,他在自己的理论中多次提到他的"三大和谐"理论也受到马克思关于人的全面发展和人性复归的思想的影响。在《通论》和《序言》中,郭因先生说,人应该追求人与自然、人与人、人自身三大动态和谐,以达到人类共同幸福、永远幸福的终极目标。这目标与马克思所说的人复归人的本质,全面发展,自由自觉劳动创造,各尽所能,按需分配,人与人、人与自然对立冲突根本解决,人彻底自然主义,自然彻底人道主义是一致的,郭因以马克思主义基本原理为指导,运用马克思主义的世界观、价值观和基本观点,来阐述"三大和谐"理论的问题。由此我们也可以看出,郭因绿色美学思想的"三大和谐"理论不是对传统

[①] 参见李景刚:《绿色美学的坚实内核——解读郭因的三大和谐理论》,载《淮北煤炭师范学院学报》(哲学社会科学版),2005年第5期,第20—22页。

"天人合一"模式的照搬,而是引入了西方哲学的观念,所以说他的"三大和谐"理论是对中国传统哲学的继承与超越。

三、基于"和":对当下自然生态环境的反思

在我们为科技的进步、物质水平的提高而感到喜悦时,人类社会的生态危机、人态危机、心态危机产生的一幅幅触目惊心的现实图景摆在人类面前,人类的生存早就受到了威胁。早在1998年,郭因就对社会现实尤其是对人类的生存环境进行反思,他认为,人类虽然创造了灿烂的物质文明和精神文化,创造了无数惊天动地的奇迹。但是人类正在被推向危险的毁灭的边缘。人们为满足自身需求而无限制地向大自然攫取、伤害大自然时,造成大自然的严重失衡,从核废水涌入海洋到雾霾严重污染空气。现实的残酷,使人类不得不进行深刻的反思,也不得不寻求一条新的发展之路。面对各种生态危机,郭因提出要按照自然的规律、社会的规律、人自身的规律,努力协调好人与自然的关系、人与人的关系、人自身生理与心理的关系,争取逐步实现人与自然、人与人、人自身的和谐,这就是他所提出"三大和谐"理论的最终目的与宗旨。郭因认为要实现人类社会的稳步发展,必须要走动态和谐之路,其核心就是人与自然、人与人、人自身的动态和谐。

人类的社会发展实践经验证明,自然环境与人民健康生活之间存在着密切联系,良好的自然生态环境对人类保持健康生活具有重要意义,自然生态环境的恶化则会危害人类的身体健康。马克思指出:"人在肉体上只有靠这些自然产品才能生活。"[1]自然是人类生存和发展的场所和基础,要想实现人与自然之间的和谐发展,人类的实践活动应遵循自然的发展规律,不能在狭隘的功利目的的

---

[1] [德]马克思、恩格斯:《马克思恩格斯全集》(第42卷),中共中央马克思恩格斯列宁斯大林著作编译局译,北京:人民出版社,1979年版,第92页。

驱使下,过度地向自然攫取,破坏自然环境,造成生态破坏。而自然生态环境又是人与人之间相互联系的重要前提。人与自然关系维度的失衡所折射的,正是人与人关系的错位。① 当代人类生态危机的本质,就是在不科学的生产方式乃至不公正的国际经济政治秩序之下,地球自然资源在不同的国家和地区、不同的人群之间的不公平的分配和占有局面,以及由此而决定的人和人之间的矛盾、利益冲突和危机。② 因此,自然生态环境危机的产生是由于以人和自然之间的关系为中介的人和人之间关系的不和谐。郭因的绿色美学思想的核心"三大和谐"理论,就致力于对这种以人和自然之间关系的不和谐为中介的人和人之间关系的不和谐的克服,以此构建出一个绿色健康、动态发展着的、和谐统一的人类命运共同体。

作者简介:韩雪莉,安徽大学哲学院硕士研究生。

---

① 参见李建忠、张维香、何骅、梅德祥:《包容性绿色发展的马克思主义生态哲学基因》,载《宁夏社会科学》,2020年第04期,第19—25页。

② 参见王雨辰:《论生态文明的制度维度》,载《光明日报》,2008年4月8日。

绿色美学，红色基因
——郭因绿色美学与马克思主义关系论

周红兵

郭因是安徽省著名美学家，郭因美学研究大致可以分为三个阶段：绘画美学阶段、大文化大美学阶段和绿色文化绿色美学阶段，从 1987 年起，郭因开始提出绿色文化、绿色美学的概念，最早以《绿色文化、绿色美学、文明模式与人类应有的选择》[①]为题在多处讲学，后来陆续发表了根据该文基本观点写成的多篇文章，不断在全省、全国各地反复宣讲自己的绿色文化绿色美学观，在郭因的不断努力下，绿色文化与绿色美学研究会依托安徽省美学学会成立，研究会成立不久后更名为安徽省绿色文化与绿色美学学会，学会很快就由二级学会上升为一级学会，郭因绿色文化绿色美学的主张影响逐渐扩大，成为安徽省及至全国有重要影响的美学流派之一。郭因绿色美学思想可以这样简明地加以概括："美化两个世界，追求三大和谐，走绿色道路，奔红色目标。"甚至可以用"全面协调求整体和谐"[②]一句话加以概括，这既是郭因自己的总结，也是学术界公认的郭因美学思想的主要内容。郭因本人回忆自己的学术方法时曾经说过："做大学问有两条不同的路子：一是对前人的理论的感悟中引申出自己的一些看法；二是从对

[①] 郭因：《绿色文化、绿色美学、文明模式与人类应有的选择》，载《郭因美学选集》（第一卷），合肥：黄山书社，2015 年版，第 426—446 页。

[②] 郭因：《关于绿色文化与绿色美学问答》，载《学术界》，1991 年第 4 期。

现实生活的感受中产生一些自己的想法,然后找前人的理论来印证自己的一套,而最重要的是以常识常理以实践来检验自己的一套。我的绿色理论的提出走的是第二条路子。"[1]郭因个人经历极为丰富,他出身农民家庭,自幼饱受饥寒屈辱,从少年时代起就追求一个能使人人平等、幸福的真理,最终以目的在于解放全人类,建立共产主义社会的马克思主义作为自己安身立命的支点。[2] 他的绿色文化、绿色美学思想尽管是自己在美学耕耘的过程中,从对现实生活的理解、理论研究的求索中独立产生出来的,但郭因在建构自己绿色文化、绿色美学思想的过程中,不断发现自己的理论主张与马克思主义高度贴合,郭因也始终自觉以马克思主义作为自己绿色美学的理论依据,可以说,马克思主义是郭因绿色美学的红色基因,绿色美学思想与马克思主义在世界观、价值观、美学观上一脉相承。马克思主义是一个科学思想体系,马克思主义的理论范式和思想观念在哲学、经济学、政治学、人类学、文化学和美学等各个领域里,都产生了世界性的影响,马克思主义更是我国当代各个学科建设的指导性思想,它在哲学上是辩证唯物主义,在社会历史观上是历史唯物主义,在人的问题上是审美人类学本体论,在知识功能上强调改造世界的必要性,这些都对郭因认识世界、认识美,解决世界和美学问题产生了影响。

一

尽管马克思和恩格斯没有留下系统的美学著作,但马克思、恩格斯以其哲学思想、艺术修养、批评实践,为我们留下了很多关于美的深沉思考,马克思的博士论文、《1844年经济学哲学手稿》《〈政治经济学批判〉序言》《〈政治经济学批判〉

---

[1] 郭因:《关于绿色理论的回顾与思考》,载《郭因美学选集》(第一卷),合肥:黄山书社,2015年版,第614页。

[2] 参见郭因:《郭因自述》,载穆纪光:《中国当代美学家》,石家庄:河北教育出版社,1989年版,第663页。

导言》《关于费尔巴哈的提纲》等,恩格斯的《卡尔·倍尔"穷人之歌",或"真正的社会主义"的诗歌》《卡尔·格律恩"从人的观点论歌德"》《致敏娜·考茨基》《致保尔·恩斯特》等,以及马克思、恩格斯合著的《德意志意识形态》《共产党宣言》等,都以相当的篇幅论述了美学、文学创作、文学批评的若干问题,马克思、恩格斯对美的规律的思考与认识,是马克思主义美学体系的重要内容。马克思主义美学是马克思主义科学体系的有机组成部分,马克思主义美学是基于马克思主义哲学对于世界的总的看法形成、发展的具体内容。

世界是由什么构成的是世界观的核心问题,不同的哲学对于世界是由什么构成的有不同的看法,对世界的不同看法也决定了哲学的不同性质。马克思主义认为,人们所生活的世界主要由两个世界构成,即物质世界和精神世界。两者之间的关系是物质决定精神,精神反作用于物质。马克思主义在本体论上是承认物质第一性的唯物主义,但因为马克思主义从来不在物质和精神两个世界之间划上一条绝对的界线,因此,马克思主义又是辩证的。郭因接受了这种观点,并且一以贯之地将其作为自己认识世界、解决问题的基本哲学。

郭因绿色美学思想追求"美化两个世界,追求三大和谐,走绿色道路,奔红色目标"[1]。所谓"两个世界"实际就是客观世界与主观世界,或者说就是物质世界与精神世界。郭因始终认为,"美学的功能是指导和帮助人们美化客观世界与主观世界"[2],"美学既可以应该在建设高度物质文明的过程中,发挥它美化客观世界的作用,又可以也应该在建设高度精神文明过程中,发挥它的美化主观世界的作用,并在客观世界与主观世界的共同发展中发挥它的协调主客观关系,使主客观关系达到高度和谐的作用,马克思说,人是按照美的规律去创造的,我认为按照美的规律去创造,应该既包括物质领域又包括精神领域,既包括客观世界

---

[1] 郭因:《关于绿色文化与绿色美学问答》,载《学术界》,1991年第4期。
[2] 郭因:《大文化与大美学》,载《学术界》,1986年第1期。

又包括主观世界"①。在不同时间、不同场合,郭因都反复宣讲自己对于当前世界的基本认识,即我们生存的这个世界主要由两个世界——客观世界和主观世界,或称物质世界和精神世界——构成,但是,这两个世界并不太平,反而充满了各种危机。所有危机最终可以概括为"三大危机",分别是"日益严重的人与自然失和的生态危机""日益严重的人与人失和的人态危机"和"日益严重的人自身失和的心态危机"。究其原因,在于"人类一味想征服自然带来的无情报复",在于"人类一味想相互征服带来了不已的纷争和不息的战火",在于"人类老是人为物役,心为身役,无休止地追求物质享受而忽视高洁心灵的培养与精神境界的提高"。根本原因在于人未能有效处理好两个世界的关系,三大危机严重影响了人类的正常生存和健康发展。为了化解三大危机,"就应该每个人从热爱自然、热爱人类、热爱自己出发,按照自然的规律、社会的规律、人自身的规律,努力协调人与自然的关系、人与人的关系、人自身中生理与心理的关系、生理结构中的各种因素的关系,争取逐步实现人与自然、人与人、人自身的和谐"。人与自然、人与人以及人自身的和谐,郭因称之为"三大和谐",在郭因看来,三大和谐符合人类对于真、善、美追求的最高标准,绿色文化是指引人类追求人与自然、人与人、人自身三大动态和谐,人类客观世界与主观世界两大动态美化,从而实现人类整体和谐的济世良方。② 马克思对世界由物质世界与精神世界、客观世界与主观世界构成的看法,成为郭因认识世界、解释世界、创构美学的起点。

二

马克思主义基于生产力与生产关系这组范畴,对人类社会做出了这样的整体判断,即人类社会的发展根本上是由生产力决定的,生产力的发展决定生产关

---

① 郭因:《美学和美育》,载《阜阳师范学院学报》(社会科学版),1982年第2期。
② 参见郭因:《我的绿色观——一个提纲》,载《学术界》,1989年第3期。

系的发展,生产关系的发展反过来会促进生产力的发展,人类社会根据这组范畴将会经历几个社会发展阶段,即从原始社会到奴隶社会、封建社会、资本主义社会、社会主义社会和共产主义社会。共产主义社会是人类社会的远景目标,而未来的共产主义社会是一个怎样的社会呢?马克思主义为人们描绘了未来的共产主义社会:"共产主义是私有财产即人的自我异化的积极的扬弃,因而是通过人并且为了人而对人的本质的真正占有;因此,它是人向自身、向社会的(即人的)人的复归,这种复归是完全的、自觉的而且保存了以往发展的全部财富的。这种共产主义,作为完成了的自然主义,等于人道主义,而作为完成了的人道主义,等于自然主义,它是人和自然界之间、人和人之间的矛盾的真正解决,是存在和本质、对象化和自我确证、自由和必然、个体和类之间的斗争的真正解决。它是历史之谜的解答,而且知道自己就是这种解答。"[1]郭因接受了马克思关于未来共产主义的描述,并且将共产主义作为自己毕生的理想追求,同时也将共产主义理想作为观照当下、批判现实、建构理论的重要参照。郭因认为,"人类在经历了无数的始则寄于希望、继而感到失望的各种探索、研讨、实践之后,从马克思这里找到了济世良方"[2]。郭因在谈及自己的美学思想时,多次欣喜地表示:"我很高兴,我的根本观点也能从马克思那里找到根据。马克思在《巴黎手稿》中以及在一些别的著作中就曾提出,共产主义就应是这样一个社会:人复归人的本质,全面发展,自由自觉地劳动创造,人与人、人与自然的对立冲突根本解决,人彻底自然主义,自然也彻底人道主义。"[3]

在郭因看来,以人与自然、人与人、人自身三大和谐为基本观点和基本内容

---

[1] [德]马克思:《1844年经济学哲学手稿》,载《马克思恩格斯文集》(第1卷),中共中央马克思恩格斯列宁斯大林著作编译局译,北京:人民出版社,2009年版,第185—186页。
[2] 郭因:《大文化与大美学》,载《学术界》,1986年第1期。
[3] 郭因:《大美学与中国文化传统》,载《郭因美学选集》(第一卷),合肥:黄山书社,2015年版,第30页。

的绿色美学,并非是任何社会都可以实现的,就人类社会的发展历史来看,人类社会经历了若干社会发展阶段,当代中国处在社会主义阶段,而人类社会共同的未来则应该是马克思主义所设想的共产主义社会。绿色美学三大和谐理想要想实现,只能是在这样一个社会,一个"努力发展文教科技,全面提高人的素质,最好地保护生态环境与珍惜自然资源,按照人类的合理需要,进行有计划的合理生产与合理分配,物质上低消耗,精神上高享受的,人与自然、人与人、人自身高度和谐的,和谐与自由相结合、权利与责任相结合的,高度真善美的,低熵式的生态学社会主义——共产主义社会"①。共产主义社会才是人类未来的理想目标,当下人类社会主要还处在资本主义和社会主义阶段,但相对于除了共产主义社会之外的其他社会形态,"通向共产主义社会的社会主义就是优越于其他社会制度的社会"②,这样的社会理想,郭因有时候也称之为"绿色社会主义"。郭因对绿色文化、绿色美学的信心,也正是对马克思主义、共产主义的信心,因此,他坚持认为:"绿色文化完全实现之日,也是马克思所描述的共产主义实现之时。"③

郭因的美学研究起于绘画美学,继为大文化大美学,再到绿色文化绿色美学阶段,或许是因为他对绘画的敏感,他喜欢用颜色来概括、表征自己的文明观、文化观、哲学观、美学观。他经常用黄色表征农业社会、农业文明,用黑色,有时候也用灰色表征工业社会、工业文明,当然,他更喜欢的还是绿色,不过,绿色既表示原始社会、原始文明,也用来表示人类社会和人类文明的未来走向。在他看来,"人类文明发展的历程是:采集与狩猎时代的原始绿色文明——农业社会的黄色文明——工业社会的灰色文明。它将走向,而且正在走向后工业社会即信息社会的绿色文明"④,"历史由黄色文明走到黑色文明,理该、也正在走向绿

---

① 郭因:《我的绿色观——一个提纲》,载《学术界》,1989年第3期。
② 郭因:《关于绿色文化、绿色美学答客问》,载《学术界》,1991年第4期。
③ 郭因:《全球学与绿色社会主义》,载《当代建设》,2003年第2期。
④ 郭因:《文化热与体用辨断想》,载《学术界》,1995年第1期。

文明"①。他还曾分别用黄、灰、红、绿来指代文化的递进②。人类历史上曾经先后出现过农业社会的黄色文化、工业社会的灰色文化以及所谓以先进的生产关系带动落后的生产力发展并以阶级斗争为纲的红色文化。由于种种原因,黄、灰、红三种文化的消极因素仍然继续发挥负面作用,为了从根本上纠正黄、灰、红三种文化的负面影响,应该倡导绿色文化,"绿"才是人类社会、文化和美学的出路所在。"和谐为美,而美源于绿。绿是生机,是活力,是生生不息的生命;是一种共存共荣的宽容,是一种互动互助的善,是一种互渗互补的爱,是一种协调共进的和平,是一种普天同庆的欢乐。"③

不过,如果承认"绿"是终极,那么,"绿"之后,美学、文化及人类社会将去往何方呢?郭因以颜色的递进来表征人类社会的递进、文化的递进及美学的递进的时候,不可避免地会遭遇这个基于逻辑的诘问,对此,郭因有自己的思考:"终极的再现实际上也是新的起点的出现。因为现在看起来的最好,在实现之后,必将又有个最好在前面等着人们去追求。但追求的也必将是更好的三大和谐,而决非三大不和谐。"④绿色文化与绿色美学的最终目的是使人类最好地生存、发展、完善与完美,一切以此为目的的学说,绿色美学都赞同,郭因坚信以三大和谐为最终目的的绿色文化与绿色美学"会永远有生命力"⑤。

三

马克思主义某种程度上就是"人"学,更进一步说是审美人类学。伊格尔顿

---

① 参见郭因:《佛教思想与绿色文明》,载《皖风》,1997年第2期。
② 郭因:《呼唤绿色的明天》,载《合肥工业大学学报》(社会科学版),1995年第2期。
③ 郭因:《黄灰红绿——文化的递进》,载《当代建设》,2003年第6期。
④ 郭因:《"一匡天下"引发的思考》,载《郭因美学选集》第一卷,合肥:黄山书社,2015年版,第247页。
⑤ 郭因:《关于绿色文化、绿色美学答客问》,载《学术界》,1991年第4期。

曾经提出:"马克思主义批判大致可分四种,每一种都与马克思主义理论内部的一定'区域'相对应,因而也与特定的(非常笼统地讲)历史时期相对应。它们是人类学的、政治的、意识形态的以及经济的——模式。"并且认为,人类学批判模式是四种批判模式中"雄心最大、影响最远的一种,它力图提出一些令人生畏的根本性问题"。[1] 马克思主义的人类学模式,是马克思审美人类学思想的发展,马克思曾经指出:"动物只是按照它所属的那个种的尺度和需要来建造,而人却懂得按照任何一个种的尺度来进行生产,并且懂得怎样处处都把内在的尺度运用到对象上去。因此,人也按照美的规律来建造。"[2]这表明,动物只能按照生物本能进行建造,人却可以超越动物性的生物本能,可以"按照美的规律来建造"。马克思把审美与人的本质联系起来,人与动物的根本区别之一在于审美,动物无法审美,审美是人的特性,因此,审美应当成为人的本质特征。马克思主义设想,未来的共产主义社会应该是"自由人的联合体……代替着那存在着阶级和阶级对立的资产阶级旧社会的,将是这样一个联合体,在那里,每个人的自由发展是一切人的自由发展的条件"[3]。其中,作为共产主义社会核心价值目标设想的"人的全面发展",其实质内涵正是人的审美特性:"创造着具有人的本质的这种全部丰富性的人,创造着具有丰富的、全面而深刻的感觉的人作为这个社会的恒久的现实。"[4]因此,未来的共产主义社会,人必将是审美的人。

郭因根据马克思主义"人"的学说,将"自由自觉地活动"理解为人与动物的

---

[1] [英]特里·伊格尔顿:《马克思主义文学理论读本·序言》,载《历史中的政治、哲学、爱欲》,北京:中国社会科学出版社,1999年版,第109—110页。

[2] [德]马克思:《1844年经济学哲学手稿》,载《马克思恩格斯文集》(第1卷),中共中央马克思恩格斯列宁斯大林著作编译局译,北京:人民出版社,2009年版,第162—163页。

[3] [德]恩格斯:《致朱泽培·卡内帕》,载《马克思恩格斯文集》(第10卷),北京:人民出版社,2009年版,第666页。

[4] [德]马克思:《1844年经济学哲学手稿》,载《马克思恩格斯文集》(第1卷),北京:人民出版社,2009年版,第192页。

区别,由于人类社会的未来必然是共产主义,因此,"共产主义新人是审美的人"①。绿色美学追求三大和谐,与马克思主义对人的关注、对审美的强调是内在相通的。郭因认为,美学研究总的目的是美化人们的主客观世界,"人们"还是一个较为宽泛的概念,更进一步说,"人们"指的是"人民",人民是指以劳动群众为主体的社会基本成员,在中国的历史语境中,人民实际是一个政治概念,这意味着郭因绿色美学有着强烈的现实关怀。郭因在不同场合、不同文章中,曾经反复申明、阐述:"美学只应该有一个服务对象,那就是人民。文学是人学,美学也是人学,实际上一切学都是人学。没有人就不须要'学'。'学'总是面向人、为了人的,因此,我们应该根据人民的需要来研究美学。"②人民的需要是多层面的、多领域的,但无论什么层面、哪个领域,归根到底,从价值上来说,真善美都是永恒的追求,一个有强大生命力的社会和学说,应该允许人们勇敢地探索真、追求善、寻取美。马克思曾经说过,人"按照美的规律来创造",从这个意义上来说,"美学,它应该就是指导人们按照美的规律来改造客观世界与主观世界的科学;它应该就是指导人们按照美的规律来创造物质财富与精神财富的科学;它应该就是指导人们根据美些、更美些的要求来生产、生活和进行文艺创作的科学;它应该就是研究如何使人们的环境,人们的心灵、行为、语言,人们的整个生活的各个领域愈来愈美的科学;它应该就是研究如何使人更全面更和谐地发展,使人与人、人与自然更和谐地发展的科学"③。

郭因并非是纯粹的书斋学者,他认为,美学不应该"老呆在书斋、课堂、经

---

① 郭因:《共产主义新人是审美的人》,载《芒种》,1983年第4期。
② 郭因:《美学和"五讲"、"四美"》,载《郭因美学选集》(第二卷),合肥:黄山书社,2015年版,第411页。
③ 郭因:《美学和"五讲"、"四美"》,载《郭因美学选集》(第二卷),合肥:黄山书社,2015年版,第411页。

院,从概念走向概念"①,他的绿色美学并不完全是抽象思辨的结果,而是源于对现实世界各种问题的关注。在郭因看来,"人类社会出现之后,面临着千千万万的问题"②,但所有问题最终都可以归纳为三大问题,即:人应该成为一个什么样的人? 人与人之间应该有一个什么样的关系? 人类应该有一个什么样的生存与发展的空间,也即人类应该有一个什么样的自然环境和社会物质环境,以及人类与这个环境应该有一个什么样的关系? 如何解决这三大问题? 郭因提出了三个提高、三个化、三大和谐、两个美等主张,但最终都汇聚到了三大和谐上来。郭因将追求三大和谐的文化叫作绿色文化,追求三大和谐的美学叫作绿色美学,可见,郭因钟情于绿色美学,并且一再阐释、推广自己对于绿色美学的思考,其根本原因还是在于人、人类社会出现的问题。崇尚经世致用之学的郭因认为:"一切学问都是人学,因为一切学问无不为了完成人类这样一个根本任务:使全人类得以生存与发展,并最好地生存与发展。"③所谓学问,不是在空中飞翔的高蹈之舞,而应是紧紧扎根在大地的经世之学。人类社会面临着各种各样的问题,这些问题既是从人、人类中来的,同样,也要从人、人类中寻求解决之道。归根到底,学问不过就是人类为了思考问题、解决问题形成的智慧罢了,因此,无论是生存危机、人态危机还是心态危机,这些问题归根到底其实还是人的问题。要解决这些人的问题,就需要从人自身去寻找原因和解决问题的办法,就需要从马克思那里去寻求答案,因为绿色文化与绿色美学最主要的理论依据就是马克思的学说,而"马克思主义的精髓就在于追求人自身、人与人、人与自然三大和谐"④,"只有

---

① 郭因:《美学应该帮助人民美化客观世界和主观世界——谈美学研究的对象和美学体系》,《郭因美学选集》(第二卷),合肥:黄山书社,2015年版,第410页。
② 郭因:《大文化与大美学》,载《学术界》,1986年第1期。
③ 郭因:《我的绿色观——一个提纲》,载《学术界》,1989年第3期。
④ 郭因:《关于绿色文化、绿色美学答客问》,载《学术界》,1991年第4期。

马克思主义才能科学地解决人性问题"①。一切人的问题、人性的问题想要得到解决,最终要靠马克思主义的科学指导。

依据马克思主义解决三大问题、实现三大和谐,具体而言,就是要致力于三个根本事业:提高人的质量,提高人际关系的质量,提高人类生存与发展的环境的质量以及提高人与环境的关系的质量。为了提高三大质量,人类需要进行三个"化",即真化、善化和美化,也即真理化、道德化与艺术化;进行三种建设,即物质文明建设、制度文明建设和精神文明建设。三个文明建设、三个"化"的目的,都是最大限度地围绕着人展开的,都是为了最大限度地提高人自身、人与人、人与环境的质量,最终促进人自身、人与人、人与环境之间的动态和谐。这样,郭因就在世界、人、文明、文化与美学之间建立起了一个逻辑链条,通过人在绿色美学和马克思主义之间确立起了一条通道。

四

郭因美学基础理论始终强调两个问题:美在哪里?美是什么?在大文化大美学研究阶段,郭因通过对当代中国几大美学流派的反思之后,提出了自己关于"美在哪里"以及"美是什么"两个问题的解答。美在哪里?"美在于审美客体的美的潜因与审美主体的审美潜能相互作用后的统一。"②美是什么?"美就是人们按照美的规律不断追求与创造的理想生活的内容的多种多样的感性显现。"③郭因对这两个问题的解答,既是对当代中国美学的几大美学流派对美的本质问题解答的积极回应,也结合了自己对几个不同理论来源的独立思考,其理论来源

---

① 郭因:《关于绿色文化、绿色美学再答客问》,载《学术界》,1991年第4期。
② 郭因:《美学和"五讲"、"四美"》,载《郭因美学选集》(第二卷),合肥:黄山书社,2015年版,第416页。
③ 郭因:《美学和"五讲"、"四美"》,载《郭因美学选集》(第二卷),合肥:黄山书社,2015年版,第419—420页。

既有黑格尔的"美是理念的感性显现",也有车尔尼雪夫斯基的"美是理想生活",更有马克思《手稿》中"美的规律"这一经典表述。到了绿色文化和绿色美学阶段,郭因将"和谐"作为绿色美学的核心,进一步发展了"美是什么"的问题。

"和谐为美"是对和平实现共产主义社会目标的美学思考。郭因始终坚信马克思主义真理,将共产主义社会作为理想社会。他理解的共产主义社会是这样的一个社会:"人复归人的本质,全面发展,自由自觉地劳动创造……人与人、人与自然的对立冲突根本解决,人彻底自然主义,自然彻底人道主义。"[①]郭因认为,实现共产主义理想,固然不排除暴力手段,但应尽量争取和平地过渡,和平过渡的最佳道路、最佳方法就是去追求整体和谐的思想。马克思主义在这一点上与中国传统文化实现了最佳结合,绿色美学以三大和谐为基本内容,三大和谐正是摆脱人类现实困境、走向最佳理想社会的"和平过渡"的手段。从这个意义上来说,郭因也认为,人类最好地生存、发展与完善才是人类社会的最终目的,以追求和实现三大和谐为目标的绿色美学,与马克思主义运用"美的规律"实现人类社会远景目标这一思想是高度一致的。

"和谐为美"是马克思主义唯物辩证法的体现。唯物辩证法是马克思主义的重要组成部分,恩格斯曾经指出:"辩证法不过是关于自然、人类社会和思维的运动和发展的普遍规律和科学。"[②]唯物辩证法主要由对立统一规律、质量互变规律及否定之否定规律组成。和谐社会是人类社会孜孜以求的理想目标,是经由长期历史发展形成的人类共识,郭因视共产主义社会为和谐社会的典范,将绿色美学目标定位在和谐社会的追求上,三大和谐内在地体现了马克思主义唯物辩证法的价值诉求。和谐体现了多种统一,既包括审美主体与审美客体、内容

---

① 郭因:《大美学与中国文化传统》,载《郭因美学选集》(第一卷),合肥:黄山书社,2015年版,第30页。
② [德]恩格斯:《反杜林论》,载《马克思恩格斯文集》(第9卷),北京:人民出版社,2009年版,第149页。

与形式、继承与创新、个性与共性等范畴,还包括内容诸因素、形式诸因素内部的统一。和谐包括小和谐与大和谐:所谓小和谐,指艺术作品在美学上的统一与和谐;所谓大和谐,指人类与自然界、个人与他人、个体与群体、群体与群体、身与心、物质需求与精神需求等统一和谐,所有这些和谐最终构成了整体和谐。和谐就是多样统一、多元互补、互爱互助、共同幸福,和谐就是对立统一,就是要在困境中寻求出路,就是要为人自身、人与人、人与自然提供心灵的庇护所、行动的指南针,和谐就是美,而绿源于和谐,"和谐为美"的绿色美学,体现了马克思主义唯物辩证法的要求。

"和谐为美"是对马克思主义发展哲学的理解。在哲学上,围绕着事物是否发展变化的问题存在着两种截然不同的观点,形而上学认为世界是孤立的、片面的、静止的,马克思主义认为世界是联系的、运动的、发展的。马克思主义在中国,曾经在较长一段时间内,被异化成斗争哲学,尽管人们承认世界是联系的、运动的和发展的,但却将这种联系、运动和发展理解为事物之间的对立对抗。当郭因根据自己对当代现实世界的问题、危机的观察,提出人自身、人与人、人与自然的三大和谐的美学观点时,内在蕴含着非常深刻的社会历史背景,也包含着他对斗争哲学的拨乱反正。当有人怀疑他提倡和谐违背了马克思主义斗争哲学时,他指出:"首先得搞清楚马克思主义哲学并不等于斗争哲学,唯物主义辩证法固然讲对立的斗争,但也讲对立的统一。而无论斗争与统一,都是为了发展。唯物主义辩证法不是斗争观而是发展观,发展观离不开全面观。全面观的精髓在于讲究相互依存、相互制约、相互转化,而并非主张孤家寡人,南面称尊,下面清一色地高呼万岁。"[1]郭因绿色美学以"和谐为美",实际是突出和强调发展应当是当代的第一要务,当代中国要走和平发展之路,而不应该再走弯路。"和谐为美"讲斗争,看到了事间万物的区别,但同时,它更强调联系,更强调事物之间共

---

[1] 郭因:《关于绿色文化、绿色美学再答客问》,载《学术界》,1991年第4期。

谋发展、和平发展的可能。美学作为美化主观世界和客观世界的学科,强调"和谐为美",正是适应当代中国现实发展、回到马克思主义发展观的必然选择。

小结

习近平总书记曾经指出:"绿色是生命的象征、大自然的底色,更是美好生活的基础、人民群众的期盼。绿色发展是新发展理念的重要组成部分,与创新发展、协调发展、开放发展、共享发展相辅相成、相互作用,是全方位变革,是构建高质量现代化经济体系的必然要求,目的是改变传统的'大量生产、大量消耗、大量排放'的生产模式和消费模式,使资源、生产、消费等要素相匹配相适应,实现经济社会发展和生态环境保护协调统一,人与自然和谐共处。"[1]绿色发展理念是习近平总书记关于治国理政的重要思想之一,是对邓小平"发展和环境协调"、江泽民"可持续发展"以及胡锦涛"科学发展观"等生态执政理论的继承和发展,[2]是马克思主义生态思想的创新性发展,是马克思主义中国化的最新理论成果,开辟了马克思主义生态思想新境界。"直观地看,绿色发展是一个环境、生态问题,深层次地讲,它却是一个关系发展目标、发展方式、发展资源、发展动力、发展机制、发展绩效等多维度的经济社会系统工程。习近平总书记的绿色发展理念,就是以绿色为导向的绿色经济社会新范式。"[3]

郭因最早将自己的美学研究从大文化大美学聚焦到绿色文化绿色美学上来是在1987年,彼时的郭因并不能未卜先知,预知到马克思主义中国化理论将会在21世纪汇聚成习近平总书记的绿色发展理念,郭因在当代美学研究中,"虽然

---

[1] 习近平:《推动我国生态文明建设迈上新台阶》,载《奋斗》,2019年第3期。
[2] 参见朱东坡:《习近平绿色发展理念:思想基础、内涵体系与时代价值》,载《经济学家》,2020年第3期。
[3] 黄建洪:《绿色发展理念:绿色经济社会治理的新范式》,载《北京师范大学学报(社会科学版)》,2021年第4期。

在学术上似乎不能与朱光潜、宗白华、邓以蛰等诸大家相比,但它却在社会价值、实用价值上完成了对思辨美学、体验美学的超越,它是独辟一径、自成一家的新美学"[1]。郭因自觉面对当代中国美学研究成果,自觉面对当代世界面临的诸多现实困境,自觉以马克思主义作为自己绿色美学的红色基因,支撑自己经过独立思考后提出的"美化两个世界,追求三大和谐,走绿色道路,奔红色目标"的绿色美学理论主张,为当代美学在社会价值、实用价值上贡献了自己的智慧。当代中国美学研究在社会价值和实用价值上,仍然需要回应绿色现代化的整体社会背景,需要在马克思主义中国化最新理论成果、习近平新时代中国特色社会主义思想的指导下,坚持走绿色发展之路。郭因绿色美学理论因其正确主张,仍然具有当代价值,仍然能够为中国特色社会主义建设贡献力量。

作者简介:周红兵,文学博士,安庆师范大学人文学院副教授、硕士生导师,美学与文艺评论研究中心兼职研究员。

---

[1] 张国芳:《郭因绿色美学思想与徽文化的联系》,载《池州学院学报》,2015年第2期。

哲人的睿智　诗人的情怀
——小议郭因关于绘画美学的研究

刘继潮　章飚

郭因对绘画美学的研究,是他美学研究的重要方面。在长达几十年的研究历程中,他以哲学的眼光,诗人的情怀和一片赤子之心,构筑了他关于绘画美学研究的具有深度和特色的体系。他在绘画美学研究方面的独特建树,成为他大文化、大美学系统中的一维。本文仅从一个角度,即郭因绘画美学与绘画评论的层面,作一些探讨和研究。

一

郭因的《中国绘画美学史稿》(以下简称《史稿》)与《中国古典绘画美学中的形神论》(以下简称《形神论》),先后于1981年和1982年出版。前者为40多万字的巨著,后者为仅7万多字的小册子。正是这一巨一小两部书,奠定了郭因造型艺术美学理论体系的基本框架。

作为国内第一部系统研究古代绘画美学的力作,《史稿》从宏观的视角,全面、系统地阐述了中国绘画美学理论的发展史。古代画论最早散见于先秦诸子百家的著作,后见于汉魏、唐宋,至明清的或片言只语,或鸿篇巨制,绘画美学的史料真可谓浩如烟海。《史稿》对此进行了大量发掘、梳理、分析、评述的工作。处于极左的大背景下,作者以"戴罪"之身,在非人的境遇中,用超常的精神与毅力,潜心学问,历时数年,终于完成了《史稿》的写作。其困苦艰辛是今天的年轻一代无法想象的。《史稿》的写作是作者以生命"走入美的神秘谷"的探险,《史稿》是作者以全部人格铸造的精神丰碑。《史稿》在理论上的开拓性、系统性,在体系上的独特性,为古代画论研究踩下的并非是"浅浅的脚印"……

在对古代画论的研究中,郭因从对宏观面的把握,继而转向对点的深入探究。《形神论》就是以中国绘画的形神问题为研究点,深入探究的成果。《形神论》这本薄薄的小册子,其容量和深度恰成反比。

中国绘画形神问题的演变与发展,实际上规定着中国绘画风格的演变与发展。中国绘画形神理论的探索史,亦可视为中国绘画美学的发展史。形神问题是绘画美学的基本命题。以形神问题作为主线,贯串和提挈全部中国画论,是中国画论研究方法的开拓,也是《形神论》一书的主要特色。作者在《史稿》之后,紧接着推出《形神论》,是其绘画美学研究的深化。在《形神论》问世前后,他又发表了一系列关于"意",关于"气韵"等绘画美学理论的研究文章,这些研究显然使绘画美学的研究更加充实、丰满。郭因在中国绘画美学理论范畴,在面的横向拓展和点的纵向深入研究中,建构起了具有自己特色的绘画美学。

美学大师朱光潜曾指出,做文艺批评的人应当以系统的学理做根据。郭因十分尊崇朱光潜先生,在做人和做学问上都受其影响。他的《史稿》和《形神论》,正好说明他做学问具有严密而系统的学理根据。他的大文化、大美学观,他的大和谐理论则渗透于他的造型艺术美学研究的方方面面。

二

郭因以出世精神,做入世事业。他以哲人的睿智、诗人的情怀,关注绘画艺术与绘画美学的历史,也关注当代美术创作的现实;关注美术事业的整体发展,也关注画家个体的艺术探索;关注他的同代人的艺术成就,也关注青年画家们的每一点进步。

郭因的绘画评论,贯穿着他强调和谐的美学思想。在艺术创作上,他强调主客体统一,更强调主观情思的特殊作用;他强调形神兼备,更强调神采的特殊魅力;他强调艺术对比的生动性,更强调多样统一的大和谐。

据粗略统计,郭因评论绘画的文章,在百篇以上。这类评论可分为三种类型。

一是对安徽绘画传统,特别是对新安画派的发掘、品评。渐江为新安画派的开其先路者,又被称为画黄山第一人。对新安画派画家渐江、查士标等,郭因倾其全部热情予以颂扬。郭因重视传统,研究古人,意在推陈出新。他用传统去撞击现实,用古人去启迪今人,更鼓励后人超越前人。

二是对老一代画家的评价和理解。郭因或颂扬其人品——《杰出的画家,杰出的人——我看黄宾虹》,或推崇其艺术风格——《荆关雄伟,董巨华滋——看赖少其书画展》,或鼓励其大胆探索——《美,始终就是选择——谈亚明的画》。

三是对青年画家的奖掖。对青年画家们,郭因总是毫无保留地给予支持、鼓励和关心。青年画家是美术创作的生力军,是美术事业的未来,是画坛的希望。对其中一些成就显著的青年画家,郭因要求更高,期望更切。他在为《张继平画集》所作的序中赞扬、鼓励了新一代女画家张继平,表示:"我不想对她今天的作品打满分,因为她的文化底蕴在不断深厚,她的艺术构思在日趋新奇,她的表现技巧在日趋成熟洗炼并在不断变化,因为明天的她一定会超越今天的她。""我愿意张开我充满期待的双眼,不断注视她的每一个明天。"

对青年画家,郭因几乎是有求必应,不惜笔墨地给予扶持和帮助,想方设法地给予推荐和鼓励。对青年画家最直接、最实际的奖掖,是郭因的画评。一位德高望重的美学家,对一位名不见经传的绘画学子的画作予以首肯和赞许,其造成的社会影响力可能决定这位画家的命运。

对青年画家,郭因不仅以诗人的激情去赞赏他们,更以学者的深刻去感召他们;不仅从美学的视角去品评他们,更作为艺术的知音去理解他们;不仅以朋友的热情去抚慰他们,更以长者的殷切期望去激励他们。"体味颤动的心灵""感受墨彩的呼吸",在和青年画家的交流、对话中,郭因也变得和年轻人一样年轻。

对安徽美术事业的发展和美术创作的繁荣,郭因总是一往情深地关注和关心。他的特殊影响和积极作用,历史已经证明或正在证明之中。

三

搞文艺理论的人要懂得一点文艺,这是美学大师朱光潜先生的告诫。郭因的造型艺术评论,既有深厚的理论依托,更有丰富而真切的艺术实践经验。

在中国画和书法艺术创作实践方面,郭因的成就鲜为人知。作为一个老知识分子,郭因有深厚的书法功力。然而,他的书法特色恰恰在功力之外。他的书法作品,无论是横幅,还是条幅;无论是诗,还是短文;或寥寥落落数字,或洋洋洒洒满篇,映入眼帘的是一种整体的和谐美。字体的大小搭配,笔画的疏密相间,运笔的方圆顿挫,皆随手挥洒,一任自然,从不做作。他的书法作品,墨彩照人,通体秀逸、圆润,书卷气充溢其间。真可谓"志气和平,不激不厉,而风规自远"。我们体会到,郭老不是在作书,而是在塑人;不是在用墨,而是在运气;不是斤斤于规矩法度,而是着意于笔情墨趣。常言道字如其人,郭老的书法正是其人格精神的物化与显现。

郭老不仅作书,而且作画。作起画来往往童心勃发,兴致极高。每次朋友间合作中国画,他总是率先开笔。他运笔迅急,挥洒自如,中、侧互用。转瞬间,一方巨石突兀于白色宣纸之上,有形有质,浓淡枯湿,尽在其中。1997年出版的《安徽省政协书画社作品选》,选入了他的作品《冰雪消融》。此图可谓货真价实的文人画。这幅图中画了一石一松,画面简洁至极,石的嶙峋、松的舒展显现于线的飞动和墨的淋漓之中。那松,犹如一位老者,在严寒将尽的晨光中,轻捷起舞,无限的活力孕育于顽强的生命之中!这是我们能见到的郭老唯一公开发表的画作。

我们体会到,郭老作书作画,并不在书画本身,而是在寻找,在探索,在体验。寻找艺术创作中的真实感受,探索艺术实践中的内在魅力,体验艺术与生命的融通。

至此,我们不难理解郭因绘画评论所具有的精妙和深刻,真知灼见和真情实感。系统而严密的学理根据,使他总能从美学的宏观高度,去把握特殊的艺术问题,故而评论文章会有高屋建瓴之势。同时,在长期艺术实践中体验的真实感受,又使他总能言之有物,切中要害。故而评论文章又会有探幽发微的精妙。

在安徽省绿色文化与绿色美学学会印出的《水阔山高——我的审美跋涉》第4册中,在"人说我"篇内,不仅收录了国内外学者对其《史稿》等论著的赞誉与肯定性文字,而且收录了对《史稿》的批评与否定性文字。这是十分引人瞩目和不同凡响的举措。这些文字,使研究者可以历史地、主体地去把握一位老学者学术成就的真实。郭因在学术上的自省和自察,令人感佩;对不同见解的宽容和大度,更体现出其学者风范和人格魅力。郭因在绘画美学理论方面的成就和贡献属于历史,他的时代局限性也属于历史。

作者简介:刘继潮,安徽大学艺术学院原院长,一级美术师,美术理论家。

章飚,安徽省美术家协会原主席,一级美术师。

读郭因先生的《山水画美学简史》

陈明哲

千年一梦,"从一个梦开始"到"由一个梦结束",郭因先生通过《山水画美学简史》探寻着人类精神栖息的家园和精神翱翔的天地。先生是当代美学大家,他提出美学的核心就是要帮助人们实现人与自然、人与社会和人与人、人自身的三大和谐。三大和谐理论影响深远。郭因先生的《山水画美学简史》是他美学著作的一个部分,也是他三大和谐理论中"人与自然和谐"一个翔实而朴素的论证。

我接触先生的这篇文章是因为我在安徽省书画院主办院刊《新安艺舟》,这篇文章是有关山水画美学的,有十几万字,我用连载的方式把文章刊登完。在编印的过程中我也粗浅地学习了一遍。山水画是中国绘画的概念,西方称风景画,当然这并不影响郭因先生从东西方的山水绘画角度去阐述他的美学观。

在山山水水面前,人类的审美开始觉醒,人们开始认识自然。人类曾经找过的精神栖息的家园和精神翱翔的天地,有宗教,有科学,有多种艺术,当然也有大自然以及描绘大自然的风景画,也就是我们中国人所说的山水和山水画。

在东方,中华民族的审美觉醒得很早。从先秦的《礼记·孔子闲居》《论语·雍也》《庄子·知北游》《老子·第八章》《诗经》《九歌·山鬼》,一直到魏晋时期的《文心雕龙·明诗》"庄老告退,而山水方滋",王羲之的兰亭之聚、谢安的东山之游,咏山歌水的题材发展了。到了谢灵运笔下,真正的、名副其实的山水诗走向成熟,代替了历百年之久的游仙诗而形成了一种风尚,人们对山水的审美日趋完善。隐士陶渊明的田园诗以另一种返璞归真的面貌独树一帜,影响深远。魏晋时期出现了山水诗,催生了山水画。谢灵运的诗以情感摹山状水,重启诗歌的抒情性,再次体现出人的主体性,把人的情感寄寓在山水之间。这样,以超越于世俗的来自庄、老哲学的人生态度和纯审美的眼光所看待山水的行为出现之后,特别是人们已能在意识中产生情景交融、物我统一的第二自然之后,作为这种第二自然的"迹化"的独立的山水画,当然就要喷薄而出了。

接着,郭因先生通过著名的作品如《五岳真形图》《地形图》《云汉图》《桃源图》《庐山图》《雪霁望五老峰图》《吴中溪山邑图》《剡山图卷》《九州名山图》等对中国山水画的起源进行梳理,又列举了理论家对这一时期山水画的认知和总结,如张彦远《历代名画记》、汤垕《画鉴》、米芾《画史》等。真正流传下来的最早的表现山水的作品是晋代顾恺之的《洛神赋》长卷,是游仙诗的写照,山水在画中属于尚未成熟的陪衬。中国最早的独立的山水画是展子虔的《游春图》,画面展现士子春游的场面,山峦起伏,江面辽阔,树木参差,白云环绕,一只小舟荡漾在水中,两匹骏马相随而行,人与自然是多么和谐。

在西方,各民族对于山山水水的审美觉醒是比中华民族迟得多的。古代西方人,是在以艺术和诗歌尽情描写人类社会的各个方面之后,才转向表现大自然的。他们的风景画的出现也比我们的山水画晚得多。人间的自然景象,通过文化人手中之笔去反映表现,用文字描写就是文赋诗词,以形象去描绘,就是绘画中的山水。中国山水画的精神内核完全源自老庄哲学衍生的隐逸思想,因此魏晋后期山水画大行其道。

人类可以通过社会实践活动有目的地利用自然、改造自然,但人类归根到底是自然的一部分,人类不能凌驾于自然之上,人类的行为方式必须符合自然规律。郭因先生的《山水画美学简史》的中心思想是倡导人与自然的和谐。他认为，人类的精神需要安顿、栖息、将养，人类的精神也需要解放、驰骋、翱翔。这也与他倡导的绿色美学是一致的。早在公元4世纪到5世纪，宗炳就从审美需求出发，漫游全国名山胜水，又喜欢画山水和欣赏山水画。这样既以山水，又以山水画作为自己精神栖息的家园也正是我们今天所向往的。画家们徜徉在山山水水之中，描绘着山山水水，郭因列举了历史上著名的画家如吴道子、王维、张璪、荆浩、关仝、董源、巨然、李成、范宽、米芾，一直到渐江、石涛，再到现代的傅抱石、关山月、石鲁、钱松岩，等等，他们是多么如醉如痴地享受山水。

今天，习近平总书记指出，人与自然是生命共同体，人类必须尊重自然、顺应自然、保护自然。人与自然是相互依存、相互联系的整体，对自然界不能只讲索取不讲投入，只讲利用不讲建设。郭因先生讲，所有山水画作品首先都应该满足人们栖息精神或翱翔精神的需求。这也是先生对山水画美学的独特阐释。

最后，郭因先生借助梦里的文字表示："只要无害于人类，一切生物，我们都应该接纳，都应该欢迎，都应该帮助它成长。大自然如此之大，为何就容不下一棵杂草呢？"他满怀欣喜地认为：

"明天的人类，将生活在最最美丽的山山水水之中。

"明天的人类，将会创造出最最美丽的山水画。

"明天的人类，将会有最最理想的栖息精神的家园和翱翔精神的天地。"[①]正如郭因先生所期望的那样，我们的国家也正在努力建设"望得见山、看得见水、记得住乡愁的美丽中国"。

作者简介：陈明哲，安徽省书画院专职画家，中国美术家协会会员，中国文艺评论家协会会员。

[①]《郭因文存》(卷七)，合肥：黄山书社，2016年版，第143页。

郭因美术史论研究述略

郭逍遥

郭因,笔名路泥,原名胡鲁焉,安徽宣城绩溪人,中国当代著名的美学家和美术史论家。郭因的《中国绘画美学史稿》,是我国第一部系统研究古代绘画美学思想的论著。从先秦一直到"五四运动"前夕的中国绘画概况和绘画美学思想,在此书中都有详细阐述。他用现实主义与浪漫主义相结合的方法,来论证各个时期绘画美学思想论争与发展的情况。郭因先生在古代绘画美学思想领域所做的贡献,弥补了我国美学史著作的一大缺憾。他在古代画论的土地上进行拓荒,不断挖掘整理资料,开拓出一条详尽的阐述古代绘画美术史及其蕴含的美学思想的道路。这本书无论是对我国当下的美学理论研究,还是对未来的美学思考,都无疑是珍贵的参考资料。李泽厚先生也曾说过:"如此皇皇大著,当扫地焚香拜读。"日本东北大学文学部美学研究室西田秀穗教授评价说,郭因先生的《中国绘画美学史稿》"是一份相当贵重的研究成果,相信我国的美学研究将可由此而取得很大进展","是一本非常有益的著作"。笔者从郭因的艺术思想渊源、美学观、美术史论及其研究方法和其对当今的价值与意义来梳理郭因的美术史论思想。

一、郭因的艺术思想形成

郭因作为新一代的社会主义美术史论家,他在美学上的不凡成就离不开他年轻时的曲折坎坷经历。"郭因早年并未受过系统的学校教育,主要靠自学打下了一定的汉学基础。他还通过自学,阅读中国和世界的历史,逐渐有了自己的理想和追求,后来他通过各种途径读到了《共产党宣言》《大众哲学》等进步书刊,决定投身革命道路。"[①]郭因小时候学校教育资源匮乏,大部分知识都靠自学,靠自己摸索,新中国成立后,郭因在安徽省政府文委工作,开始接触美学,然后对美学的兴趣便一发不可收。1957年春夏之交,在全国陆续开始的大规模反击右派分子的群众性运动中,郭因被定为右派分子送往劳教。在劳教无比艰苦的环境下,郭因依然坚持不懈地读书和思考,探索美学的真谛。因为某些原因,郭因在接下来的几十年里没有经济来源,仅靠妻子的微薄工资维持家用。虽然生活如此艰辛,但郭因对待学习依然孜孜不倦,不肯停歇,几十年如一日地坚持不懈地进行美学研究,正如郭因自己所说:"如果一味观风向,赶浪头,避忌讳,谋迎合,做墙头草,当变色龙,但求作品得以平安问世,那又何必多少个年头,厕上炉旁,手不释卷,寒宵炎午,笔不停挥,敝衣粝食、忍辱蒙垢,苦苦地在一条崎岖寂寞的道路上蹒跚前进?"[②]1963年,郭因将过去多年积累的美术史资料进行整理和研究,写出了《中国绘画美学思想发展的轮廓》初稿,经过反复的加工打磨,最终定稿为《中国绘画美学史稿》,全书共四十多万字。"文化大革命"后,郭因被错划成右派分子的问题得以纠正,郭因生活开始日渐改善,他的学术研究也开始逐渐明朗。

[①] 鲁达:《苦难沃土上盛开的美学之花——记著名美学家郭因》,载《中国酒》,2016年第4期,第12—13页。
[②] 郭因《我是安徽绩溪人》,载《绩溪县融媒体中心》,2018年9月27日。

二、郭因的美学观

郭因的美学观起始于他对中国艺术史的兴趣，继而转到对中国的绘画美学史的研究。郭因特别欣赏并常常引用福楼拜的一句话："我所到处寻求的只是美。"郭因表示："只有到处寻求美、发现美，并在自己的作品中表现美，才能更好地以美去熏陶人们的心灵，净化、美化人们的心灵，从而使人们以美的心灵和美的手去美化客观世界。"①所以郭因认为美的本质是与人息息相关的。早在1917年，蔡元培先生倡导要以美育代替宗教，但是蔡元培先生是以超越阶级、超政治的唯心主义的美育去代替古老的宗教，而郭因想的是以无产阶级的美育去代替现代的宗教。郭因从功用方面来定义美学，指出："美学应该是帮助人民按照美的规律美化客观世界与主观世界的一门科学。"在郭因看来，"美学不应该老呆在书斋、课题、经院，从概念走向概念"，应该"走向人民，走向生活，走向矿山，走向厂房，走向田头，走向原野，走向大街，走向公园，走向橱窗，走向人民的住宅，走向人民的心灵、仪态、语言、辫梢和袖口，走向人们的日常的交往酬对"②。"美学也只有既能帮助人民美化客观世界，又能帮助人民美化主观世界，并能促使人与人，人与自然更和谐、更美地发展，它才会受到人民的热烈欢迎，也才会有异常强大的生命力"③。郭因关于美的看法，借鉴了黑格尔的"美是观念的感性显现"说、车尼尔雪夫斯基的"美是生活"说、马克思的"按照美的规律造型"说，综合了国内外的美学家的看法。他认为美学与生活联系紧密，因此提出"美学是帮助人民按照美的规律美化客观世界和主观世界的一门科学"的看法。

---

① 郭因：《审美试步》，西安：陕西人民出版社，1984年版，第71页。
② 《郭因美学选集》（第五卷），合肥：黄山书社，2015年版，第465页。
③ 《郭因美学选集》（第二卷），合肥：黄山书社，2015年版，第397页。

三、郭因的美术史观

现存中国古代第一部对于绘画的系统性理论专著是南齐画家谢赫的《画品》，这部著作评价了一些重要画家，在总结前人经验的前提下，确立了绘画的美学体系，开创了史实与理论研究相结合的体例，对中国绘画编年史具有里程碑式的意义。南朝宗炳的《画山水序》是中国最早的山水画理论专著。而到了隋唐五代时期，晚唐的张彦远的《历代名画记》则是中国第一部体例完备、史论结合、内容丰富的绘画通史著作。它也为绘画通史开了先河，后代无数著作都以此作为参考，如宋代的《图画见闻志》等。在北宋时期，郭熙的绘画理论《林泉高致》提出"三远"山水画创作方法，即"高远""深远""平远"，是宋代画论中最能体现山水画理论成就的著作。元朝绘画史论著述也极其丰富，有夏文彦的《图绘宝鉴》（夏文彦将古代的画论著作摘抄成书）、汤垕的《画鉴》（其分为吴画、晋画、六朝画、唐画、五代画、宋画、金画、元画、外国画等）、王绎的《写像秘诀》等。明代具有代表性的绘画理论著作有王履的《华山图序》、董其昌的《画禅室随笔》等。董其昌提出的南北宗论按照创作方法和画家出身把山水画作南北分野，不仅极大地影响了清代中国绘画审美方向的发展，还影响了后世对画史的把握。清代绘画著述有通史、断代史、专史、地方史，还有论述类和品评类的专著，比如石涛的《苦瓜和尚画语录》，主张"笔墨当随时代""搜尽奇峰打草稿"等。正是因为有前人对绘画美学理论的不断努力与总结，中国的美术史论及美学理论才越来越完备。

郭因对于绘画美学史的研究，有自己独特的方法。他分析我国古代从先秦一直到近现代"五四运动"前夕的美学家们对于美学的本质上的见解，构建了一个十分严谨的体系，提出了许多独到的见解。他认为绘画美学的研究应将艺术与现实的关系问题作为研究的核心。中国古典绘画美学从东晋的顾恺之开始，本质上就是现实主义与浪漫主义相结合的美学思想在发展。中国古典绘画美学中要求绘画作品中形、神、情、思兼备的见解,实际上就是"双结合"的具体内容。现实主义与浪漫主义相结合的美学思想与创作方法认为,艺术家应该既真实地描绘现实事物,又深刻地表现自己主观的思想感情。这种方法不仅要求将客观现实典型化,并且要求把客观现实从典型化的基础上提高到理想化的高度。它要求艺术家把客观现实的典型图景和自己主观的理想境界熔铸到同一作品中。所以郭因所运用的"双结合"的研究方法正是毛泽东主席所提倡的革命现实主义和革命浪漫主义相结合的美学思想与创作方法,而通过这样的"双结合"的方法来品评当时的艺术家及其画论,也必然是当时最具有进步性的。

四、郭因的美术史的研究方法

郭因作为"新徽派美学"最早的研究人士,将中国古典绘画理论整理出来,编写成史。

他从美学的角度来研究与撰写中国绘画理论发展史,借助现实主义和浪漫主义相结合的美学思想与创作方法,来阐述中国绘画美学史的发展。

这种研究思路和方法的创新,对建立起中国的具有民族气派、民族风格的无产阶级的绘画美学理论体系具有重要的启示作用。郭因系统地总结从先秦一直到"五四运动"前夕的中国绘画概况和绘画美学思想,取其精髓,给予后人一些研究美学的方向上的指导。通过对郭因美术史论的研究,人们可以系统性的方法,去梳理中国美术史的发展,用专业化的眼光鉴赏和品评古代画作。在美学上,郭因一直以朱光潜先生为榜样,"朱光潜从来不是达官显宦,他也没有建立过举世瞩目的丰功伟绩,他只不过是一个学者……从 1897 年到 1986 年,朱光潜度完了自己的一生——对美的探求、求索的一生;对人生的真谛,人生的理想探寻、求索的一生;对人生艺术化不懈地、极其艰苦地追求的一生;作为一个美学家、一个思想家跋山涉水的一生"①。郭因的美学观在一定意义上和朱光潜的美学观是一致的,追求主客观的统一。朱光潜论述浪漫主义与现实主义的两种创作方法的区别和联系,例如法国启蒙运动派和德国古典美学以及它派生的移情说是侧重浪漫主义的,俄国革命民主主义派美学是侧重现实主义的。美学理论与创作实践在本质上是密切配合的。浪漫主义侧重表现作者的主观情感和想象,主观性较强;现实主义侧重如实地反映客观现实,客观性较强。郭因和朱光潜都认为只有将浪漫主义与现实主义相结合,才是艺术发展的主流。"歌德,拜伦和雪莱的诗不能表现我们今天的主观理想,巴尔扎克和果戈理的揭露性的小说所反映的也不是我们今天的客观现实。艺术的内容变了,艺术的形式就得随之而变。双结合的原则是可以肯定而且必须肯定的,至于这个原则的具体运用,则只能从长期实践中探索得来。"②

在当今时代,不仅是美术史,在很多方面阐扬"双结合"的美学思想和创作方法都是必不可少的。文艺在当代中国必须为无产阶级革命服务,而革命现实主义与革命浪漫主义相结合的创作方法也是最能适应世界无产阶级革命要求的。

五、郭因美术史的价值与意义

习近平总书记说,中华民族五千年文明史源远流长,这是没有断流的文化,要树立道路自信、理论自信和制度自信,还有文化自信。文化自信是基础,"笔墨当随时代"这句话是石涛在他的著作中提出来的,它的内涵在于要跟随时代发展,要体现这个时代的文化和底蕴,也就是我们要务求文化创新,才能做到文化自信,只有做到文化自信,才能立足于世界民族之林。郭因老先生对此表示,

---

① 《郭因美学选集》(第二卷),合肥:黄山书社,2015年版,第3页。
② 朱光潜:《西方美学史》,北京:人民文学出版社,1979年版,第705页。

在学术研究中应破除对一切旧的观念的盲目崇拜和偶像崇拜,在广泛吸收营养的基础上,用自己独特的方法,走自己独特的路子,得出自己真正的新的科学的观点和结论。在某个层面上,郭因对美术史及绘画美学思想的研究所蕴含的价值不单单是给中国绘画美学史进行系统的归纳总结,其更深一层意义是他既立足于传统,又面向世界,他对于几百位画家的研究既具有包容性又具有开放性,他认为存在即合理,在他看来,只要有利于社会进步的艺术,都有其合理性。他对中国古典绘画美学史的研究对于我们今天的美学理论研究和实践仍然具有极大的指导意义。

作者简介:郭逍遥,安徽财经大学艺术学院硕士研究生。

和谐为美

——郭因的戏剧美学观

王长安

在曾经长期流行的戏剧美学思想中,冲突的观念一直占有主导的地位。这使得一些人误以为冲突便是戏剧美学的全部,并在不自觉中,把冲突由手段层推至目的层,从而遮挡了戏剧美在创造美和审美两个向度上应该有的更广阔的视野,大大影响了戏剧美的丰富性。

郭因先生从他追求和谐的一贯美学思想出发,在为数不多的影、视、剧研究及言论中,执着而独辟蹊径地建构了他的戏剧美学观。这就是既闪射着中国古代美学思想的光芒,又浸润着现代人文理想的、具有广阔学术胸怀的和谐观。它以和谐为美,化对立为合一,化冲突为和谐,化单纯为复合,拓展了戏剧美学的理论和实践空间。从而使戏剧更加贴近生活,贴近现实,贴近社会和大众的需要。

综览郭因先生有关影、视、剧的全部论述[1],其和谐为美的戏剧美学观基本是由如下几个层面推出的。

---

[1] 详见安徽省绿色文化与绿色美学学会编印,郭因所著《水阔山高——我的审美跋涉》第2集。本文征引自该书的内容不再详注出处,并将有共同装扮表演特征的影、视、剧三者统纳于"戏剧"范畴内予以整体审视。

一、手段和谐

戏剧是由活人作为载体来传递审美信息的,其主要表现手段往往负载在活人身上。故此,处理好表演者与其他合作者、表演者与表演者、表演者与自身,甚至不同风格流派、思维方法等的关系就显得尤为重要。以往在冲突观念的影响下,戏剧美学于此偏重于强调对立与反差,强调个性的自我呈现。音乐、舞美和表演为了展示自身的审美价值,常常会各行其是,各种风格流派也很难兼容。郭因先生的和谐观把这些看似独立、相互抵牾的因素视作一个整体,让各因素和谐交融,使之更好地发挥其美感功能。

例如,他在论述形象思维和抽象思维时说:"戏剧有形象思维,也有抽象思维,少了谁都不行。"这里,他是把两种思维放在一起来考察的。没有顾此失彼,或扬此抑彼的偏执。事实上,戏剧美本来就应该是两种思维结合的产物。在"文革"时期,由于某种政治需要,戏剧在功能上偏倾于宣传。所以,抽象思维占了较显著的位置。什么"无产者一生奋战求解放""天下事难不倒共产党人"等抽象口号充斥舞台。粉碎"四人帮"之后,由于形象思维的地位被重新确立,抽象思维又被不同程度地挤出舞台。一些作品又出现了形象扑朔迷离、思想指向含混的倾向,使演出趋于费解,表现力吞噬了感染力。郭因先生倡导两种思维方式的共存并用,和谐了思维关系,有利于戏剧艺术的健康发展。

再如,他在谈到给观众提供的审美观照对象是宜虚还是宜实时认为应是二者的相容互补。虚可"借重观众发挥非凡的想象力……参与完成戏的演出",实可给观众"提供审美再造的刺激物",使观众产生审美的愉悦。他尤其反对舞台过于简陋,不讲究直观的美感,只用"一桌二椅",或过分虚拟的表演。并认为这是一种艺术上的"望梅止渴"。的确,戏剧作为一门视听结合的舞台艺术,若舞台壅塞、形象堆砌,不给观众留一点想象或再创造的空间当然不好。但舞台过于简陋,连"审美再造的刺激物"都省略了,那也同样是不好的。明代戏剧家徐渭就曾对通过联想来满足全部审美愉悦表示过不以为然,他认为这"如说梅子,一边生津,一边生渴,不如直啜一瓯苦茗,乃始沁然"[①]。"直啜"其实就是对直观的呼唤,是对"审美再造的刺激物"的实化要求。仅仅依靠"望梅止渴"是很难获得戏剧审美的"沁然"之效的。郭先生的"虚实和谐观"正是对徐渭这一"直啜"思想的继承与发展,并指出,不能"一个劲地要求"观众"善于无中生有"。这里,他还了戏剧直观美以应有的地位。

除此之外,他还在声与情、腔与字、主脑与头绪、有我与忘我等诸多戏剧表现手段与方法方面,透彻地论述了二者的关系。指出它们的和谐交融不仅是应该的,而且是可行的,是戏剧美学的一个新境界。

二、形式和谐

中国的哲学就其本质来说,是比较讲究和谐的。它主张任何对抗、矛盾,最终都归于新的和谐之中。哪怕现实中暂时无法和谐,也要浪漫地在理想境界中去实现之。这也是构成中国戏剧"大团圆"模式的因由之一。然而,由于20世纪初西方戏剧的引入,矛盾和冲突说逐渐渗入本土戏剧,逐渐改变了人们的戏剧美学观念。再加上当时的中国正处于民主革命时期,呈现矛盾,反映冲突,揭示某种不和谐,似乎有助于唤醒和激励革命。而"大团圆"则似有麻痹斗志之嫌。故此,一种在戏剧美学领域排斥"大团圆"模式的倾向渐次蔓延,戏的结尾总要让好人不得善终,有情人成不了眷属。尽管这些作品在思想性上也成就显著,有些甚至还获得了相当的成功,但观众却常有某种审美的不满足,或遗憾之感。据说,上海昆剧院在浙江农村演出新排的《琵琶记》时,就因为新本中删去了赵五娘与蔡伯喈的团圆场面,而让她被马踏身死,观众们硬是围住台口,不让谢幕,一

[①] 徐渭:《书石梁鸿〈雁宕图〉后》,载《徐渭集》第二册,北京:中华书局,1983年版,第570页。

定要看赵五娘与蔡伯喈的团圆。这里,中国的观众是向善的。他们一定要让好人有好报,一定要让久经磨难的人得以善终,一定要在生活中看到生活的希望,看到彼岸的光明,看到意志力的实现,而基本上不管这是否符合现实逻辑,是否能找到生活依据。这在一定意义上是对和谐的留恋和执着。

郭因先生和谐为美的戏剧美学观予此以热情推崇。他认为,戏剧应该给人提供这种心理和谐,满足人们的和谐愿望。在《生活是什么样和生活应该怎样》一文中,他说新闻记者告诉人们"生活是什么样",而作家则要告诉人们"生活应该怎样",并认为这绝不是"伪造生活,粉饰太平"。这里,他实际上说了一个"真"和"美"的问题。"生活是什么样",这是真,是新闻记者的事;而"生活应该怎样",这是美,才是艺术家的事。戏剧艺术要解决美的问题,就不能置情感于不顾,就不能不给观众提供情感寄托和生活希望。一句话,就不能不注意营造和谐。在评论《茅台酒的传说》时,他直抒胸臆,认为心地纯洁的盲女秀姑不该死,编剧不该畏惧"大团圆"结局。他说:"为什么要摒弃大团圆的结局呢?结局大团圆,双双死了,也要双双化蝶齐飞。应该说,这是中国文学艺术的一个符合人性需求的优良传统。一个应该继承的传统。"这里,他把中国戏剧的"大团圆"结局视作"符合人性需求的优良传统",并期望今天的戏剧家予以继承。我们知道,所谓"符合人性需求"就是指人们认为"生活应该"有的状态,是一种理想的境界和奋斗的目标,也是人类社会发展的方向。一个和谐的社会才是一个"应该"的社会。为此,戏剧美应当努力地建构和表现这种和谐,让人的心灵得到慰藉,让美好的东西永生。郭因先生由和谐为美的戏剧美学观出发,发掘出了戏剧美学中"大团圆"模式的美学潜质,使形式美也闪射着和谐的思想光芒。

需要指出的是,郭因先生和谐为美的戏剧美学观,并不一概排斥抗争与冲突,而是认为出现在戏剧中的抗争与冲突应当能够表现"人性美"的发展方向,"符合人性需求"。从他对《一个东方女性的悲剧》的评论中,我们就能清楚地感悟到,他并不赞成主人公杨晓燕"老是自我牺牲去帮助一个屡教不改,看来已无法变好的骗子丈夫",并不满意主人公"当15年犯人亲属"来等待"丈夫出狱团圆"。他认为这种牺牲是非人道的,这种"团圆"也是逆人性的。所以,他希望看到主人公作"符合人性"的抗争,希望那个使"杨晓燕的丈夫得以肆无忌惮地屡屡犯罪和使杨晓燕不得不屡屡原谅的那种看不见摸不着的东西"能够早日被扫除,而使东方女性不再遭此悲剧。这里,他所追求的和谐,实际上是一种跨越表层圆满,冲决廉价团圆的更大圆满和更高和谐,是永远"符合人性需求"、彻底呈现人的自由意志的理想团圆。因为在这里,形式负载了精神的讯息,形式也昭示了人们的理想内容。

三、内容和谐

说内容和谐,乍一听似乎有些生僻。其实这也是戏剧美学的一个相当重要的命题。它主要是指戏剧所呈现的故事本体应当在价值评判上具有稳定性,应当经得起不同角度的审视,并保持它与社会总体价值关系的和谐,而不出现某种人为的偏倾。诸如,写平凡工作也伟大时,我们有些作品常常把清洁工、殡葬人员、炊事员等的重要性提高到了优越于一切职业的程度,仿佛当教师、搞科研,甚至当干部都成了"下九流"。再如,写军人艰苦奉献,常把他们的牺牲夸大到重于一切的地步,好像别人的工作都只是享受,没有奉献和牺牲。写社会的关爱和人们的亲情时,常让我们看到为挽救一个重病患者,身体瘦弱的姑娘伸出了献血的手臂,老人捐出了自己的生活费,儿童捐出了自己的零花钱,盲人在街头义卖……而独不见医院对患者收费的减免。这些都使得作品内容失谐。尽管就某一环节看,作品不乏动情处,但究之总体,则不免顾此失彼,难以服人。郭因先生运用他的戏剧美学观念,颇具慧眼地发现了这一问题,并由他的和谐观出发,对戏剧美的内容和谐给予了理论关注,将其作为一个层面,纳入他戏剧美学的整体框架中。

从这一观念出发,他在电视剧《新星》中看到了潜存的清官意识的不和谐;

看到了李向南的改革中,人治多于法治的不完满;看到了中国人在20世纪80年代还对清官抱有莫大幻想的时代悲哀。这部电视剧为了着力塑造一个改革者的形象,不适当地夸大了个人作用,夸大了清官的能耐。仿佛一切问题,只要碰到了一个清官,就都会云散天开。这个人物当然在一定程度上获得了成功,电视剧的收视率也较高,但它由于总体价值的失谐,最终没能成为一部有生命力的好作品。郭因先生认为"呼唤清官式的'新星',远不如呼唤充分的社会主义民主和完善健全的社会主义法制"。如果有了这样的内容和谐,可以想见,《新星》将会别有一番风致。

在对《命运在敲门》一剧的评论中,郭因非常赞赏有志青年的自强不息。"一个想当中国的撒切尔夫人的女孩子,在高考失败之后开了小吃店";"一个有可能是中国的马卡连柯的女孩,在高考失败之后办了个个体幼儿园";"一个被公认为最聪明、最有出息、服膺贝多芬名言'向命运挑战、扼住命运的咽喉'的女孩,没有最后决定自己的选择,在徘徊彷徨"。郭因先生在从内容上充分肯定此剧所表现的待业青年的"拼搏""犹豫""挣扎""消沉"的同时,也对作品没能表现出社会为青年人提供和创造发展机遇感到惋惜。作品在表现和同情青年人的时候,内容在总体价值上出现了失谐。由此,他发问:"我们为什么不能让有志做中国的撒切尔夫人的孩子,有机会去发展自己的能力,做中国的撒切尔夫人?有志做中国马卡连柯的孩子有机会去发展自己的能力,做中国的马卡连柯呢?"这里,内容和谐对应了他和谐为美的戏剧美学观。他呼唤内容和谐,使剧情相谐于社会总体价值判断;他追求内容和谐,使不和谐始终作为暂时状态,成为奔达和谐、创造和谐的一个踏阶和参照。在对《弯弯的姑娘河》的评论中,他甚至呼吁剃葫芦头和小平头的师爷与热衷于烫发、美容的徒弟自发"和平共处",以求内容的和谐。而在对《决策》一剧的评论中,他在感动于一个市长为解决北方缺水问题所做的南水北调的决策之同时,也提出了人力改造自然可能会导致更大的灾难,对南水北调是否会招致更大区域的缺水进行反思,指出了该剧内容在总体价值上的失谐。由此告诉我们,内容的和谐其实是作品精神指向的一种超前,价值判断的一种腾越。内容失谐,无疑会大大削减作品的总体精神含量,使作品难以获得持久的生命力。由此,也引导创作者以辩证的眼光来处理笔下的事件及人物,使作品的价值体系更趋稳定,美感基础更为坚实。

四、目的和谐

戏剧目的,实质上是戏剧功能的又一种表述形式,只是它更简化、更明了了。传统的戏剧功能一般包括认识功能、教育功能、审美功能这三个方面。近年来,随着文艺大众化和市场化倾向的出现,人们又给它增加了一个"娱乐功能"。这些功能,如果从目的意义上予以概括,则基本可纳入郭因先生在《浅谈戏剧与美》一文中从贺拉斯《诗艺》中引出的"给人益处和乐处"这一基本命题。益处,指精神得到了滋养和提升;乐处,指身心获得的愉悦和调适。而且,在通常情况下二者还是相通的、互动的和统一的。

以往,围绕着戏剧的目的,人们的认识一直较难统一。随时空环境和艺术家个性的不同,而偏倾于某一两项功能。忽而强调认识、教育功能;忽而又固执于审美和娱乐功能。使戏剧艺术在目的层面一直较难和谐稳定地发展。所以,我们常听到领导者要求戏剧应拿出思想性、艺术性俱佳的作品,又常见到艺术家表示思想性、艺术性二者难以兼得和可遇不可求的苦恼。如果可以粗略地把思想性、艺术性分别对应"益处"和"乐处"的话,这里实际上就存在着一个功能或目的间的和谐问题。

郭因先生在他的戏剧美学观念中,始终致力于"益处"与"乐处"的目的和谐。

在对外国影片《生死飞行》的评论中,我们看到郭因先生在为影片紧张的情节深深吸引、获得强烈的审美感受的同时,还从中获得了"最高的个人主义是:决不拿别人的灾难来换取自己的幸福""真正的自由主义是:决不使自己的自由妨碍别人的自由"的深刻的认识发现。并由此推展出现代文明建设,首先要建设现代文明人的崭新命题。这里,他在戏剧审美中进入了"益处"和"乐处"共享的境界,也借此申明了他呼唤目的和谐的戏剧美学观。

在对电视剧《上海滩》的评论中,他还这样写道:"讲情节,漏洞不少。讲人物塑造,缺点不少。讲主题思想,格调不高。可是,它就是能抓住人,有感染力,而且能激起人们的善善恶恶的正义感和爱国心。"这里,他尽管指出了《上海滩》的某些不足,但依然对它"能抓住人""有感染力"的"乐处"和"能激起人们的正义感和爱国心"的"益处"给予了充分肯定。由此,我们可以领悟到"益处"和"乐处"在郭因先生那里实质上是一个互相影响、互为前提、互相依托的统一体。此剧情节有"漏洞",人物塑造有"缺点",主题思想也"格调不高",按说其"益处"也就大打折扣了。但由于它能够"抓住人""有感染力","善于不断引起悬念,善于不断以特定事件、特定矛盾、特定的错综复杂的关系和特定的处理方式来刻画与渲染特定人物在特定环境中的出人意外又在意料之中的思想感情",一句话,它最大限度地为审美者提供了"乐处",所以,它也就同时使观众获得了"益处"。由此可见,在郭因先生那里,"益处"不是着意营造的,和谐也不是刻意求取的,而是在巧妙地运用戏剧手段,写出特定的情感,"抓住人"之后自然获得的。"乐处"与"益处"的和谐在于它们的互生与互动。

元末著名戏剧家高则诚在他的《琵琶记》开场中曾就戏剧作品的功能表达了他的切身感受:"不关风化体,纵好也徒然。论传奇,乐人易,动人难。"[1]这里呈现了他作为戏剧实践家的苦恼。戏剧应当给人以"益处",给人以教化和陶冶。这是戏剧美的主要目的之一。否则,再好的戏也会失去价值。但他又感到,戏剧"乐人易",求取"乐处"还不是最困难的事,但要求取"益处",想要"动人",

---

[1] 高则诚:《琵琶记》第一出《副末开场·水调歌头》,载《中国十大古典悲剧集》上册,上海文艺出版社,1982年版,第107页。

就不那么容易了。其实，高氏这里没有言明，"动人"实质上就是"益处"和"乐处"和谐交融的结果，是思想性和艺术性的高度统一，也是形式和内容的完美结合。这是戏剧美的最高境界，也是艰难的境界，非轻易所能获得。比高氏晚二百多年的徐渭从他的艺术实践中体会到戏剧"动人"，关键靠情，并提出了"摹情弥真则动人弥易，传世亦弥远"①的美学命题。应当说，徐氏在理论上解开了高氏的迷惑，实现了对"动人难"的跨越。他主张以艺术化了的真情来达到"动人"的目的，实质上是要求以戏剧手段"摹"出特定情感，通过情感"抓住人"，使人受到感染，从而达到"动人"之目的。这里，他无意中把"益处"和"乐处"交融在"真情"之内。用"情"这个既可产生"益处"，又可引发"乐处"的戏剧之核来统挈戏剧目的，收到了较好的理论效果，影响了中国数百年的传统戏剧美学观。

郭因先生和谐为美的戏剧美学观，在戏剧目的方面所追求的"益处"和"乐处"的和谐，除了要求戏剧在"乐处"中营造"益处"，在"益处"中求取"乐处"的协调发展、相互依存外，也十分讲究真情实感对于二者的统挈作用。他在批评电影《四渡赤水》时就指出该片："有情节，有人物，有语言，有行动。该有的都有了，该做的全做了，可就是没有真实感情。""作者没有动情，演者没有动情，观众自然也就不会动情。"这里，我们可以看出他对徐渭戏剧美学思想的继承与发展。由"观众自然也就不会动情"，引出了"益处"与"乐处"的和谐点，即必须有"真实感情"。只有观众动了情，才能最终实现"益处"和"乐处"两大目的，才能最终实现"益处"和"乐处"的自然统一与真正和谐。使人获"益"不动真情不行，使人取"乐"不动真情也不行。他在《喜剧是硬造不出来的》一文中就指出，"任意夸张的情节与动作，生硬造作出来的噱头"，让人"难受还来不及，哪里顾得上笑呢"。这里，我们看到了郭因先生为了目的和谐而发出的对真情的由衷呼唤。

---

① 徐渭：《选古今南北剧序》，载《徐渭集》（第四册），北京：中华书局，1983年版，第1296页。

行文至此,我蓦然感到郭因先生之所以认为"漏洞不少"的《上海滩》值得"一些剧作家学习",正在于它善于表现"特定环境中""特定人物"的思想感情。故此,它虽没有《四渡赤水》的那些优点,却也实现了戏剧目的的和谐。让戏剧成为人们感官和心灵的必需。

社会在发展,文明在进步,和谐将是人类社会的终极目标,也是自然界一切矛盾和冲突的符合规律和人性的最佳归结。和谐为美的戏剧美学观不仅将给戏剧美学以崭新的生命,而且还将内化为人类生活的一种准则,引导着艺术呈现出应该有的模样,引导着生活走向它应该有的模样。

作者简介:王长安,时为安徽省艺术研究所所长、研究员。

被美学家遮蔽的散文家
——谈郭因的散文

王达敏

说郭因是美学家,指出的是一个事实;说郭因是散文家,指出的也是一个事实。作为美学家,郭因早已名闻学界;作为散文家,郭因的创作几乎未被人们提起。究其因,是美学家郭因的高大身影严严实实地遮蔽了散文家郭因。

郭因是一位具有诗人气质和散文家风范的学者,他治学为文,无论是学术性的专论,还是杂感式的散论,都"文质彬彬"。且不说他用散文诗写成的《艺廊思絮》《关于真、善、美的沉思刻痕》充溢着诗情与哲理而风靡一时,就是他20世纪八九十年代所写的学术性理论文,也蕴思畅美而自然成趣。我向来喜读体系博大精深、理论系统完整、思维严密扎实、语言平实且蕴含较高学术含量的鸿篇巨制,或者论述精辟、思想深刻、行文顺达自然的专题论著。但我也喜读像郭因写的这类用诗的灵悟和想象去捕捉思想,用散文的显直和优美来表达运思的学术性美文。郭因的学术性美文完全可以当作散文来读,不过在这里,我们还是先将它们放在一边而专谈郭因的散文。

一

郭因的散文可分为三类:杂文、悼念故人的抒情文、自传性质的叙事文。
被鲁迅称为"匕首""投枪"的杂文,在郭因的散文中占据着重要的地位。郭因的大部分杂文集中在《劫余书屋散简》《夜读零札》《观世微音》三组文章中,共130余篇。

《劫余书屋散简》写于十年浩劫中,发表于"文革"结束后。作者这么解释书名的由来:"躬逢'四害',书亦遭灾。劫后检存,所余无几。夜深偷读,颇有遐思。结绳以记,藏之野墓。'四害'既除,乃稍加整理,名之曰:《劫余书屋散简》。"十年浩劫结束后,文坛出现了大量的批判"四人帮"的倒行逆施,批判现代迷信、呼唤民主与自由、解剖社会问题的杂文,充分发挥了杂文揭露与批判的传统,《劫余书屋散简》是其中的优秀之作。《劫余书屋散简》诸篇多以借古讽今、引古证今、托古喻今的形式行文,既有深刻犀利的揭露与批判,又有爱憎分明的赞颂与肯定。《不怕神威与内心自由》颂扬老干部与知识分子在黑暗残酷年代面对凶风恶浪不惧神威、不卑躬屈节的精神。《从苏轼的性格谈起》赞美历史和现实中"大写的人"、有"浩然之气"的人。但《劫余书屋散简》的主力在揭露与批判上,它把针砭时弊与回思史弊结合起来,或由史弊印证时弊,或由时弊引出史弊,在对二者的揭示与解剖中,坦露了作者的思想和情感。《敌人的优点与战友的缺点》讽刺超左派的"假道学",《怕不怕听真话的两种结果》借古讽今,《李实与瓦砾》和《旗号与事实》揭露逢迎拍马、企求升官晋爵,而不顾人民死活之徒的恶行,《假辫子还是不做为好》批判现代迷信的丑行,等等。

《夜读零札》40余篇,多数为20世纪七八十年代所作,少数为90年代所写。前者在思想和艺术上基本沿袭了《劫余书屋散简》的写法。《纳谏与民主》《官僚吏役及其他》《吃苦与革命》《胆量与器量》《从文字狱到草绳狱》《自责与责人》《碰巧与做假》《卡纽特和武则天》诸篇谈古论今,或揭露古今吹牛拍马之徒与浮夸之风;或直接指认文化传统中根深蒂固的思想痼疾;或指出历史上的卡纽特和武则天的悲剧是"对于真理,他们的耳朵太小;对于愚蠢,他们的耳朵又太大",意在借古讽今,暗指现实政治生活中的一种现象;或抨击某些"权威人士"和"非权威人士"的无器量与无胆量;或批判"只有受苦,才能革命"的谬论;等等。而写于90年代的《云与鸟,生与死》《智者与女中知己》《争气之说》《民居的内蕴》《闲谈沉舟》《机器与花园的搏斗》《愿达尔文不再有市场》《长寿与不朽》等篇的思想意蕴、情感走向以及艺术表现方法,却悄悄地发生了一些变化。我们知道,20世纪90年代正是郭因创建并大力倡导绿色文化与绿色美学的时期。绿色文化与绿色美学是一种新的世界观、文明观的体现,它着重研究人与自然、人与人、人自身的三大动态和谐,探索人类最好地生存和发展的途径。绿色文化与绿色美学思想调养了郭因的胸怀,于是,在这些杂文中,我们看到,郭因批判时弊的锋芒有所收敛,而展以宽阔的胸怀,纵情谈人生,谈美,谈知识与智慧,谈人的生存和发展。

《观世微音》一改《劫余书屋散简》揭露与批判的特点,而多从正面谈现实问题。其题解说:"观世者,观察人世,也即观察社会也。音者,观过人世矣,不免有感而发出的声音也。"音之为微音,是因为"渺小如我,人微自然音轻"。人微未必言轻,那不过是作者策略性的谦辞。《观世微音》广涉社会现象,透视社会问题,发出的则是时代的强音、现实的心声。有文为证:《国民性与人性》倡导美的精神境界、美的人性,《文化氛围与人才成长》谈创造高尚文明的文化环境对人才成长的重要性,《主体性与机器人》论主体性的关键是人,《养生之道》《养生与做人》等篇从养生之道谈到做人之道,《"徒法不足以自行"》谈立法与执法如何统一、如何协调,《抚今思昔话清廉》赞廉洁自守的老干部与老知识分子,《该算算大账了》《迎头赶上与举国一致》《喜闻珠海无烟草广告》谈环境污染对于人类的生存和发展的危害。

二

郭因的抒情散文写得最动情且最引人注目的是怀念故人的悼文。对革命前辈的哀思,对著名学者教授、文艺工作者的悲缅,对亲人的怀念,对那些蔑视强权、坚强地活着并勇敢地为真理而斗争的战士的追忆,以及对奸佞、妖孽的控诉,成为这些悼文的主要内容。这些血和泪奔涌的文字,把对故人的哀思与对"四人帮"的愤恨交织在一起,用写实的笔法,记下这场用鲜血付出沉重代价的悲剧,控诉"四人帮"祸国殃民的罪行,给历史留下了一份辛酸而珍贵的资料。郭因怀念故人的抒情文的特点主要表现在三个方面。

首先,这些抒情文充满至情,以写人为中心,叙写了一个个美好的人物形象。其文《石头性格,菩萨心肠》中写了从一个商人之家的少爷,一个毕业于北京大学又留学德国的知识分子,成为一个医学家、科学家,又成为一个神出鬼没的地下工作者,新中国成立后在教育、科技部门当过领导,晚年又成了一位历史学家的石原皋,对革命事业忠贞,对真理执着追求,像石头一样坚硬、一样顽强。石头性格的石老,又有一副菩萨心肠。

在《朱光潜在"十年浩劫"中》《朱光潜的最后岁月》《草不谢荣于春风,木不怨落于秋天》《朱光潜——作为一个历史现象》《难忘的往事,永久的怀念》等文中,作者评价一代宗师朱光潜,认为他是中国美学史上一座横跨古今、沟通中外的桥梁,是当代美学研究的一个引渡者,是杰出的美学家、教育家和思想家,是一个真诚地追求真理的学者。

此外作者还描绘率性而行,是谓"真人"的文化领导戴岳(《作为开拓者,您将不朽》);美的殉道者吕荧(《啊!茇菰花,真美》);"爱草如花"的著名教授洪毅然(《爱草如花从来少》);不是女人是男人的皖南游击队事务长吴大嫂(《吴大嫂》);犹如观音菩萨般静穆慈祥的祖母(《祖母的沉默》);等等。

其次,文中作者形象的自塑。虽有意写他人,无意写自己,但在尽情抒写故人时,作者的思想、情感、个性也自然而然地表现出来。如果说,《劫余书屋散简》以"思"的深刻锐利见长,那么,这些悼文则以"情"专胜。情里有他对故人的怀念,更有自己思想、个性的显现和人生的追求。他以感激与崇敬之情抒写曾爱护和帮助过他的革命前辈,赞颂像石头一样坚硬的石老、"燃烧自己照亮大众"的朱光潜,敬佩一代宗师冯友兰,既是情系他人,也是自我心迹的表白。尤其是读到他为自己的绿色文化与绿色美学思想与朱光潜、冯友兰的思想观点相契合而高兴,自认为自己的美学研究是跟着两位先贤"接着讲"时,我们实际上读出了包括郭因在内的中国知识分子崇高的思想境界。

三

郭因所写的自传性质的叙事文重在写自己,"我"是作品的主体。叙事者与被叙事者同为一人,就构成了一种"我"对"我"的叙事关系——自叙。自叙超越一切之上,全部的叙事均由"我"出。"我"对"我"的叙述的直接性,加强了叙事情感化的程度。从这些散文中,我们可以通过画面的组合看到郭因的形象,在阅读中感受着他坎坷不平、苦辣酸甜的一生,同时,他的思想、情感、个性、生活情趣和人生观也一一凝定在我们的视界中。因此,阅读郭因自传性质的叙事文,我们就不仅仅是在读文,更重要的是在读郭因这个人。郭因被我们解读,我们被郭因感染,这种双向的作用增强了作品的艺术魅力。对于研究郭因的美学思想、美学理论和世界观,这些散文提供了最有价值的资料。

《我与民盟》是郭因早年接受进步思想教育和参加革命的记录。文章叙述了他抗战期间在进步书刊的影响下,萌发了追求进步、追求革命的强烈愿望。"我们一面以进步书刊为媒介,在青年朋友中扩大进步影响,一面积极寻找进步组织,想迅速投入革命洪流。"这个起点很重要,它很可能影响并决定了郭因的世界观、人生观和人生道路。此后的1948年,郭因参加了民盟,1949年初参加了皖南游击队。而这,正是郭因世界观、人生观形成的过程。

《我写了〈新半半歌〉》《我过了七十虚岁的生日》《从吃穿谈起》《吾复何求》《拥有一片绿》《家,我那人生之旅的港湾》《一纸旧文章》等篇从各个方面表现了郭因追求安定、平和、素朴、求知、尚美的人生观。

《苦辣酸甜半世纪》是郭因叙事抒情散文的代表作,是一篇深、透的至情文,记叙了郭因和他的妻子半个世纪以来的恩恩爱爱,以及他几十年来的坎坷沉浮,饱含人间的苦辣酸甜。这篇散文在写法上将叙事情意化,平实的叙写中散发着温美的芳馨,透出一股人情的暖流。从感受的力端来看,它比一般的抒情散文来得更强烈更深沉。从自传的角度看,这篇散文对郭因的生活道路、学术道路及思想情感的变化的轨迹表现得最充实。

从解读郭因的散文到解读郭因这个人,应该说这种解读比单纯的解读文本更重要。解读郭因的散文是一种艺术欣赏,解读郭因这个人也是一种艺术欣赏,而且是更高层次的艺术欣赏。郭因是一个将艺术生活化、生活艺术化的人,这样一位具有艺术魅力的人物,自然要引起我们格外的关注。

四

总的看来,郭因的散文属于学者散文。学者著书立说文学化是中国文化的传统。从春秋战国以来,中国古代的许多知识分子既是学者,又是文学家。因此,中国古代的史学、哲学、伦理学、政治学、文化学等方面的著作,常常既是学术性的理论文,又是艺术性极高的文学作品。纯粹为艺术而艺术的散文,在"文以载道"的古代中国不占主导地位。20世纪初的新文化运动废除文言而采用白话,学术与文学开始分离,学者与作家分家,这种适应时代变化的变化,究竟有多大进步、多少失误,是个重要的历史课题,非本文所能解答。

在我看来,学者散文大致可以分为两大类:一类是学者所著的具有很强的文学性的学术论著,即学术性美文;一类是学者在治学之余创作的具有一定的知识、学术内涵的散文。这两者已凝定为中国文化的传统,成为中国古代学者和文人治学为文的一种普遍的规范,一种自然而然的写作习惯。"五四"新文化运动颠覆了这种文化传统,此后近一个世纪的学术与文学活动都在极力使这种传统消解,使二者泾渭分明,距离越来越大。能够将二者结合得非常好的学者实在不多,就是现代的一些因接受过很好的古文训练、旧学功底扎实的学者如鲁迅、胡适、周作人、朱自清、郑振铎、冯友兰、林语堂、梁实秋、朱光潜、钱锺书等,也只是在一定范围内与一定程度上保持二者的融合。第一类学者散文到现代已成明日黄花,到当代基本消失。而第二类学者散文到现代仍在文学创作中占据一席之位,到当代的20世纪50年代至80年代,它被热情奔放的抒情散文所淹没,直到90年代,它才重放光彩。当前文坛上所说的学者散文,指的是第二类学者散文。

学者学养深厚,较之一般人有着更深切的文化意识、历史意识、忧患意识和求知求真的使命感。因此,学者散文多不流于感性生活的抒发和自然景观的描绘,而是偏于理性的慧悟和个人求知求真的展布。郭因的散文充分地表现出了一位忧国忧民的思想家、美学家对当代中国乃至整个人类生存与发展的关怀。他的杂文及部分抒情性悼文,在揭露与批判的愤激中渗透着强烈的社会责任感和忧国忧民的忧患意识。而他的自传性质的叙事文则突出了他的文化意识和历史意识,其核心的理性内容就是他近十年来大力倡导的绿色文化与绿色美学思想。因有了这些理性内容作为内质,郭因散文的品相就明显提高了。

我一向佩服郭因的学问,欣赏他的许多观点,特别喜欢他那种能把艰深复杂的问题谈得浅显明白、生动简练的本领。这种本领使他的散文摆脱了匠气而进入了文理相互辉映的佳境。他广博的学识与敏捷的思维为他散文的说理论辩打了底,而使其通畅的则是文采。孔子说:"言之无文,行而不远。"(左丘明:《左传·襄公二十五年》)从春秋战国以来,行人出辞,史官记事,哲人立论,都很注意文采。春秋战国时诸子著书立说,主要是"各引一端,崇其所尚"(阮孝绪:《〈七录〉序》),而且是"以立意为宗,不以能文为本"(萧统:《〈昭明文选〉序》),当时还没有人想"以翰墨为勋绩",但作文"沉思翰藻",讲究文采已成习惯。这种习惯世代相传,遂成为我国文学的一个优良传统。司马迁的《史记》被称为"史家之绝唱,无韵之离骚",就是这个传统的突出表现。郭因散文的文采主要表现在自然生动、平实畅美上,他抖落语言的装饰物,将文采裹在自然生动的语言"原汁"里。如果从中抽出一段来看,并不显得鲜艳优美,也没有过多的漂亮字眼和随处可见的修饰语,它是那么平实素朴,毫不惊人,但把它们连接起来,就气韵生动、情趣盎然了。由文想到人,郭因这个人不也是这样的吗?

作者简介:王达敏,安徽大学中文系教授。

郭因绿色美学思想与徽州文化

汪良发　方利山

近些年地球气候变化加剧,全球自然环境问题日趋严峻。在百年未有的大变局面前,绿色、绿色发展、绿色和谐、绿色美学思想、人类命运共同体,日益成为世人关注的焦点。本文是我们学习绿色美学思想的一点体会。

一、徽州文化中的绿色美学

中华儒学思想讲仁者爱人,泛爱众,倡天人合一,主张四海之内皆兄弟,民胞物与,爱物节用,修齐治平,内圣外王,天下大同,在克制物欲、珍惜自然资源、爱护自然环境、与自然与社会和谐相处等许多方面,都有不少经典的论述。中国佛学也主张悲悯、慈爱、普度众生。中国道学则强调完善自身、无为而治。历史上皖南徽州之域的先民,承传中原文化,对儒、释、道思想都有自己的深刻体认,在自身的生产、生活实践中作了精彩的发挥。

历代徽州先民最珍爱徽州绿水青山的自然环境,最在意与大自然的和谐相处,最重视人与人之间的关系调处。体现天人合一观念的徽州传统古村落,禁渔、禁伐、禁猎的村规民约,影响深远的"驱棚"斗争,宗族社会的完备构筑……无不是一种敬畏、保卫"绿色"的努力。历代徽州先民,对自身,总体上勤俭持家、易于知足、小富即安、细水长流、不图奢侈、善于做人;对自然,敬畏尊重,爱护

"绿色",顺适调协,讲究天人合一;人与人之间,历代徽州先民大多敦邻睦族,与人为善,和谐理性,极少发生乡村械斗。

古徽州有良好的自然生态环境系统和文化生态环境系统。

集儒学大成的新安朱子,最爱新安徽州之域由老天厚赐的秀美山川,朱熹在回新安徽州祖籍地的时候,曾在歙县长陔写下"新安大好山水"的赞语。朱熹特别爱树爱绿,从政为官期间,在所居之处喜欢植树。他当年回新安徽州婺源老家祭祖时,在文公山上栽下了二十四棵杉树,如今尚存的十几株巨杉,绿叶葱葱,高大伟岸,已长成了江南罕见的杉树王。朱子著名的《观书有感》:"半亩方塘一鉴开,天光云影共徘徊。问渠那得清如许?为有源头活水来。"[①]对一方"清如许"的绿色"源头活水",喜爱至极,赞叹不已。朱子更深情挚爱滋育百姓的绿色土地,对土地也有认真的研究。朱熹在为官任上,通过自己对土地情况的细心观察了解,曾请求皇帝下诏,命令全部土地都要冬耕,"冻令酥脆",多加犁耙,然后布种,变黄为绿,这样土壤肥沃保水,利于农作物生长。

千百年来,徽州之域的民间百姓深受中华儒释道、程朱理学的熏陶影响,在徽州朱熹古训的启示下,历来重视古徽州自然生态环境的保护,对大自然心存敬畏之心,从来不敢纵情恣意,总是小心执着地守护着徽州的绿水青山。

根据"池渊沼川泽,谨其时禁""斩伐长养不失其时"的圣贤古训,历代王朝都有封山禁渔、保护自然生态环境的官府禁令。而徽州之域民间社会,百姓对包括"当尽事亲之道以事天地"在内的朱熹古训,"说之详,守之固"尤为突出。在宗族祠堂的有力掌控下,徽州人普遍制定有族规家法、村规民约,共同议定合同禁约,禁伐禁猎禁渔,封山育林,保护自然植被和生态。至今仍保存在歙县棠樾鲍氏支祠墙壁上的鲍氏族规石碑,就明确记载着对于盗卖祖坟公产、盗砍荫木、

[①] 朱熹:《观书有感》,载王端明、张人明编《朱熹集》(卷二),成都:巴蜀书社,1992年版,第89页。

破坏村落自然生态环境保护的族丁给予"永不发放祠谷,永不准籴祠谷"的处罚规定。黄山学院徽州文化研究资料中心收藏有一份《光绪十六年二月歙县许汪等立振兴养山合文约》,文约中,许、汪两姓族众共同认识到"山之有利于人也大矣,材木之贵乎养也久矣",于是"请班演戏严立规约","在山树木听凭蓄养不准入山砍伐","如违照依规条处罚","强梗不遵者公同送官惩治"。合文约订立了"坟山树木并风折桠杪不准采取,如违,罚戏全部""来龙泥土不准打挖,如违,罚戏全部""走火烧山大小树木照价赔偿"等十条禁规,意在共同保护山村自然生态环境。① 在徽州之域新安江两岸乡村,至今人们仍可在桥头、村口、埠头、山脚路后看到古人树立的"禁伐""禁渔""奉宪禁渔养生"之类石碑的留存。正因为徽州乡村宗族社会积极配合官府禁伐禁渔,保护村落"龙脉"风水,保护荫木植被,维持了山清水秀的徽州自然生态的平衡,才使徽州成为极宜居之地。

徽州之域的先民们为了顺适自然,和大自然和谐相处,都特别重视居住环境的选择、布局和营构。中国古代的风水学说是人们在营建阳基、阴宅时对人与自然环境关系的理解。剔除其迷信的成分,风水之学其实就是古代的环境规划学。而"风水之说,徽人尤重之"②。历代徽州之域的先民在徽州古村落人居环境的选址、布局、营构中,坚持"依山、傍水、面屏",讲究"藏风、凝气、聚财",贯穿风水理念,立足实用功能,巧借山川形势,创造了许多让人拍案叫绝的宜居杰作。

徽州黟县被列入世界文化遗产的古村落西递村,村后松树山、天马山林木繁密,前边溪、后边溪、金溪三条溪水穿村走户,"家家尽枕河",船形村落"东阜前蹲,罗峰遥拱,有天马涌泉之胜,犀牛望月之奇","产青石而如金,对霭峰之似笔,土地肥沃,泉水甘甜"。③ 在西递村口"关风凝气聚财"的"水口",则有文昌

---

① 参见《光绪十六年二月歙县许汪等立振兴养山合文约》,藏黄山学院徽州文化研究资料中心。
② 《汪伟等奏疏》,载《徽州府志》(卷八),康熙三十八年万青阁刊本,第28页。
③ 《西递明经胡氏壬派宗谱》,藏上海图书馆。

阁、魁星楼、水口亭、凝瑞堂、环抱桥、悟赓桥、华佗庙等建筑,和参天古树、潺潺清溪共同组成了西递"保瑞辟邪"的"影壁"。另一处被列入世界文化遗产的徽州古村落宏村,更是践行"引水补基"、唯变所适风水理念的典例。宏村汪姓先祖"遍阅山川,详审脉络",选取了这一处位于黟县北端、背靠雷冈山、怀抱新安江上游末支浥溪、羊栈河的风水宝地,在建村落时,引两溪之水,绕村屋九曲十弯,还在村中凿月沼蓄积"内阳水",后来又在村南将数十亩良田辟为弓形池塘南湖,蓄积"中阳水",长年兴养雷冈山林木植被。历经150年,精心建造了宏村古村落人工水系,使宏村村内水圳穿街走巷,水流千家,村人"足不出户尝清泉",不仅解决了古民居防火问题,而且方便了族众饮水、洗涤。水流全村农家院,养鱼养花、调节温湿、美化了村落环境。村人在村南弓形湖入口处,还创造性地设置了过滤水栅,防止生活垃圾污染水质。宏村古村落科学人工水系的建造,为徽州人与自然环境的和谐相融作了精彩的诠释,这一牛形古村被世人称为"中国画里的乡村"。

其实在徽州,像这样顺适大自然、和自然环境和融共生的古村落有成百上千。古歙唐模古村,其水口仿西湖的檀干园建构,是村里许氏先人对家园的诗意呵护;古歙雄村水口桃花坝美景是曹氏先祖对新安画境的锦上添花。新安江两岸那些鱼形村、棋盘村、钱形村、铳形村、锣形村、荷形村等文化古村匠心独运的营构,充满着徽州先人因应自然、保护环境、因形就势、富于创新的生存智慧,是一个个人与自然和谐相处的绿色建筑杰作。

为了"绿色",徽州先民们面对自然环境不利农耕的现实,并没有对山林滥开乱垦、掠夺性获取、竭泽而渔,而是在思维方式上勇敢冲破"寄命于农"的传统藩篱,"十三四岁,往外一丢",经营四方以就口食,"寄命于商",[1]实现了一次了不起的经济发展方式的转变。徽州徽骆驼走出马头墙,驰骋商海,创造了"无徽

---

[1] 赵吉士:《寄园寄所寄》(卷十一),清康熙刊本,第86页。

不成镇"的历史辉煌。贾而好儒的徽商将经商所得巨大财富的一部分,反哺家乡,兴建古民居古村落,修桥补路,筑亭砌坝,建设绿色美好家园。徽商热心社会公益,赈灾扶贫济困,兴办义仓、义学,着意于社会保障,实行绿色发展。社会人文生态的和谐进一步促进了人与自然的和谐,徽州的自然生态环境、文化生态环境得到了进一步的保护。

那些没有走出徽州大山的先民,世世代代年年月月和徽州之域的自然山川相依为命,在农耕生产中,善待自然,珍视田土,也多能因地制宜,在千百年的劳作实践中,摸索创造了一套适合徽州山区特点的耕作方法。山地初冬种小麦,来年春季麦行里套种黄豆,小麦收割后种玉米。二至三季间作结构,有良好的人工植被防止水土流失。麦、豆、粟、玉米等浅根作物根系发达可保水土。徽州之域自古很少种土豆之类需深翻土地的块根作物,"免耕浅锄"和点播的耕作习惯有效地保护了山地的水土不流失。徽州新安江两岸山间多砌筑简易梯田,也有利于保土蓄水。农村的秸秆还田则有利于保持田土肥力。徽州先民适应山区自然环境的特色农耕方法是一种山区生态型、科学型的农业。正由于徽州先民在劳作中顺适自然,徽州之域从秦汉开发到明清鼎盛,宋代发展成全国名郡,人口发达,山场开发也到了极致,却能千年一贯,水土保持,基本上没有出现大片沙化、石化现象,千百年来水秀山清,自然生态环境没有受到大的破坏。

从明末清初开始,徽州周边安庆、池州、宁国等地一些贫苦流民携家挈口,陆续进入歙县、休宁、祁门、黟县、绩溪的边界山区,在深山搭棚,开山种苞芦,采煤烧灰。到了清中叶,这类棚民人徙,多至万计。棚民人徙虽然对徽州之域山区经济发展有一定的作用,但许多棚民对徽州新安江两岸山区的原始无序的垦殖和恶性开采,则直接对这里脆弱的自然生态环境造成了严重的破坏,棚民租山种苞芦,"其种法必焚山掘根,务尽地利,使寸草不生而后已。山既尽童,田尤受害,雨集则沙石并陨,雨止则水源枯竭,不可复耕者,所在皆有。大溪旱不能蓄,涝不能泻,原田多被涨没。一邑之患,莫甚于此"①。棚民垦荒造成的水土流失对自然生态环境破坏严重,加上棚民大量拥入对宗族社会秩序带来冲击,使当地宗族和棚民的矛盾日益加剧,社会治安形势日趋严峻,冲突、诉讼不断。特别是棚民的无序滥垦对当地宗族祖茔坟山"龙脉"荫木造成损害。于是徽州之域产生了旷日持久、影响很大的"驱棚除害"争斗。祁门的程氏宗族,全族父老集议,发出了《驱棚除害记》,列出了棚民滥垦的九大危害。② 黟县县衙也在宗族乡绅的强烈要求下颁发了《禁租山开垦示》禁令。在祁门大坦岭头,《清道光二年十一月祁门大坦岭道路两侧山场永禁种植苞芦碑记》石碑至今仍存。休宁浯田也刻石立碑严禁棚民入山垦种。祁门善和程氏宗族族长程元通等还不远数千里赴京打官司,呈控棚民方会中等。在祁门黄古田、环沙、渚口、社景、箬坑等外来棚民垦山最烈的地方,宗族和乡绅组织乡村力量,奋起驱逐棚民。这一"驱棚"争斗,甚至引起了清王朝朝廷的关注,当时朝廷制定了《棚民退山回籍章程》,规定了"递解之法",并将有关"驱棚"规定载入了《大清律例》。清代道光之后,在官方和民间宗族力量的共同驱赶之下,入徙徽州的大部分棚民被驱回原籍,少数定居下来的棚民,长时间也未能完全融入当地主流社会。清中叶徽州之域的这一"驱棚"争斗,原因比较复杂,需具体情况具体分析,有的"驱棚"者对棚民破坏自然生态的情况也有诬捏和夸大,棚民的生存权也应予关注。但这主要还是一场保护徽州山区自然生态环境的斗争,对制止生态恶化有一定的作用。

总之,在徽州文化中,有许多关于"绿色"的内容,蕴含丰富的绿色美学。绿色美学思想是构成徽州文化精华的重要部分,得到人们的特别关注。

二、郭因绿色美学与徽州文化

郭因先生是徽州绩溪霞水村人。他坎坷的人生经历和对中华美学的深情挚

---

① 《祁门县志》(卷十二),清同治十二年刊本,第98页。
② 参见《祁门县志》(卷十二),清同治十二年刊本,第98页。

爱、不懈探研,让人深深感慨、仰佩。徽州的绿色实践和徽州绿色文化,成为郭因绿色美学的一个重要源头。

郭因先生生在徽州,徽州文化的浸润熏陶,对郭因绿色美学思想的形成和发展影响很大。郭因先生是较早关注徽州文化中的绿色美学的学者之一。在20世纪七八十年代那个特殊年代,郭因先生从著《艺廊思絮》《中国绘画美学史稿》,潜心中华传统美学研究伊始,就把美学的眼光投向了家乡徽州。先生心中一直惦记着徽州"绿色的故乡"①,对家乡徽州的好山好水"永远魂牵梦绕"②。先生深情地说:"我来自徽州那绿色的海洋……我来自那一个人自身和谐、人与人和谐、人与自然和谐的小世界,我希望有一个人自身和谐、人与人和谐、人与自然和谐的大世界……追求和谐的徽州文化的主要载体就是徽州的村落。"③先生极赞:"唐模了不起!那里天然景观和人造景观双美合成绝美,景观与人文双美合成绝美,斯文与壮烈又双美合成绝美……喜桃露春浓,荷云夏净,桂风秋馥,梅雪冬妍,地僻历俱忘,四序且凭花事告。看紫霞西耸,飞布东横,天马南驰,灵金北倚,山深人不觉,全村同在画中居。"④郭因先生由"地灵"而赞"人杰",称张脉贤"就是徽山徽水徽州文化专门把他生出来为优化与美化徽山徽水和弘扬与发展徽州文化献身的",是"徽山徽水一精灵"⑤。

徽州、徽州文化中,徽州先民承续中华优秀传统文化,对人自身、人与自然、人与人和谐共美,都有深入的思考和出色的实践。可能正是出于对这些的切身感知和深刻体悟,郭因先生从徽州新安画派特色美学研究开始,步入中华传统美学殿堂,其植根于徽州文化深厚绿色美学土壤的绿色美学思想,起始、形成和发

---

① 郭因:《绿色的忆和绿色的梦》,载《绩溪文艺》,1989年,建国40周年特辑。
② 郭因:《那山那水》,载《新安晚报》,2000年10月10日。
③ 郭因:《魂牵梦绕老徽州》,载李传玺编:《徽州古村落》,合肥:安徽科技出版社,2019年版,第189页。
④ 郭因:《魂牵梦绕老徽州》,载李传玺编:《徽州古村落》,2019年版,第190页。
⑤ 郭因:《徽山徽水一精灵》,载《张脉贤文集》,内部印行,2019年版,第235页。

展就不同凡响,令人耳目一新。先生宣示:"我是搞美学的。我搞的是大美学。我认为,美学是一门帮助人们按照美的规律,美化客观世界与主观世界的科学。"①以深入研析历代徽州画家绘画美学思想为基础②,郭因先生特别注意到徽州、徽州文化中绿色美学的生动丰富、意义非凡。先生指出,这种特色文化是"属于以小农经济为基础、以儒家学说为主要意识形态的大陆文化中的农耕文化。这种农耕文化主张顺应自然,与自然和解,与万物共存共荣,以退隐耕读为主要方式,喜安静,爱稳定,重山林田野情趣,甘于过恬淡人生,但却能在选定的领域奋发进取,不断开拓。它讲究天人合一,形神合一,道器合一,理气合一,体用合一,知行合一,阳刚阴柔合一,真善美合一,讲究'道中庸'而'致中和'以达'极高明',一心追求天地人之序与天地人之和。这种农耕文化经过富有灵性的徽州山水的熏染,经过儒、释、道合流和程朱理学的系统化、丰富化,经过江(永)、戴(震)朴学的砥砺与磨合,便形成了既是中化优秀传统文化的缩影,又富有地域特色的徽州文化"③。在着重发掘论述"绿色美学"的过程中,先生实现了从中国传统绘画美学到大美学、从大美学再到绿色美学的思想升华。一套十二卷《郭因文存》,记载了郭因先生在美学之路上艰辛跋涉的人生历程和取得的累累硕果。郭因先生认定美学归根到底是"人本之学",人的自身、人与自然、人与人(包括个人与个人、个人与群体、群体与群体)三大和谐,是人类的最高追求,也是美学的最高追求。而追求三大和谐是徽州文化的根本精神,也是中华优秀传统文化的根本精神。郭因先生就是这样,几十年历经磨难、矢志不渝、九死不悔,"长将一寸心,衔木到终古",向往光明,追求进步,从 20 世纪 80 年代初即以

---

① 郭因:《关于芜湖赭山公园问题(罗来平著)序》,载歙县档案馆编:《徽州文化散谭》,内部印行,2013 年版,第 211 页。

② 相关著述详见郭因:《历代徽州画家绘画美学思想》,载歙县档案馆编:《徽州文化散谭》内部印行,2013 年版,第 302 页。

③ 《郭因学术思想暨书画艺术座谈会专家学者发言》,载歙县档案馆编:《徽州文化散谭》,内部印行,2013 年版,第 599—600 页。

"绿"为源,以"人"为本,以"和"为质,以"文"为表,不懈著述,开风气之先,竭诚倡扬绿色美学,逐渐形成宏大的绿色美学思想体系。

三、绿色美学思想的当代意义

绿色美学思想的提出、形成和倡导,不仅在中华传统美学史上具有里程碑式的意义,而且它最切合习近平新时代中国特色社会主义思想。对贯彻落实习近平总书记有关绿色发展的系列指示、推进中华民族伟大复兴宏业、构筑人类命运共同体,都有重要的现实意义。

近些年来,习近平总书记对于绿色发展、绿色文化,有过许多重要的论述。习近平总书记强调生态环境保护刻不容缓,"绿水青山就是金山银山"①。绿色发展,就是将生态文明建设融入经济、政治、文化、社会建设各方面和全过程的新发展理念,是党的十八大以来以习近平同志为总书记的党中央关于治国理政的一系列新理念新思想新战略的重要组成部分。习近平总书记指出:"纵观人类文明发展史,生态兴则文明兴,生态衰则文明衰。杀鸡取卵、竭泽而渔的发展方式走到了尽头,顺应自然、保护生态的绿色发展昭示着未来。地球是全人类赖以生存的唯一家园。我们要像保护自己的眼睛一样保护生态环境,像对待生命一样对待生态环境,同筑生态文明之基,同走绿色发展之路……让绿色发展理念深入人心、全球生态文明之路行稳致远。"②习近平总书记指出:"坚持绿色发展,就是要坚持节约资源和保护环境的基本国策,坚持可持续发展,形成人与自然和谐发展现代化建设新格局,为全球生态安全作出新贡献。"③我们始终"追求人与自

---

① 习近平:《在哈萨克斯坦纳扎尔巴耶夫大学回答学生问题时的讲话》,载《人民日报》,2013年9月7日。

② 习近平:《在2019年中国北京世界园艺博览会开幕式上的讲话》,载《人民日报》,2019年4月28日。

③ 《习近平讲话》,载《人民日报》,2016年3月3日。

然和谐""追求绿色发展繁荣""追求热爱自然情怀""追求科学治理精神""追求携手合作应对"[1],"鼓励绿色复苏、绿色生产、绿色消费,推动形成文明健康生活方式,形成人与自然和谐共生的格局,让良好生态环境成为可持续发展的不竭源头"[2]。在当下全球气候变暖加速,大气污染严峻,自然灾害频仍,地域战乱不息,特别是在国外新冠疫情肆虐,国内防疫严峻的情势下,习近平总书记强调的绿色发展尤其有它的现实针对性、紧迫性。绿色美学思想不仅从学理层面,而且从社会实践层面,宣传"美化两个世界,追求三大和谐,走绿色道路,奔红色目标",帮助人们进一步认知、理解以习近平总书记为核心的党中央的绿色发展战略谋划,最符合中国和世界未来的发展方向。绿色美学思想被誉为"21世纪最有生命力的理论体系",是我们安徽奉献给当代中华文明的宝贵精神财富。

习近平总书记号召我们把马克思主义基本原理同中国具体实际相结合、同中华优秀传统文化相结合。绿色美学思想"两个美化,三大和谐"所体现的中华优秀传统文化——天下为公,天下和洽,世界大同,四海之内皆兄弟,人与万物为一体等,正符合马克思所讲的共产主义社会:人人克服一切异化,复归人的本质,全面发展。自由自觉劳动创造,人与人、人与自然的对立冲突根本解决,人彻底自然主义,自然彻底人道主义,社会成为自由人的联合体,自然成为人的无机的肉体。[3] 绿色美学思想的构筑和践行,作为把马克思主义基本原理同中国具体实际相结合、同中华优秀传统文化相结合的努力,具有重大现实价值和意义。

绿色美学思想的构筑和践行,把人们的视野从高深典雅的中华传统美学的殿堂引入"两个美化,三大和谐"的活泼泼的社会人生现实,紧贴民生实际,这种大美学、绿色美学的创新性开拓,不是为美学而谈美学,不再是经院式的美学,而

---

[1] 《习近平讲话》,载《人民日报》,2016年3月3日。
[2] 习近平:《在中华人民共和国恢复联合国合法席位50周年纪念会议上的讲话》,载《人民日报》,2021年10月25日。
[3] 参见窦容:《水长山远路多花——郭因采访实录》,载《徽州文化散谭》,第646页。

是通俗普及、深入民众的,是哲学的民间化,为中华传统美学注入了时代意义的新鲜活力,对中华传统美学作出革命性的贡献。

郭因绿色美学思想的构筑和践行,着力发掘、承续、弘扬徽州文化中绿色发展的精神特质,贯彻习近平总书记绿色发展理念,结合当今现代化发展、社会治理、新农村建设、乡村振兴,大力倡导绿色文化,在这一领域为中华优秀传统文化的现代化勤奋耕耘。绿色美学思想越来越得到人们的认同和支持,其影响不断扩大。绿色美学思想的构筑和践行,是中国徽州学影响力的又一证明,是博大精深的徽州文化的当代辉煌。

绿色美学思想正在徽州的现实发展中持续产生作用。徽州歙县的南乡历来地瘠民贫,民人"十三四岁往外一丢",主要靠四处打工养家糊口,经济落后,脱贫艰辛。进入新世纪后,面对农业基础薄弱,没有大型工业的现实,不少乡村因地制宜,依托自身自然人文优势,发掘保护利用得天独厚的徽州文化资源,各显神通,发展乡村徽州文化旅游,做出了自身特色,在绿色发展中走出了新路。摄影人推出的"石潭油菜花经济"、方四清带动的坡山山乡云海观景旅游、乡贤鲍义来牵头修复的昱岭关岭脚村徽杭古道、村民着意复活的叶村叠罗汉,还有昌溪的古村风光、北岸的吴氏祠堂、苏村的徽州民歌、霞坑的书画……在文化旅游绿色经济的兴盛中,人们看到了歙南振兴的曙光。在歙南霞坑,有唐天宝六年(公元747年)得名、和黄山齐名的柳亭山,柳亭山有近两千年的"汉黟侯栖真处"遗存遗迹、"真应"宗祠遗存,这些"国保级"的徽州历史文化资源,正在"汉黟侯文化园"等徽州历史文化保护传承体系建构和宗族寻根、文化旅游、绿色发展的宏大谋划中,争取在新一轮"绿色复苏、绿色生产、绿色消费"的贯彻中,助推歙南绿色发展。

作者简介:汪良发,黄山学院原党委书记,戴震研究会会长。

方利山,安徽省人民政府文史研究馆馆员,安徽大学徽学研究中心专职研究员,黄山学院教授。

绿色美学与徽州文化

汪振鹏

绿色美学是美学家郭因创建并大力倡导的一门学说。经过长期的孕育，1987年，郭因在原来倡导的大文化、大美学的基础上开始提出绿色文化、绿色美学的概念，并以《绿色文化、绿色美学、文明模式与人类应有的选择》为题，在多处讲学。随后将其根本观点写成了多篇文章，发表于省内外报刊。由于不少人赞同他的想法，他就成立了一个绿色文化与绿色美学研究会并开展了一系列工作。此后，研究会活动十分活跃，绿色文化、绿色美学不断丰富发展，社会影响也越来越大。有学者认为绿色美学在社会价值、实用价值上超越了思辨美学、体验美学，是自成一家的新美学。

徽州文化指的是以徽州为空间，在一个特定的历史时段经过长期积淀形成的以物质文化、制度文化、精神文化为内容的一种地域文化。现在，已被学术界公认为中国传统文化的典型代表。

郭因说："我是绩溪人。我是徽州绩溪人。我是绩溪牛。我是徽骆驼。我是汪华、朱熹、渐江、戴震、胡适、陶行知、黄宾虹、汪采白……的同乡后辈，我是呼吸着黄山、白岳、大鄣山的空气，喝着扬子河、新安江的水长大的。我是徽州文化培育成才的。有作为中国文化的典型缩影的徽州文化，才会有我倡导的绿色文化与绿色美学；有徽州文化的追求天人之际、人际、人自身身心之际三大和谐的思想因素,才会有我的追求人与自然、人与人、人自身三大和谐的思想观点。"①

这样,我们研究郭因的绿色美学就离不开徽州文化。

郭因坚持做经世的学问,有"为天地立心,为生民立命,为往圣继绝学,为万世开太平"的志向,在思考和研究当代社会突出矛盾和问题后,遍考精取,努力地融通古今中外各种资源,包括马克思主义的资源、中华优秀传统文化的资源以及国外哲学社会科学的资源,按照立足中国、借鉴国外,挖掘历史、把握当代,关怀人类、面向未来的思路,着力构建了追求三大和谐、两个美化的具有中国特色的绿色文化体系。他"一步步地从美学走向大美学,走向绿色美学"②。

一

一种思想的诞生同它赖以产生的历史条件和时代要求是息息相关的。

"多少个世纪以来,由于人类一直未能协调好人与自然的关系,人类一直膨胀自己,又一味糟蹋自然,以致带来了自然的无情报复,从而产生了人与自然失衡的生态危机。"③这危机显然对人类的生存与发展构成了严重的威胁。"由于人类一直未能协调好个人与个人,个人与群体,群体与群体的关系,人类往往大欺小,强凌弱,富压贫,小、弱、贫又理所当然地要仇视与报复大、强、富,冤冤相报,没完没了,以致纷争不已、战火不停,从而产生了人与人失衡的世态危机。"④这危机显然成为当今世界严重又普遍的国际问题和社会问题。"由于人类一直未能协调好自身的物质需求和精神需求的关系,一味追求物质享受,物质占有,而放松精神境界的提高,以致生理与心理畸形发展,从而产生了人的自然属性与

---

① 《郭因文存》(卷十一),合肥:黄山书社,2016年版,第374页。
② 《郭因文存》(卷一),合肥:黄山书社,2016年版,自序,第3页。
③ 《郭因文存》(卷二),合肥:黄山书社,2016年版,第73页。
④ 《郭因文存》(卷二),合肥:黄山书社,2016年版,第73页。

社会属性,人的生理与心理失衡的人态危机。"①这危机则显然使当代人陷入了普遍的精神困惑和迷茫之中,信仰缺位、道德失落、人性扭曲。面对地球上诸多的问题,人类当然不会坐以待毙,然而,"历史上虽有少数先知先觉、志士仁人不断发出危机警号,并不断进行三大和谐与两个美化的社会实践,但人少力薄,难以挽三大失衡与两个劣化、丑化的狂澜"②。"中国从孔夫子到孙中山,西方从柏拉图到马克思,近当代中外又还有不少思想家和政治家都曾为实现整个人类的幸福有过各种各样的构想,甚至设计过各种各样的方略"③,"现在,全世界实际上都在以三大和谐为目标进行各种各样的探索与试验"④。郭因就是基于这一切,才从人类的根本愿望与根本要求出发提出大文化、大美学,继而提出了绿色文化、绿色美学的。

郭因的绿色美学简要地说来就是:

> 人类有一个基于根本愿望根本要求的根本任务:使整个人类愈来愈好地生存与发展,并日益完善与完美。
>
> 为了承担这个根本任务,人类面临着千千万万的问题,这千千万万的问题可以归纳为三个根本问题:人应该成为一个什么样的人;人与人之间应该有一个什么样的关系;人类应该有一个什么样的生存与发展的自然环境与社会物质环境以及人类与环境应该有一个什么样的关系。
>
> 为了解决这三个根本问题,人类需要致力于三个根本事业:提高人的质量,提高人际关系的质量,提高人类生存与发展的环境的质量以及人与环境的关系的质量。

---

① 《郭因文存》(卷二),合肥:黄山书社,2016年版,第73页。
② 《郭因文存》(卷二),合肥:黄山书社,2016年版,第73页。
③ 《郭因文存》(卷二),合肥:黄山书社,2016年版,第98页。
④ 《郭因文存》(卷二),合肥:黄山书社,2016年版,第99页。

为了提高三大质量,人类需要进行三个"化":真化,即真理化,那就是使人类的一切作为都既符合人类的主观理想,又符合能使理想得以实现的客观规律;善化,即道德化,那就是使人类的一切作为都既符合个体的利益,又符合群体的利益,特别是符合整个人类生存与发展的利益;美化,即艺术化,那就是使人类的一切作为不仅符合人类应有的以整个人类最好地生存与发展为努力目标的一套行为准则,而且使遵守这套行为准则成为人类内心的自觉要求,并从而使人类的主客观世界都达到一种既有美的内容又有美的形式的美的境界。

　　为了实现三个"化",人类需要进行三种建设:物质文明建设,为人类提供一个得以实现真化、善化与美化的物质环境与物质基础;制度文明建设,为人类提供一套真化、善化与美化的行为规范和保证规范得以实现的上层建筑;精神文明建设,以各种教育手段,也即各种意识形态手段,去实现人们内心的真理化、善化与美化,以使人们高度自觉地、习惯成自然地进行外在的真理化、善化与美化。

　　三个文明建设、三个"化"的目的,都是为了最大限度地提高人自身、人与人、人与环境的质量。而人自身、人与人、人与环境的最高质量便是人自身、人与人、人与环境的不断递进的动态和谐。

　　三大和谐合在一起是包括人自身、人与人、人与环境的整体和谐。整体和谐是目的,而实现这个目的的手段是全面协调。人类的根本使命可以简明地概括为:以全面协调的手段去达到整体和谐的目的。①

　　郭因根据这一套想法进一步提出了他自认为最佳的社会模式:"大力发展文教科技,全面提高人的素质,最好地保护生态环境与珍惜自然资源,按照人民

---

① 《郭因文存》(卷二),合肥:黄山书社,2016年版,第243—244页。

的合理需要,进行有计划的合理生产与合理分配,物质上低消耗,精神上高享受,人与自然、人与人、人自身高度和谐,和谐与自由相结合、权利与责任相结合的、高度真善美的、低熵模式的生态学社会主义,也即绿色社会主义。"①而"具体落脚点在以生态农业为核心的生态农村与以生态工业为核心的生态城市的建设,进而是生态城乡共同体、生态国土、生态地球的建设"②。

"它既以社会主义原本意义上的精髓为精髓,又对儒家传统中和文化进行了抽象继承,更针对目前世界范围内出现的生态、人态、心态三大危机而提出了志在对三大危机进行综合治理,整体克服的一种比较成套的既有理论探索,更有具体措施的有裨实用的主张。"③

二

郭因说:"我其实是从绿色的原点走向绿色的未来的。"④安徽绩溪霞水,这秀美的小山村是他生命的原点,这里的山水,这里的小桥、古木,这里传统的徽州文化就是"绿色的原点"。

徽州历代先贤先哲和劳动人民在长期的生存活动中,传承和弘扬了中华主流文化的精华,用心调谐人与人的关系,特别是人与自然的关系,构建起了令世人注目的古徽州的和谐社会,创造了辉煌的徽州文化。无疑,徽州文化为郭因绿色美学的创建提供了许多宝贵的启迪和借鉴。

徽州的山水、徽州的文化对郭因的成长有很大的影响。可以说是徽州文化孕育了郭因的绿色美学。对于徽州文化的研究,郭因也倾注了大量的心血,有深刻的体悟和一些独到的见解。他概括出徽州文化中的形象化的既相互独立又相

---

① 《郭因文存》(卷二),合肥:黄山书社,2016年版,第244页。
② 《郭因文存》(卷二),合肥:黄山书社,2016年版,第245页。
③ 郭因:《面对危机,我们该怎么办?》,载《绿潮》,1998年第2期,第24页。
④ 《郭因文存》(卷一),合肥:黄山书社,2016年版,自序第3页。

互联系的三种基本精神,即:

　　坚毅沉稳,一步一个脚印地负重前进的徽骆驼精神;

　　汇细流为巨川,助成汪洋大海的新安江精神;

　　不张扬、不作秀,以看不见的水分默默地滋润生灵、万物的黄山云雾精神。

　　骆驼甘于寂寞,不畏荒凉,耐得饥渴,无惧风沙,能在茫茫沙漠中,坚毅沉稳、一步一个脚印地负重远行,昂首前进。徽骆驼精神主要表现于做人。徽州人,不管是杰出人物还是平凡百姓,都不同程度地具有这种精神。这种精神曾表现于汪华在隋末动乱局面中挺身而出,冒险率众保卫徽州一方平安;胡宗宪忍辱负重,坚持抗倭,捍卫祖国边防;王茂荫为帮助清王朝筹措抵抗外国侵略的经费而苦心焦虑,提出金融改革的宝贵建议;胡雪岩作为一个贫寒家庭出身的子弟,从当学徒起步,历经千辛万苦,成为金融巨子、江南药王、红顶商人;胡适为争取民主自由而毕生奔走呼号,不懈奋斗;陶行知为普及平民教育而茹苦含辛,鞠躬尽瘁;等等。

　　新安江广泛吸纳万山丛中徐徐流出的涓涓细流和山村野寨旁边缓缓流淌的悠悠河水,形成泱泱大江,汇入汪洋大海。新安江精神主要表现于做学问。其中最显著的是朱熹集理学之大成,郑玉集理学与心学之大成,戴震集朴学之大成,程大位集数学之大成,渐江集南北宗画派之大成,程邃集此前各家篆刻艺术之大成,俞正燮集反对轻视妇女与商人的进步思想观点之大成,胡适、陶行知集中西优秀文化之大成……而且都在对前人之说集纳综合之后有影响深远的创新。新安江精神在商业领域则表现为诚实守信,薄利多销,勤俭持家,细水长流,积小钱为大钱,积小富为大富。

　　黄山的云雾不张扬,不作秀,不摆谱,不卖弄,沉默而实实在在地以大量的看不见的水分,隐隐地滋润生灵,滋润万物,使生灵万物得以生存、成长与繁荣。黄山云雾精神主要表现于徽州的家庭与社会,以其深厚的文化底蕴与渗透灵魂的道德准则,潜移默化地促使"东南邹鲁"的形成,众多优秀人才的出现,济世学问的发展与丰富、修正、出新。特别是孕育出了新安理学、徽派朴学、新安医学、新安画派、徽派篆刻等影响深远的学派与艺术流派,和朱熹、戴震、汪机、渐江、程邃等一代领军人物,更孕育出了新文化运动的旗手胡适,领导全国人民构建和谐社会与推动和谐世界之构建的胡锦涛。这种黄山云雾精神还必将滋润出一个和谐中国,甚至是整个和谐世界。

郭因的绿色跋涉就充分体现了这三种精神,做人他坚毅沉稳,勇往直前,永不停留,不计春秋;做学问他遍考精取,融通古今中外,综合创新;他不张扬,不作秀,不摆谱,不卖弄,甘当人梯,鼓励后学。

三

郭因的绿色美学是在现实生活的经历中和对现实生活的审视与思考中产生的,是在美学的论争中不断酝酿成熟的。在十年浩劫中郭因冒险秘密写作了《关于真、善、美的沉思刻痕》这样有深邃思想的散文诗式的论著,用饱含血泪的文字刻下了对现实生活的深刻的观察与思考,对美丑混淆的社会现象作了犀利的剖析。其中不少的篇章已萌发了人与自然、人与人、人自身的三大和谐的思想。如《幸福的生活》《解放全人类·阶级消灭·阶级斗争》《小舟·人类》《真正的人类》《需要与生产》等篇章,可以说,这里已经有了绿色美学的萌芽。20世纪80年代初,国内美学界开展了一场对马克思《1844年经济学哲学手稿》的探讨。讨论的重心后来转到人性、人道主义与异化问题上。郭因认为马克思关于共产主义社会的表述,正是他追求三大和谐、美化两个世界的观点的另一种极好的表述,也正是他观点的一种极其重要的理论根据,于是写了一篇《马克思主义、人道主义、异化理论、美学》的长文,观点鲜明,说理充分,在学术界产生了较大的影响。文章发表后被摘登于1982年第9期的《新华文摘》,又被收录到有关的论文集中。对于美学,他有着独到的见解,他表示:"我不赞成历来关于美学是只管艺术或者要管整个美的问题的那种争论。那种争论在一定历史时期也许有必要、有用处。但是现在已没有多大意义。"①他提出美学应该是帮助人们根据美的规律美化客观世界与主观世界的一门科学。他还认为:"美学的体系还应该是一个大开放的体系,它应该吸收古今中外美学研究的一切有益的、积极的成果。"②郭因的绿色美学克服了传统美学过于注重思辨而缺少行的实践的弱点。他代美学呼号:"我是美学,我不满意老呆在书斋、课堂和经院,从概念走向概念;我不满意只是成为理论家手中的念珠,清谈家客厅的摆设,我要走向人民,走向生活……走向人们的心灵、仪态、语言、辫梢和袖口……我要帮助人民全面彻底地美化客观世界和主观世界……我要使全人类一道拥有一个人与人、人与自然的对立冲突彻底解决,从而进入高度和谐的共产主义新世界。"③

"凡'思'非皆能成潮;能成潮者,则其'思'必有相当之价值,而又适合于其时代之要求者也。"④郭因创建的绿色美学适合于当今时代的要求,对人类社会的发展、进步有着巨大的理论和实践价值,这已日益彰显。

1998年,时任安徽省副省长的汪洋在贺信中如此评价郭因:"其首倡的绿色文化与绿色美学理论,以天人之间、人际之间、人的身心之间的三大和谐为核心,独树一帜,自成一家,在国内外引起了广泛的注意和研究。同时,绿色理论坚持来源于现实生活,贴近现实生活,服务于现实生活,为我省可持续发展战略的实施和城镇规划等提供了重要的指导和借鉴。经过十多年的丰富和发展,郭因美学理论已成为安徽文化资源和精神财富的一部分,为我省的两个文明建设作出了重要贡献。"⑤这个评价恰如其分。今天,和谐已成了时代的主旋律,绿色美学也成为"显学",在多元文化中成了主流。未来自然科学、社会科学的发展,会更

---

① 《郭因文存》(卷一),合肥:黄山书社,2016年版,第7页。
② 《郭因文存》(卷四),合肥:黄山书社,2016年版,第22页。
③ 《郭因文存》(卷四),合肥:黄山书社,2016年版,第22—23页。
④ 梁启超:《清代学术概论》,上海:上海古籍出版社,1998年版,第1页。
⑤ 《郭因文存》(卷十二),合肥:黄山书社,2016年版,第532页。

加迅速,成果会越来越多,绿学也必然会不断丰富和发展,但它的基本精神和终极的追求是不会变也不应该变的。郭因奠定了绿学的基础,构建了绿学的框架,组建了绿学的研究团体,创办了绿学的宣传刊物,开展了绿学的社会实践,"看了人之未看,求了人之未求,说了人之未说,写了人之未写,著了人之未著"[1],做出的是一种宗师型的划时代的、跨时代的贡献。郭因的绿学是值得人们认真研究的,郭因本人也一直没有停留,他表示仍要"拼着老命和我们的绿色队伍一道继续前进,直到余丝吐尽,残烛成灰"[2]。

徽州传统文化认为,自然环境中的山石草木与人的命运息息相关,他们采取各种措施保护居住的环境,以求达到人与自然的和谐共处。徽州社会重视人际和谐,认为人与人是该礼尚往来的,是该投桃报李的,是该滴水之恩当涌泉相报的。徽州人讲究做人要修身养性,要能吃苦、肯吃亏,每个人能做到身心和谐,人与社会、人与自然就可以和谐共处了。

徽州文化滋养了郭因,孕育了郭因的绿色美学。

绿色美学也丰富了徽州文化,集中体现了徽州文化刚健有为的积极进取精神,吃苦耐劳的徽骆驼精神,开放拓展的创新精神。

愿郭老的绿色美学之树常青!祝郭老健康长寿!

作者简介:汪振鹏,安徽省人民政府文史研究馆特约研究员,高级工程师(退休)。

---

[1] 何迈《从绿色的原点走向绿色的未来——写在〈郭因美学理论研究〉前面》,载《安徽大学学报》(社会科学版),郭因美学理论研究专辑,1998年版,第7页。

[2] 《郭因文存》(卷二),合肥:黄山书社,2016年版,第69—70页。

郭因美学思想研究综述

胡泉雨

郭因,原名胡鲁焉,幼名胡家俭,安徽绩溪人。早年从事教育工作,1962年开始美学研究,研究方向为大美学、绿色美学、绘画美学。自20世纪80年代以来,对郭因及其思想,特别是美学思想的研究就开始了,为能更好地对郭因及其事迹、著述、思想展开深入、系统的研究,笔者就近三十年来国内所开展的郭因及其美学思想的研究状况作一综述。

一、20世纪80年代的研究

此时,正是郭因美学创作的活跃期,其学说在美学界产生了巨大的影响。与此同时,研究郭因美学思想的活动也悄然地进行了。此时的研究主要有1篇"商榷"、1篇论其美学思想的文章和4篇访谈性质[①]的文章。还有专门对《艺廊思絮》与《审美试步》的述介和研究,如刘传铭的《郭因和他的〈艺廊思絮〉》(1980年)、汪亦伦的《论坛泛彩——〈艺廊思絮〉浅介》(1980年)、秦牧的《〈艺廊思絮〉的新颖风格》(1982年)、伍蠡甫谈《艺廊思絮》(1981年)、范曾的《郭因〈关于美与爱的若干闪想〉读后》(1983年)、吴章胜的《追求美与诗的结晶——评郭

[①] 其实此4篇访谈文章也都就美与美学的主题展开。

因的〈审美试步〉》(1985年)、建强的《庾信文章老更成　凌云健笔意纵横——读郭因〈荧屏前的闪想〉的闪想》(1986年)。

1篇"商榷"就是刘志洪的《也论〈1844年经济学—哲学手稿〉的异化观与审美观——与蔡仪、郭因同志商榷》①,这是针对郭因先生1982年在《文艺研究》第3期上发表的《马克思的异化理论与美学》和蔡仪的《论人本主义、人道主义和"自然人化"说》②提出不同观点而作。1篇美学思想论文就是李建强、施志高的《论郭因的美学思想》③,介绍郭因当时的五部美学专著(《中国绘画美学史稿》《艺廊思絮》《中国古典绘画美学中的形神论》《审美试步》《中国古典绘画美学》)和他的美学研究方法,特别是对郭因美学思想的地位和价值进行概括,认为郭因的美学思想"对中国古典绘画美学史和绘画美学理论研究做了拓荒的工作,填补了中国美学研究领域的一项空白"④,是"建立在人类生活整体设计的广义美学的观念,拓开了美学研究的新领域"⑤。4篇访谈性质文章分别是:吴章胜的《他在不倦地追求美与诗——访问郭因同志散记》⑥、李建强的《呼唤绿色美学与绿色电视剧——与美学家郭因一席谈》⑦、唐永进的《反映生活,博采众长,努力创作——绘画美学家郭因谈国画创作》(1985年)和闻喜的《美学与物质文明建设》(1985年)。

刘先生在文中指出:"《艺廊思絮》是一部具有独特品格、独特形式的美学著

---

① 此文载《中南民族学院学报》,1983年第3期,第86—93页。(其中注在第65页。)
② 此文载《文艺研究》,1982年第4期。
③ 此文载《合肥工业大学学报(社会科学版)》,1987年第2期,第46—53页。
④ 李建强、施志高:《论郭因的美学思想》,载《合肥工业大学学报(社会科学版)》,1987年第2期,第52页。
⑤ 李建强、施志高:《论郭因的美学思想》,载《合肥工业大学学报(社会科学版)》,1987年第2期,第52页。
⑥ 此文载《文艺评论》,1986年8月刊,第58—60页并转100页。
⑦ 此文载《电影评介》,1989年5月刊,第4—5页。

作……这本书既是美学家思想的一个历史记录,又是特定时代的真实见证。"①并认为此书可以使我们知道"在黑暗中,有人曾想过什么,写过什么,借此可以说明:不得人心的邪恶势力,尽管气焰万丈,炙手可热,毕竟是难于扼杀一切,特别是难于扼杀人们的思想,难于扼杀美的"②。汪先生在文中评介郭因此书说:"《艺廊思絮》虽是薄薄的一本,但内容宏博精辟,比之皇皇巨帙毫无逊色,是一部很有分量的书。……作者清晰地引导读者认识什么是真与美,什么是丑与恶,给读者以强烈的是非观。使人既赞美作品的议论精辟,又感叹作者的风骨嶙峋。"③秦先生在文中开头对郭因出版《艺廊思絮》一书"感到高兴",但也指出了此书的"不够完美之处是有些叙述偶尔有绝对化的缺点,有一些道理,在很多场合是对的,甚至在绝大多数场合都是对的,但却不是在任何场合都绝对如此"④。也提出此书过度浓缩、阐释不足而不够大众化。伍先生谈《艺廊思絮》认为"作者以简练语言和短小篇幅,论说了从文艺创作到文艺欣赏的许多根本问题,而每一问题几乎都可单独成文"⑤。并指出了此书的四个风格:"作者在某些章节中运思相当深刻,抓住问题核心,单刀直入,有以少胜多、举一反三之妙;书中行文也手法多样;作者把高度概括和具体说明相结合,因此所举实例显得特别有启

---

① 刘传铭:《郭因和他的〈艺廊思絮〉》,载《郭因文存》(卷十二),合肥:黄山书社,2016年版,第76页。
② 刘传铭:《郭因和他的〈艺廊思絮〉》,载《郭因文存》(卷十二),合肥:黄山书社,2016年版,第76—77页。
③ 汪亦伦:《论坛泛彩——〈艺廊思絮〉浅介》,载《郭因文存》(卷十二),合肥:黄山书社,2016年版,第78页。
④ 秦牧:《〈艺廊思絮〉的新颖风格》,载《郭因文存》(卷十二),合肥:黄山书社,2016年版,第81—82页。
⑤ 伍蠡甫:《伍蠡甫谈〈艺廊思絮〉》,载《郭因文存》(卷十二),合肥:黄山书社,2016年版,第84页。

发、有帮助;倘若把书中若干片言只字合而观之,则得益就更多了。"①范先生在文中认为《艺廊思絮》"它有光芒,因为支撑郭因同志的是中华民族的不朽的信念;它有锋刃,因为郭因同志矛头所向是'四人帮'政治上的倒行逆施和文艺上的反动专政"②。并说他喜欢郭因的文章"首先是由于我羡慕其为人,重其情操,其次便是由于他的文章为时为事,而非为文而作"③。

吴章胜的《追求美与诗的结晶——评郭因的〈审美试步〉》(1985年)一文指出,此书"内容有关于美学的探讨,有对古代绘画理论的专门研究,有对一些古代和当代画家及其作品的评论赏析,有关于文艺美学和自然美学的札记"。且认为作者在论述时"挥洒自如、游刃有余"④(如绘画美学部分),具有强烈的诗人气质。建强的《庾信文章老更成 凌云健笔意纵横——读郭因〈荧屏前的闪想〉的闪想》(1986年)则探讨了它的一些风格特色,主要有"'太史公曰'的笔法""经世致用之学",而非"寻章摘句之学",认为"郭因从来不满足于就事论事地对艺术作品作一些直观的评析,而总是把作品置于历史发展的大背景下进行观察和思考,通过宏观的审美把握和广角的艺术观照,发掘出它们与历史、与现实、与社会、与人生的内在关联,巧喻妙连,借题发挥,开拓出比原作远为深广、远为阔大的思想内涵"⑤。

---

① 伍蠡甫:《伍蠡甫谈〈艺廊思絮〉》,载《郭因文存》(卷十二),合肥:黄山书社,2016年版,第84页。

② 范曾:《郭因〈关于美与爱的若干闪想〉读后》,载《郭因文存》(卷十二),合肥:黄山书社,2016年版,第86页。

③ 范曾:《郭因〈关于美与爱的若干闪想〉读后》,载《郭因文存》(卷十二),合肥:黄山书社,2016年版,第88页。

④ 吴章胜:《追求美与诗的结晶——评郭因的〈审美试步〉》,载《郭因文存》(卷十二),合肥:黄山书社,2016年版,第102、103页。

⑤ 建强:《庾信文章老更成 凌云健笔意纵横——读郭因〈荧屏前的闪想〉的闪想》,载《郭因文存》(卷十二),合肥:黄山书社,2016年版,第105页。

二、20世纪90年代的研究

这一时期的研究主要集中在对郭因的美学思想的阐述,包括绿色美学、戏剧美学等,还有对郭因的治学观的探赜,可见于吴莺莺的《游弋于美学时空的情思——读〈艺廊思絮〉》(1998年)、臧宏的《略谈郭因同志的〈艺廊思絮〉》(1998年)等。

吴莺莺在文中认为《艺廊思絮》是"《中国绘画美学史稿》的副产品","的确是凝练精粹、言简意赅的",是"哲理与诗情的完美结合体"。[①] 臧先生认为《艺廊思絮》"是古今中西之争的反映,是马中西美学交汇合流的表现","它的指导思想是马列主义,其根基是中国美学传统"。[②]

王达敏的《绿色美学的崛起——郭因绿色美学思想述评》[③],主要"把郭因的绿色美学思想与世界上以罗马俱乐部为代表的'悲观主义的世界未来论'和以甘哈曼等人为代表的'乐观主义的世界未来论'关于人类命运的研究联系在一起加以思考和分析。认为郭因的绿色美学是关于人类未来的一种重要思想,符合世界历史发展的趋势"[④]。王谨的《从西方绿色运动看'绿色文化、绿色美学'崛起的必然性》[⑤],认为"西方绿色运动是对西方'工业文明'的批判和否定,绿色运动是对'绿色文化、绿色美学'的追求与探索"[⑥]。并认为"郭因先生率先倡导

[①] 吴莺莺:《游弋于美学时空的情思——读〈艺廊思絮〉》,载《郭因文存》(卷十二),合肥:黄山书社,2016年版,第385、386、388页。

[②] 臧宏:《略谈郭因同志的〈艺廊思絮〉》,载《郭因文存》(卷十二),合肥:黄山书社,2016年版,第392页。

[③] 此文载《安徽大学学报(哲学社会科学版)》,1994年第3期,第46—50页。

[④] 王达敏:《绿色美学的崛起——郭因绿色美学思想述评》,载《安徽大学学报(哲学社会科学版)》,1994年第3期,第46页。

[⑤] 此文载《安徽大学学报(哲学社会科学版)》1995年第1期,第15—19页。

[⑥] 王谨:《从西方绿色运动看"绿色文化、绿色美学"崛起的必然性》,载《安徽大学学报(哲学社会科学版)》,1995年第1期,第15页。

'追求三大和谐'的'绿色文化与绿色美学'是一件富于远见卓识的大事"[1]。孙显元的《中国绿色未来学的崛起》[2],将郭因先生于20世纪80年代末提出的绿色文化与绿色美学界定为绿色未来学,进而提出一个重要科学范畴,即中国未来学。安子的《和谐为美——郭因的戏剧美学》[3]一文主要讨论了郭因戏剧美学观,认为"郭因先生从他追求和谐的一贯美学思想出发,在为数不多的影、视、剧研究及言论中,执著而独辟蹊径地建构了他的戏剧美学观"[4]。并指出郭因的戏剧美学观主要包括手段和谐、形式和谐、内容和谐、目的和谐四个方面。张先贵的《关于郭因治学观之检讨》[5],就郭因的治学观作了深入详尽的分析。张先生认为:"郭因的成功,其中一个因素,与他像同乡先贤胡适那样围绕着'方法'这一观念打转,运用'精良之研究法'——'经世致用'法,是分不开的。"[6]

三、进入21世纪以来的研究

进入21世纪以来,研究郭因及其思想的论文、访谈、散记等越来越多,当然主题还是围绕着美学展开的。陈德辉的《在逆境中奋起的美学家郭因》[7],分"在逆境中苦斗""思想火花铺就的篇章""向美学的珠穆朗玛峰攀登""首创绿色美学"四个部分,比较全面、翔实地记述了郭因先生80年的革命、生活、工作、治学的不平凡的历程。

简圣宇、江业国:《哲学视域下的绿色之维——试从哲学层面思考郭因先生

---

[1] 王谨:《从西方绿色运动看"绿色文化、绿色美学"崛起的必然性》,载《安徽大学学报(哲学社会科学版)》,1995年第1期,第15页。
[2] 此文载《合肥工业大学(社会科学版)》,1998年3月第1期,第61—66页。
[3] 此文载《安徽新戏》,1998年第5期,第58—62页。
[4] 安子:《和谐为美——郭因的戏剧美学观》,载《安徽新戏》,1998年第5期,第58页。
[5] 此文载《合肥学院学报》,1999年第1期,第40—52页。
[6] 张先贵:《关于郭因治学观之检讨》,载《合肥学院学报》,1999年第1期,第40页。
[7] 此文载《江淮文史》,2005年6月第3期,第40—51页。

绿色美学思想》①一文认为:"郭因先生的绿色美学思想,内容涉及哲学领域的传统的'主客对立'、当代'人类中心主义',以及生态美学的实践性和跨学科关涉性等诸多问题。因而他的美学思想体系就呈现出一种既立足中国传统美学,又直面当代现实问题的综合实践倾向。"②李景刚的《绿色美学的坚实内核——解读郭因的三大和谐理论》③,从郭因三大和谐理论的提出及其内涵、哲学视角转变和审美观念的转变三个方面展开论述,提出三大和谐理论是郭因绿色美学思想的内核,是对中国传统哲学和美学思想的继承与发展,其理论背后暗含了哲学视角的转换,是对传统主客二分模式的超越,并认为郭因把以三大和谐理论为内核的绿色美学看成一种生活观念,把审美作为一种生存范畴。④ 李先生的另外一篇论文是《从传统走向未来——郭因美学思想述评》⑤,该文对郭因美学思想主要历程,即绘画美学思想、技术美学思想、绿色美学思想作了勾画,指出郭因的"绘画美学思想以中国传统文化的'中和'思想为逻辑起点,以现实主义和浪漫主义相结合的美学主流形态为理论红线,宏观地阐述了中国古典绘画美学理论的发展,其美学思想具有包容性、开放性与创新性;技术美学思想立足于现实,肯定了技术美学在实际生活中的价值,开辟了新的美学研究之路;绿色美学思想是其比较成熟的思想,体现了对人类的终极关怀,既具学理性,又有实践性"⑥。

刘立冬的《郭因的绘画美学和"绿色美学"》⑦,对郭因的绘画美学和绿色美

---

① 此文载《高校社科信息》,2005年第3期,第7—12页。
② 简圣宇、江业国:《哲学视域下的绿色之维——试从哲学层面思考郭因先生绿色美学思想》,载《高校社科信息》,2005年第3期,第7页。
③ 此文载《淮北煤炭师范学院学报(哲学社会科学版)》,2005年第5期,第20—22页。
④ 参见李景刚:《绿色美学的坚实内核——解读郭因的三大和谐理论》,载《淮北煤炭师范学院学报(哲学社会科学版)》,2005年第5期,第20页。
⑤ 此文载《淮北煤炭师范学院学报(哲学社会科学版)》,2007年第1期,第6—9页。
⑥ 李景刚:《从传统走向未来——郭因美学思想述评》,载《淮北煤炭师范学院学报(哲学社会科学版)》,2007年第1期,第6页。
⑦ 此文载《美术观察》,2009年7月刊,第118—119页。

学作了介述。《郭因:以绿学给力美好安徽建设》①是《绿色视野》记者对郭因的访谈。《郭因:美学应走出书斋 走向生活》②是由《美术报》记者庄燕琳、特约撰稿人窦蓉采写的文章,此文以《郭因美学选集》为背景,与郭老畅聊人生、写作、书画和艺术。鲁达的长文《苦难沃土上盛开的美学之花——记著名美学家郭因》③也是一篇访谈记述文章,从"绩溪山村走出来的农家子""投身革命洪流""患难夫妻""相濡以沫""丰收于苦难的沃土""朝着珠穆朗玛峰顶上的美学之宫出发""首创绿色美学""只要活着,我总要发光发热"八个方面书写郭因不凡的身世和曲折动人的传奇经历。郭道成的《美学是美化世界的科学——读〈艺术美的创造与欣赏〉点滴体会》④是学习郭因《艺术美的创造与欣赏》的体会。整篇文章分"美学的诞生与发展""美学的存在与作用""美学的未来与普及"三点来谈体会、"浅识"和建议,认为郭因此书"给我们指明了'美学是美化世界的科学'之本质,这就丰富与发展了马克思美学理论,大大提升了美的价值"⑤。

尹文的《画派争鸣有利于绘画艺术繁荣与民族文化创新——读郭因先生〈画能否成派,应否成派?〉一文有感》⑥是针对郭因先生发表在《艺术百家》2014年第2期上的《画能否成派,应否成派——兼谈黄宾虹的论新安画派、黄山画派》一文所写。郭因先生在该文中提出:"艺术包括绘画是不能有派的,因为艺术的本质是美,尤其贵在有个性、有个人风格的美。""黄山画派难以成立,新安

---

① 此文载《绿色视野》,2013年第1期,第16—17页。(注:其后2014年第10期的《绿色视野》再次发表了一篇本刊记者叙述郭因革命、生活、工作、治学历程的文章,篇名是《世纪老人开辟绿色美学试验田》。)
② 此文载《美术报》,2015年10月31日,第12版。
③ 此文载《中国酒》,2016年第4期,第12—31页。
④ 此文载《网友世界》,2013年第2期,第54—55页。
⑤ 郭道成:《美学是美化世界的科学——读〈艺术美的创造与欣赏〉点滴体会》,载《网友世界》,2013年第2期,第54页。
⑥ 此文载《艺术百家》,2014年第6期,第32—36页。

画派成立也难。为了全面研究徽州地区的绘画历史,最好还是不要提什么'新安画派'。黄宾虹没有解决问题,而是留下难题。"而尹先生此文认为:"画派是在不同的师承、不同的地域、不同的风格与不同的绘画理念影响下,在某一个时期、某一个地区形成的绘画流派,亦即绘画学派,犹如先秦诸子百家创立的诸子学派。中国画派可以上溯到唐代,至明清两代画派众多,画派理论提炼概括了画家的师承、地域风格、绘画风格等问题,画派理论对绘画艺术的发展具有独特性、包容性、稳定性和连续性的作用。研究画派问题可以促进画家认识自我,确立绘画艺术风格,明确绘画艺术继承创新的方向。十年'文革'之中艺术流派备遭摧残,当今在繁荣绘画艺术,提倡文化创新的新形势下,不提画派、回避画派的观点有违艺术发展的客观规律。"[①]张国芳的《郭因绿色美学思想与徽文化的联系》[②]认为:"绿色美学与徽文化有密切的相关性,它是安徽文化的一部分,也是中华文化乃至世界文化的一部分。绿既是郭因美学征程的起点,又是他美学征程的终点。郭因的绿色美学是一种实用美学,是一种和谐美学,还饱含着对于社会理想的坚持。这都跟徽州文化精神是一致的。"[③]曹振的两篇论文,一篇是《美的本质观新论:基于郭因与宗白华、朱光潜、高尔泰的比较》[④],另一篇是《郭因绿色美学思想植入心灵的途径》[⑤]。其中第一篇是讨论美的本质的,而且是一种比较研究,将郭因的"美的本质观"与宗白华、朱光潜、高尔泰的作比较。认为郭因的关于美的主客观的"潜因""潜能"有两点是值得注意的,那就是"倾向主客观统一

[①] 尹文:《画派争鸣有利于绘画艺术繁荣与民族文化创新——读郭因先生〈画能否成派,应否成派?〉一文有感》,载《艺术百家》,2014年第6期,第32页。
[②] 此文载《池州学院学报》,2015年第1期,第100—102页。
[③] 张国芳:《郭因绿色美学思想与徽文化的联系》,载《池州学院学报》,2015年第1期,第100页。
[④] 此文载《滁州学院学报》,2015年第4期,第75—79页。
[⑤] 此文载《鄂州大学学报》,2015年第11期,第50—52页。

论"和"标明美是一种判断"①。又认为郭因的美学不但继承了中国传统的体验论美学,而且把它从书斋搬到了现实生活中;欲用"审美"这一限定词来表明美对"愉悦、开心"情感的判断。② 第二篇是论证郭因的绿色美学思想如何进入人的心灵。曹先生认为,郭因的绿色美学是一种实用美学,对可持续发展有着重要意义。但在物欲膨胀的环境中,难以被公众接受。要通过政府的导向与垂范、专家学者的学术弘扬、文艺工作者的热情参与三个途径来将绿色美学思想植入人的心灵。③

以上是对三十多年来郭因及其美学思想研究的综述的勾勒。一方面,从学术研究的角度看,虽说美学思想是贯穿郭因整个思想历程的主线,但并不能够全面反映郭因一生学术工作的全部,应该还包括其在文史哲、诗词歌赋、楹联,以及政治、时论、教育等方面的研究。还有一个重点就是郭因由对徽州、徽州文化研究而形成的徽州情结、家乡情结,这也是在研究郭因及其思想时值得关注并深入探讨和阐述的主题。另一方面,郭因的美学理论体系庞大、内涵丰富、运思精微,上面的这些文章只是研究郭因美学思想的阶段性成果,还需要我们进一步深入地研读、探讨、阐释其美学理论,就如《郭因文存》最末一卷《绿学会拟定的关于郭因美学理论研究的参考选题》所列的一样,涉及郭因美学及其他方面的内容,是一个浩大的、繁复的学术探索过程。希望通过美学专家、学者和郭因美学与学术思想爱好者们的研究,使得"郭因所创建的这个现代美学体系,成为21世纪最

---

① 曹振:《美的本质观新论:基于郭因与宗白华、朱光潜、高尔泰的比较》,载《滁州学院学报》,2015年第4期,第75页。
② 参见曹振:《美的本质观新论:基于郭因与宗白华、朱光潜、高尔泰的比较》,载《滁州学院学报》,2015年第4期,第77—78页。
③ 参见曹振:《郭因绿色美学思想植入心灵的途径》,载《鄂州大学学报》,2015年第11期,第50页。

有生命力的理论体系"①。

附录：学人对郭因部分专著的研究文章目录

1.《中国绘画美学史稿》

王林：《郭因所著〈中国绘画美学史稿〉简介》

吴甲丰：《怎样衡量美学遗产》

曾凡、梅芳：《读〈中国绘画美学史稿〉偶识》

刘志一：《怎样评价〈中国绘画美学史稿〉——与曾凡、梅芳同志商榷》

顾祖钊：《仍是一部奠基之作——重读郭因〈中国绘画美学史稿〉》

刘继潮和章飚：《哲人的睿智　诗人的情怀——小议郭因关于绘画美学的研究》

2.《绿色文化与绿色美学通论》

陈祥明：《文化与美学研究的新视野——读〈绿色文化与绿色美学通论〉》

郑震：《绿色的赞歌》

施惟伦、张维瑛：《试论"绿色文化"和"绿色美学"的三大特征》

王志红：《对绿色美学的哲学审视》

何娟、王昳：《关于绿色美学的断想》

许敏娟：《时代的实践美学——评郭因的绿色文化和绿色美学》

丁莉兰：《绿色美学呼唤绿色文明》

苏健和：《三大和谐与可持续发展——郭因绿色美学思想浅论》

任雪山：《"绿色文化与绿色美学"的开拓者——郭因绿学思想述评》

李景刚：《郭因的绿色美学与生态存在论美学之比较》

---

① 张先贵、张维瑛：《和谐为美　美源于绿——郭因美学理论研讨会综述》，载《郭因文存》（卷十二），合肥：黄山书社，2016年版，第548页。

3.《水阔山高——我的审美跋涉》

卞国富:《通向生活的绿卡——涉足郭因的美的神秘谷的断想》

王明居:《郭因绿色美学理论的哲学根源》

钱念孙:《郭因学术思想的"大处"和"小处"》

武惠庭:《绿色美学:多元美学中的主流——读〈水阔山高—我的审美跋涉〉随想》

周彬:《诗情画意的城市建设观——读郭因〈水阔山高〉》

4.《大文化、大美学》

孙显元:《郭因对中国当代美学的贡献》

汪裕雄:《美学无妨大——郭因"大美学"小议》

陈祥明:《审美情怀与人文关怀的双重变奏——郭因的美学建构及其当代意义》

刘承华:《"道中庸"而"致中和"——对郭因美学思想的理论轴心的诠释》和《纯美学、大美学及当前美学的走向——兼论郭因美学思想的意义(发言要点)》

马雅丽:《从"大"到"绿"的创造性思路》

胡迟:《圆圈与螺旋——从"和谐"的演变观照绿学派的"和谐观"》、

郭艳:《儒家理性实践精神和现代意识的碰撞——略论郭因的大文化大美学观》

作者简介:胡泉雨,江西航空职业技术学院讲师。

郭因老，中西绘画美学比较研究的开拓者

李传玺

郭因老，人们一看到他的名字，就会立即想到他首倡的绿色美学，可以说，绿色美学已经成了他学术独创性贡献的"标配"。但如果我们读他的更多的美学论著，就会发现，郭因老还是中西绘画美学比较研究的开拓者，而且这些比较也是孕育他的绿色美学思想的一个重要因素。他这方面的研究集中体现在《郑板桥与狄德罗》《黑格尔与沈宗骞》《山水画美学简史》等论著中。

一、三篇论著的主要内容

前两篇文章均写作并发表于1986年，后一论著也定稿于1986年底，但直到1993年，才以《山水画与绘画》为题，被删去若干后，收入广西人民出版社出版的《山水美论》一书。前两篇文章是作者对中西个别艺术家理论家的比较研究，它们应该是后一论著的前奏，正是由于有这样的铺垫，才形成了作者后一论著中关于山水画艺术全面系统的比较研究。

《郑板桥与狄德罗》，17000多字。作者对二人从人生态度与品格、艺术的社会功能、如何看待绘画对象、如何创作出理想的绘画作品等方面进行了比较。作者认为二人虽然处于不同的历史发展阶段，有着不同的个人遭际、个人处境，受着不同的文化传统的滋养，形成了不同的思想，但也有共同之处：基本上都站在

处于被统治地位的人民一边,主张为人生而艺术,重视师法自然,主张反映客观现实,重视创作中的集中概括,重视画家的广泛修养。

《黑格尔与沈宗骞》,14000多字。作者对二人从绘画艺术的社会功能、绘画艺术与现实生活的关系、艺术如何反映现实等方面进行了比较。作者得出结论:中西传统美学思想有着四大区别。第一,在中国,美是最高原则,无论内容与形式都讲究和谐美;在西方,真是最高原则。第二,中国重表现、抒情、言志,西方重再现、摹仿、写实。第三,中国重艺术意境,西方重典型。第四,中国侧重美与善的结合,强调艺术的教化作用;西方侧重美与真的结合,强调艺术的认识作用。在比较中,作者还认为中国古典绘画美学有着西方美学所没有的特点,就是讲气质与风格、人品与画品的关系,讲气的作用,重笔墨技巧的探讨,对色,特别是对光不太讲究,主张从其他艺术,从一切美好事物中吸收营养以提高自己的精神境界,丰富自己的表现技巧。

《山水画美学简史》共分八个部分,12万多字。看这个标题,你可能觉得它就是专门谈作为中国传统绘画主要题材的山水画的,其实不是如此,它还包括西方油画中有关"山水"的美学表达。作者于其中用了五个部分,"在山山水水面前,人类的审美觉醒""山水画升上了地平线""人类在寻求栖息精神的家园和翱翔精神的天地""家园的营建与天地的开拓""山水画的今天与明天",按历史发展的轨迹,站在古今中外比较的角度,分别从山水审美意识的产生、山水美的意象呈现、山水画的艺术价值、山水画的美的创造、山水画的发展这几个层面,全面、系统地梳理了古今中外艺术家或美学家对此的相关论述。这些论述,既有相同点,更有基于各自艺术传统,特别是历史传统和文化传统不同得出的差异性看法。作者梳理这些、探析这些,首先是站在当下中国艺术发展和社会发展的大地上,是为了促进当代山水画的发展,艺术的发展,乃至人化自然的完美;作者更有着一个博大的胸襟,站在整个人类艺术发展和社会发展的山巅上,唤醒人类,使其认识到"有更美的大自然母亲,才会有更美的大自然之子——人类"。

即使现在读这三篇论著,仍然会使我们产生这样两方面的心理震撼:

一是震撼于作者学识的渊博与视野的广阔。作者既能就某一时代的中西艺术家理论家在绘画艺术方面的美学论述进行个别典型的比较,也能就古今中外的艺术家理论家在绘画艺术方面的美学论述进行全方面的系统比较。特别是后者,这可是一般人做不来的,必须博览古今中外艺术群书且做到烂熟于心,才能进行系统梳理,分类概述。如果说20世纪六七十年代处于磨难期中的作者一直在私下里默默进行中国传统艺术理论方面的研究,在中国山水画美学理论方面有相当坚实的基础,新时期开始后立即写出了有关中国书画艺术史论的著作的话,那比较的另一极,西方绘画美学史论,在新时期开始前的那段时期,应该是少见的,它们的成系统涌现,只是到了新时期以后。作者能够很快地将之大量地、系统地览读,且将之与中国传统绘画艺术的有关论述进行全面、系统的比较,你不能不佩服作者理论触角的敏锐、探索毅力的坚韧与学术视野的宏阔。

二是震撼于作者理论观点的时代性与前瞻性。作者作这些比较,固然是为了展现古今中外绘画艺术的创作和理论风貌,以及隐藏在各自探索下的共同规律,但更是为了中国,为了时代,为了人类在艺术创作与社会现实发展上的更加美好。新时期之前一段时间,文艺创作只能定于一尊,只能走"两结合"之路,其他一切借鉴、探索与思考不是"封资修"就是异端邪说,作者在对郑板桥与狄德罗进行比较后说,世界应该而且必然是多元的,世界上的艺术也应该而且也必然是多元的,"在为了人民,为了推进生活推进历史的基础上,任何人对各家各派都应有一种宽容精神,各家各派彼此也应有一种宽容精神,任何一家一派都不应该是靠着打倒别人来使自己发展,而应该是从帮助别人发展中使自己更好地发展"。新时期开始后,国门打开,世界特别是西方的各种文艺思潮纷纷涌来,国人看到了差异、看到了差距,中国传统文化一下又被许多人当成了落后的东西而试图抛弃。《黑格尔与沈宗骞》最后定位在找出中国古典绘画美学的特质,以此来建立我们对自家绘画美学的自信。作者在文中说:"在我看来,只要我们这个民族还存在,我们的传统的文化特点和传统的美学思想的许多特点,还会延续下去,也该延续下去。我们当然要吸取精华,抛弃糟粕……但不必过于自惭形秽,更不应自暴自弃。我们希望能通过中外文化的交流、撞击与渗透,使我们的文化,使我们的美学出现一个以'多识'为基础,而又不断创造'新知'的崭新体系。"西方工业革命后,人类发展与自然的和谐平衡被打破,随着新工具对自然的开掘力度的加大,人类对自然的污染乃至毁坏程度逐步加深,甚至到了危害人类自身生存发展的地步。新时期后,中国开始加快发展脚步,粗放式的发展使得中国很快也步此后尘,虽然20世纪80年代中期这些污染现象才露端倪,但作者很快意识到了它对中国科学发展的危害,对中国人民幸福生活的危害。他要借古今中外绘画美学理论中的理论来警醒国人、警醒世人,并呼吁我们必须把它付诸人化自然的劳动实践,只有这样,才能让我们生活的山山水水成为美丽的山水画,成为最最理想的栖息精神的家园与翱翔精神的天地。可以看出,作者的这些比较、这些论点,有很强的时代针对性,具有强烈的赎世倾向。其理论逐渐融入了科学发展、生态文明的时代大潮,成为其中一朵灿烂的浪花。

二、三篇论著闪现的比较美学的方法论意义

从三篇论著产生的时间看,我觉得郭老在当代安徽比较美学的发展上,特别是在中外绘画美学的比较研究方面具有开创性贡献。

郭老的这三篇比较美学论著有着独特的方法论意义。

1. 提升了比较美学的难度。我们读一般理论文章,就某一个观点进行论证时,往往会引用古今中外流传下来的对此观点的"认识"或"分析",这是不是比较学呢?严格意义上说,它们不算,它们只是作者所需要说明的那个观点的例证,并以此来说明这个观点的普世性、规律性。可比较学不是这样,而是就中外在一个范畴、一个领域的问题各自做出的探索思考,或者就中外某两个相同领域的作者各自所取得的成就进行比照,找出相同的规律,更要找出各自的特点,从

而深化我们对某一范围或领域问题的全面认识,和对某些作者在历史文化上所取得的成就的全面认识。从这个意义上说,郭老的这三篇文章都是典型的比较美学文章,而且提升了比较美学研究的难度。就《山水画美学简史》来说,它不是只抓出关于山水画美学的一两个问题来进行比较研究,从纵向上来说,它带领读者浏览了从人们山水审美意识的产生到当代中西方(包括西方林林总总甚至让人眼花缭乱的现代派)关于山水画的思考、探索、发展以及可能的走向这样一整个历史过程;从横向上来讲,在山水画发展的每个历史截面,在山水画创作的每个环节,作者先是条分缕析它们所包含的各个方面,然后再依次进行有关观点的比照展示。比如说到山水画的创作,作者就分成了"外师造化""内得心源""意匠经营"三个层面。如果说纵向的研究是一幅波澜壮阔的历史长卷,犹如王希孟的《千里江山图》;横向的研究则是一组组细致刻画的特写镜头,犹如夏圭的《山水十二景图》。有了后者,前者的历史就不会失于粗疏,流于空阔;有了前者,后者的特写就不会失于零散,串不成体系。作者所做的这一切,相对于当时大部分比较学文章往往只能就局部,就一两个论题、一两个人物进行比较,无疑拉升了比较学,或者说比较美学的难度。就这个难度来说,放到现在,恐怕也没有多少人能够企及,或者说敢于下手。

  2. 拉开了比较美学的宽度。比较学的通行做法是,从相同社会发展阶段或时代,选择两个有代表性的人物进行比较。比如戏剧文学界曾经做的莎士比亚与汤显祖的比较。在这两个人物的选择上,往往注重他们的均衡性,即在代表性的等级或者说重量上往往要相差不多。郭老的前两篇文章属于人物类比较。但如果我们细加分析,就会发现,郭老又做了大胆的尝试。如果说郑板桥与狄德罗在美学史上成就、名望都挺大,两人不相上下,很符合比较学的选择标准,可看看黑格尔与沈宗骞,两人在思想史、文化史上的地位不可同日而语,但郭老就把这样的两个人放到一起了。虽然不是全面比较二人的美学成就,而是仅就山水画美学这一点来说,但相信所有人看到这个命题,都会感到一愣。但如果我们看到郭老写作本文的目的是建立中国山水画美学的自信,就会理解郭老这样选择的用意。黑格尔是世界公认的哲学大师,沈宗骞的名气相对小得多。一个这样的人在山水绘画美学理论方面也能够与黑格尔进行对比并展现出独特的价值,难道中国传统文化在世界各种纷繁复杂的思想大潮中不值得我们重新审视吗?郭老的选题不仅突破了比较学的一般模式,也突破了我们关于比较学固化的认知。郭老拉宽了比较学的宽度,同时这种尝试还启示我们,不要被表面的名头成就所诱惑,深入研究我们老祖宗留下的东西,你会发现许多地方都曾经走在世界前面,在比较中愈发会呈现出时代光彩。

3. 开掘了比较美学的深度。一是比较得细。这几篇文章都不是泛泛而谈,大而化之,而是分析比较得很细密的。只有对所比较的问题做到了然于胸,才能如此细分深掘。比如作者在谈到中国画的笔墨表现技巧时,就用了 1 万多字,将中国山水画诞生后的历朝历代名家关于这方面的论述加以集中展现;随之作者又用了近 6000 字的篇幅将西方山水画关于表现技巧的论述加以胪列。通过这种比照,作者得出结论:"中国特别重视笔与墨的运用,而西方特别重视光与色的应用。中国更多地要求以笔墨创造意境,西方更多地要求以色彩反映实境。中国即使讲究写实的画家,也重视以书法入画的一种线条之美,西方即使主张抒情的画家,也重视灿烂的色彩与喧闹的节奏的美。"作者的这种细分深掘,在比较学于新时期恢复之初是不多见的,应该说是树立了一个深度的标尺。二是紧密贴近现实。郭老比较美学文章都有很强的问题意识,如说前两篇中西单个大家的理论比较,重在说明要建立我们传统美学自信的话,后一篇综合比较,着眼点不仅仅在此,而显得相当宏大。他老人家的眼光已经延伸到了中外山水画的今天与明天了,更聚焦到了如何把画中山水美通过人化自然的方式移植到改革开放的现实中来,世界发展的一体化进程中来,人与人的关系与人自身境界的提高中来。他用一双美的眼睛时刻打量着改革开放的现实,对改革开放造成的负效应,即对自然的破坏与污染,对人与人之关系的撕裂与污染,对人自身精神世界的废弃与污染,更是忧心忡忡:中国改革开放之路非要重走西方工业革命的先污染后治理的老路吗?于是他发出了"还我锦绣河山与创造锦绣河山"的强烈而又执着的呼唤,发出了现代化进程中的绘画艺术要注重突出它的改造功能的强烈而又紧迫的建议。在比较美学恢复之初,有多少人能够对这门学科做这样的开掘呢?如果说前面所说的开掘之深仅是学术问题的细分深掘的话,这里的开掘则是作者为自己强调的"改造功能"用学术文章做了一个标准的示范。

三、三篇论著蕴含着绿色美学的思想之源

2021年5月16日,我去安徽省博物馆看《鲁迅的艺术世界》展,看到他收藏的陈师曾的画,觉得那画面好熟悉好亲切。为什么会如此呢?我指着画对同行的人说:"你看,像不像郭因老的画?"(我这么说,并不是简单地说一件作品同另一件作品像,而是说郭老的画中有着对陈师曾画的学习借鉴、传承、接受,并在这个基础上融会贯通、推陈出新。)众皆点头。我随即将这几幅画拍成图加上想法通过微信传给郭老。老人家很快回信说:"陈师曾、傅抱石、高奇峰、渐江、石涛对我作画影响颇大;于右任、林散之、谢无量、王羲之、郑板桥、查士标、石涛、黄山谷,对我写字影响颇大。"随即又说,"诗文书画,我都喜欢风行水面、自然成文的作品,特别不喜欢摆出个架势矫揉造作的东西。我常说诗文字画,特别是字画,都该是一个人的综合素质的自然流露。"

这是郭老书画创作的源头。现在我们读郭老这几篇比较美学论著,则会发现郭老随之提出的绿色美学的思想之源。就是说,郭老这几篇开创性的比较美学论著蕴含着、孕育着他随之提出的绿色美学概念及其理论。

"道中庸""致中和"思想构成了郭因老绿色美学思想的传统理论根基。文化在传承发展中有其连续性,优秀传统文化转化为一个国家、一个集体所有人的心理图式以后也有其生理上的遗传性,郭因老在其成长之初接受的就是中华优秀传统文化的教育,因此他不可避免地要受到"道中庸""致中和"思想的影响。

在《山水画美学简史》中,他详尽分析了这一思想对中国山水画创作及其美学思考所产生的决定性影响,以及对人类未来艺术、文化、文明发展所能做出的贡献。他说:"'道中庸'而'致中和',不仅是中华民族传统的审美意识,而且也是中华民族从人的生存与发展的需要出发,通过各家各派的学说的撞击与融合、互斥与互补所形成的、积淀于中华民族心理结构的一种基本精神、基本原则、基本道德意识与基本政治意识。""我认为,这种'道中庸'而'致中和'的思想,和我们把人类社会看成一个整体,把人类社会与自然界也看成一个整体,而追求人与人、人与自然的高度和谐,以及追求人的全面发展和自由自觉地劳动创造的共产主义思想是一脉相通的。""'道中庸'而'致中和',追求人的内心世界的和谐,心理与生理的和谐,人与人的和谐,人与自然的和谐,这不仅是中国的传统文明,也应是中国的当代文明与未来文明,而且还应该是全人类的当代与未来文明。全人类都应该向往与创造这种文明。全世界各民族的艺术家都应该表现与歌颂这种文明。"通过这些论述,我们可以看出,"道中庸""致中和"思想构成了郭因老绿色美学思想的"前世今生"。

西方后现代艺术中关于本体论的观点构成了郭因老绿色美学思想的国际视野。《山水画美学简史》对西方后现代派观点也作了广泛的吸纳与系统的介绍。当时,世界文化发展主潮正由现代主义向当代主义(即后现代主义)转进。当代主义"强调艺术对生活环境的组织作用,以达到积极意义上的'天人合一'","主张用美的原则建构一个人与自然、人与社会、人与人之间优性调节的本体境界","古典艺术重认识论,现代艺术重方法论,当代艺术重本体论",这种本体论是"强调自然、社会与人的优性调节的当代广义本体论"。郭因在该书中表示:"后现代主义,十分注意新的科学观点和新的科技成就,又十分注意东方哲学和美学的虚实相生、以一当十等思想,广泛吸收与融合了各国各民族的哲学经验与审美经验,反映了现象学的同一切人、一切理论进行无限制的广泛联系与自由结合的方针,希望通过艺术与生活的融合,进行社会改革,重建人类世界与自然世界的统一,人类旋律与宇宙旋律的统一,坚持一种与追求广泛民主、反对等级制与极权主义的思想交错在一起的无界限(反分解)观点,讲求与'接受美学'相对应的'激发美学',广泛吸收新的素材和题材到艺术领域中来,大力反映现代人的思维水平和一些新的目标,促使人们敏锐地关注与推进现代生活。这一些,我觉得更是可以给我们以相当有益的启发的。"读过郭老绿色美学思想文章的人都知道,郭因的绿色美学思想不是一个单纯的理论美学或指导文艺创作的美学,它有强烈的现实性,即要求人们运用美的规律人化自然,美化人与人的关系,美化人的意识,从这些引述看,郭因老的绿色美学思想可能从西方后现代美学的理论观点汲取了相当的滋养。

　　发展对环境的破坏、造成的污染构成了郭因老绿色美学思想的现实背景。新中国成立后,由于社会安定,人口急速增加,由于相对封闭,再加城镇化工业化建设一时跟不上需求,只能依靠农业来解决生存温饱问题,这就导致了对自然、对环境的过度开发;到了20世纪80年代,当国际特别是西方开始由单纯发展转向注重发展与环境协调的时候,刚打开国门搞改革开放的我国,将发展作为第一要务,此时呈加速度的粗放式发展进一步加大了环境的压力,加速了对环境的污染。但此时并没有多少人对此给予关注。郭因老恰恰关注到了,并以一个中国式真正知识分子的强烈责任感发出了他的呼吁与警告。在《山水画美学简史》第七部分中,郭因老对20世纪80年代中前期他从国内报刊中读到的西方关于环境破坏引起的问题、思考以及优化环境的做法作了集中介绍,随之对我国的森林破坏导致水土流失、江河污染现象根据报刊中刊登的报道作了集中转述。(应该说此时所说的污染还不包括后来日益严重的工业污染和其他类发展所导致的污染,相较后来的污染,此时的污染应该说是相当轻的了。正是郭因老等人的建议与呼吁没有引起足够的重视,才导致后来污染愈演愈烈的局面。当然十八大以后,以习近平同志为核心的党中央加大了环保督查与惩戒的力度,"绿水青山就是金山银山"的生态思想已经深入人心,山更青,水更绿,天更蓝,土更纯,食品更安全的局面开始出现。)山水是我们人类生存发展的根基,山水美唤醒了我们的审美意识,促使我们拿起笔创作出一幅幅优美的山水画,现实和创作出来的山水美,共同构成了人类精神栖息和翱翔的家园与天地。当现实中的山水遭到毁坏,当人类精神栖息和翱翔的家园与天地遭到污染,我们该怎么办？郭因老因而呼吁,充分发挥艺术帮助人类认识世界的功能,帮助人类为人类群体利益而自觉奋斗的功能,唤醒人类审美意识从而使人类成为审美人的功能,阻止人类对自然、对人类自身的戕害,并将美的规律运用于发展,从而实现绿色发展。绿色美学思想的现实立足点由此确定。

郭因老,中西绘画美学比较研究的开拓者,这一开拓正是他的绿色美学思想得以诞生的一个重要因素。

作者简介:李传玺,安徽省委统战部副巡视员、政研室原主任,文化学者。

郭因绿色美学应用研究

面向现实人生的实践
——郭因关于技术美学的思考

刘捷

谈到中国当代美学家郭因,首先便能想到他的绘画美学理论。除此之外,郭因的绿色美学、技术美学思想也是构成他整个美学思想理论的亮点。尤其是郭因美学思想中的技术美学思想,脱离了单纯的理论上的研究,从对现实人生的实践出发,关系到人们生活的各个方面,为中国美学的发展找到了新的道路,时至今日,他的技术美学思想也依然具有现实意义。

一、将美学运用到现实生活中

20世纪五六十年代美学大讨论之后,关于"美是什么"的话题就一直是学者们争相讨论的热点。改革开放后,"美学研究的对象"逐渐成为新的话题,郭因在《美学应该帮助人民美化客观世界和主观世界》一文中提出自己的观点:"美学家同样不应该满足于从美学的角度去解释世界,而应该从美学的角度帮助人民去美化世界。美化客观世界,也美化主观世界。美学应该就是帮助人民美化客观世界和主观世界的一门科学。"[1]在对美的对象问题的争论中,郭因首先亮

---

[1] 郭因:《美学应该帮助人民美化客观世界和主观世界——谈美学研究的对象和美学体系》,载《郭因文存》(卷四),合肥:黄山书社,2016年版,第12页。

出自己的观点,即他并不认为美学在研究的过程中只能局限于艺术或现实生活中的美,他认为美学应该是具有实践意义的,不仅能够美化客观世界,也能美化主观世界。当时正值改革开放的初期,国家大力推进现代化,在这样的历史潮流中,郭因更加重视人如何与整个社会和谐发展,建设高度的物质文明的同时,也要让精神文明的建设跟上去,实现人与人的和谐发展、人与自然的和谐发展。物质文明和精神文明之间该由什么去建构呢? 郭因给出的答案就是美学。他提到:"我认为,美学既可以在建设高度物质文明的过程中发挥它的美化客观世界的作用,又可以在建设精神文明的过程中,发挥它的美化主观世界的作用,并在客观世界与主观世界的共同发展中,发挥它的协调主客观关系的作用。"[①]可见,郭因在这里并不只从理论建设上去发展美学,他是把美学作为一种方法论提出来,作为联系主客观世界的重要桥梁去实践的。

  在这样的前提下,郭因把他的美学体系划分为了四个部分,即美学原理、技术美学、艺术美学和审美教育。美学原理就是阐述理论范围内的美学,包括各种美的本质、美的对象和范围、美的分类等等;技术美学要把美学和社会上的各个学科相结合,要求把美学运用到社会实践当中去,美化人们的劳动环境和生活环境;艺术美学主要研究表演艺术、语言艺术等艺术门类中的美学;审美教育就是要求培育出能欣赏美又能创造美的时代新人。在郭因为美学体系划分的四个部分中,我们可以看到他将技术美学作为四个部分中的重要部分提出,主要面向劳动和社会生产实践活动,他认为的美学并不单单是理论层面的构想,而是要具体去实现出来的,正如他自己所说:"对于一个美学研究者而不是学习者来说,主要搞什么,就可以以什么为中心。如搞技术美学的人就可以以技术美学为中心。从什么地方入手呢? 由于美总是对人而言的,是为了满足人的审美需要的,因

[①] 郭因:《美学应该帮助人民美化客观世界和主观世界——谈美学研究的对象和美学体系》,载《郭因文存》(卷四),合肥:黄山书社,2016年版,第21页。

此,从人们的审美经验、审美心理入手,可能是对的……我是美学,我不满意老呆在书斋、课堂和经院,从概念走向概念……我要走向人民,走向生活,走向矿场,走向厂房,走向田头,走向原野……"①

二、郭因对技术美学实践的构想

我们可以看出,郭因对美学的期待是不局限于理论层面的,他希望通过整个美学体系的大发展,实现人与社会、自然的和谐发展,所以他将技术美学单独提出,希望通过这种实践在社会的大发展中将美学带到各个领域。1983年《技术美学》创刊,作为主编的郭因大力推进技术美学的研究和应用,不管是从学术层面还是从实践层面,技术美学都需要一些讨论,郭因在此期间对于技术美学的实践也有自己的构想。

(1)沟通物质文明和精神文明的桥梁

郭因非常看重在社会发展中客观世界的美和主观世界的美同步发展,从他为自己的美学体系列出的四个部分我们就可以看出这一点。技术美学主要是通过对客观世界的改造、美化来愉悦人的主观世界,审美教育则是通过培育出会欣赏美的人去欣赏客观世界,这样美学就能完成美化人的主观世界和客观世界的双向任务。技术美学作为重要的一环,自然就承担了连接物质文明和精神文明建设的作用。郭因通过两个方面来分析技术美学在沟通物质文明和精神文明之间的作用。其一表现在美化劳动环境和生活环境方面,恰当地运用技术美学,可以大大地提高劳动效率,比如厂房的色彩装修和劳动时的音乐使用等,不同的色彩或音乐技术运用到生活环境中也会产生一定的心理效应,带来不同的惊喜,不管是与医疗事业、工厂生产或是农业生产相结合,还是从人们自身的生活环境,

---

① 郭因:《美学应该帮助人民美化客观世界和主观世界——谈美学研究的对象和美学体系》,载《郭因文存》(卷四),合肥:黄山书社,2016年版,第22页。

例如城市建筑、空气治理等方面去考虑,合理地运用技术美学都在不同领域的实验中获得了成绩。其二体现在设计产品及产品装潢、包装的作用。人们对于日常所需的物品,不仅存在实用方面的需求,也会追求美观,几乎所有的产品都会进行一定的产品设计来提升产品的销量。产品设计不仅涉及色彩搭配、时代潮流,还与不同地域人们的风俗习惯、民族气质息息相关,同时还要兼顾到经济效益,成本过高的设计自然会降低经济效益。

由此可以看出,技术美学的应用几乎可以关系到社会的各个方面,它无处不在,与我们精神文明息息相关的同时,也离不开物质层面的需求,反过来又对精神文明和物质文明产生作用。郭因也在文章中总结到:"总而言之,技术美学的研究和应用,对于物质文明的建设有着很大的作用。作用表现在通过美化环境和条件,提高劳动效率,通过美化产品,提高产品质量,扩大销路,从而提高经济效益。技术美学的研究与应用,对于精神文明的建设也有很大作用。作用表现在通过具有审美因素的生产、生活环境与条件的潜移默化的熏陶,提高人民的文化素养、文化程度,从而提高社会效益。"[①]郭因通过对技术美学之于物质文明和精神文明两个层面作用的阐述,肯定了技术美学作为沟通物质文明和精神文明之间桥梁的重要作用。不论是技术美学的应用带来产品的创新,推动经济的发展,还是技术美学的研究在人们的生产生活中发挥重要的作用,美化人们的心灵,都决定了技术美学在社会建设和发展中将发挥巨大的作用。

(2)实现技术美学在社会各个方面的应用

虽然大体上技术美学的作用可以概括为对社会物质文明和精神文明两方面的作用,但郭因还是对技术美学在社会上各个方面的实践做了具体的描述。首先,郭因特别强调,技术美学虽然包括对各个领域实践的研究,却更侧重于美学

[①] 郭因:《技术美学与社会主义两大文明建设》,载《郭因文存》(卷九),合肥:黄山书社,2016年版,第304页。

的层面,一定要做好技术美学的理论研究,有足够的理论支撑,才能走得更远。所以郭因给出的建议是:"在重视国内技术美学实践经验总结的同时,重视国外技术美学研究与应用的系统介绍。我们既不能好高骛远,使人高深莫测,也不宜急功近利,以致流于庸俗。"①只有踏实地做好理论研究,才能在生产生活的各个方面游刃有余地运用技术美学。此外,郭因还强调在重视产品的审美功能的同时也要注重产品的实用功能,并表示审美功能应该服从实用功能,在这一点上郭因反对任何实用品的审美性超过其功能性。技术美学本来就是将美学与生活中的各种生产实践相融合,而一个产品,最重要的也应该是它的实用功能。在设计产品的过程中,也要注意产品商标的多样化和稳定性。郭因提倡鼓励更多商标的出现,这是因为大众的喜好是各不相同的,在改革开放前,人们对于审美的需求性不高,追求的审美种类也很单一,但在社会发展的情况下,人们对于审美多样性的需求是日趋强烈的,要有更多类型的产品可供选择,同时又要保障好商标的稳定性,不能降低了质量再去更换一个商标,这就得不偿失了。既然技术美学应用在社会的各个方面,就免不了对市场产生一定影响。在出口外销方面,郭因呼吁不能单纯考虑赚钱而设计迎合风尚的产品,他推崇的是带有经典品味、有自己民族特色的产品,可以稳定地投入,而对那些一时风尚,则要与之保持距离,不能为了赚钱就大力宣扬。要做好市场预测,稳定推进,立足于现代化,发展好稳定的技术美学。

三、技术美学实践的发展空间

郭因对技术美学在整个美学发展中的定位非常清晰,也为它在中国美学的未来研究打下了基础。可以说郭因对技术美学的研究是完全结合了理论基础和

---

① 郭因:《关于技术美学的回顾与思考》,载《郭因文存》(卷九),合肥:黄山书社,2016年版,第332页。

实践活动的,同时他还非常强调我们要以全球化的角度去看问题,不能闭门造车,全球化视野对我们未来研究技术美学的应用和发展非常有帮助。但同时也有学者指出:"虽然郭因提倡技术美学研究要把理论研究和应用研究统一起来,然而在具体的研究中对技术美学的理论研究还缺乏系统性。我们所能看到的许多技术美学研究文章都侧重于个案研究和应用研究,而缺乏对技术美学理论的整体建构。技术美学中的很多理论问题还有争议,还有待于更深入的研究。"[①]从郭因讨论技术美学的文章中,我们可以看到,他更多的是对涉及技术美学在社会生产实践的各个方面的运用实例进行举证,但整个技术美学的系统性的建构确实还有可研究的空间。技术美学在国外很早就有研究和应用了,20世纪初,德国、法国先后提出将美学和工业相结合的实例,尤其是第二次世界大战后,由于经济凋敝,欧美各国开始从工业生产的审美角度考虑,融入美学因素,技术美学逐渐发展起来,但在我们国家,对于技术美学的研究显然还不够充分。郭因虽然提出技术美学在构建社会主义两大文明中具有重要作用,但也没有在理论上做出具体建构,对"技术美学"这个词的含义也没有做具体的范围规定,不同的人可能会将它用在生活美学或生产美学领域。这些都还有可供辨析的空间。

但总而言之,正是由于郭因对技术美学的实践运用以及他在技术美学上做出的积极努力,我们才能在中国美学的现代发展道路上发现技术美学这个途径。在经济社会飞速发展的今天,技术美学已经渗透到了人们衣食住行的各个方面,关于技术美学的理论研究也一定会有更加广阔的发展空间。

作者简介:刘捷,安徽大学哲学学院本科生。

[①] 李景刚:《从传统走向未来——郭因美学思想述评》,载《淮北煤炭师范学院学报》(哲学社会科学版),2007年2月第28卷(1),第8页。

绿色美学视域下文化遗产保护与乡村文化生态建设路径研究

——以徽州屏山村木雕为例

崔杨柳

屏山村坐落于安徽省黄山市黟县,因村落北面有山,状如屏障而得此名。古时被称为"长宁里""九都",距今已经有1100多年的历史,并于2007年被列入第三批"中国历史文化名镇名村"名录。屏山村体现了徽派建筑的原生态,其中保存的大量作为"徽州三雕"之一的木雕,呈现出浓郁的地域文化特征,是徽文化的重要组成部分。近年来,随着美丽乡村建设工作的大力推行,如何重塑以及合理开发传统乡村成为一个亟待解决的问题。其中,文化是乡村遗产保护的灵魂,繁荣发展乡村文化就涉及重塑乡村文化生态这一问题。木雕文化遗产具有艺术价值、历史价值、民俗价值等多重价值,对于徽州乡村文化生态建设有着十分重要的意义。学界对徽州木雕文化遗产的关注与探讨,主要围绕木雕的历史发展、制作技艺、题材样式、风格特色等方面展开,为本文的研究奠定了坚实基础。而实现整个乡村文化生态的和谐需要协调好人、环境、文化遗产的关系,这就涉及绿色美学所追求的"三大和谐",即人与自然的和谐、人与人的和谐、人自身的和谐,并且人与自然是相互联系与相互作用的动态整体。基于此,笔者对徽州屏山村进行调研,以绿色美学为视角,对屏山村木雕文化遗产进行研究。从关注人自身、人与自然、人与人的绿色美学视角出发,对屏山村的木雕文化遗产及其文化生态进行整体观照,或许可为我们重新审视与对待徽州木雕的保护与传承提供新的思路。

一、绿色美学:皖南屏山村文化生态建设的内在旨归

绿色美学是由郭因先生在20世纪80年代首次提出的。他认为"和谐为美,而美源于绿",并且主张美学研究应当经世致用,而绿色美学就是"为使人类社会有蓬勃生机、旺盛活力、绵延生命,有理解、宽容、善意、友爱、和平与美好,从而使人类的客观世界与主观世界达到以真、善为基础为内容的美的境界的一门科学"[①],所研究与实践的对象是美化主客观两个世界,追求人与自然、人与人、人自身三大和谐,走绿色道路,奔红色目标。与此同时,绿色美学以绿色文化为背景和依托,绿色文化同样追求三大和谐,其中,人自身、人与人这两大和谐的基础是人与自然的和谐,生态文化所研究的主要就是人与自然的和谐发展。

文化生态学概念是由美国新进化论学派人类学家朱利安·斯图尔特于1955年首次提出的,他指出文化与生物一样,具有生态性。[②] 郭因先生认为,文化生态是"自然生态的概念引申到文化领域形成的一个概念,指的是人类是种种文化行为与其环境的良性关系及种种文化行为之间的良性关系"[③]。对于作为文化与文化生态的一种局部现象的徽州文化与徽州文化生态也应该作这样的理解。屏山村作为徽州文化生态系统中的一个重要组成部分,其文化生态系统中的各要素之间相互联系且相互作用,具有不可再生性,许多宝贵的文化遗产遭到破坏后将会带来不可逆的损失。因此,乡村文化生态的平衡迫切需要维持,而"文化生态平衡是指文化的多样性与丰富性,以及文化与环境间、文化与文化

---

① 郭因:《绿色文化与绿色美学通论》,合肥:安徽人民出版社,1995年版,第83页。
② 参见[美]唐纳德·L·哈迪斯蒂:《生态人类学》,郭凡等译,北京:文物出版社,2002年版,第8页。
③ 郭因:《对徽州文化生态保护的若干思考》,载《江淮文史》,2009年第3期,第171页。

间、文化内部诸因素间保持能量流动和物质循环的稳定与有序状态"①。由于人们通过一系列实践活动建构了文化生态的空间秩序,归根结底,人才是文化生态平衡中的核心因素,因此,只有递进实现人与自然、人与人、人与自身的三大和谐,才能够带动文化与环境、文化与文化、文化内部诸因素之间的和谐。而文化生态的平衡最终是为了人类愈来愈好地生存和发展,乡村文化生态的建设即是为了重塑宜居的人文环境与居住环境,重现原生态的乡村人文之美。徽州文化生态保护区的设立即是为了更好地维护和培育区域内的文化生态,其中屏山村作为具有代表性的徽派建筑风格的村落之一,有着丰富的自然资源和文化遗产,这些都根植于屏山村的生态文化,与当地的自然环境和人文环境有紧密联系。因此,需要在这些诸多因素构成的复合结构中达到一种和谐,同时对当地特色文化艺术遗产进行保护和合理开发,深入挖掘当地特色的文化符号,重塑屏山村文化生态,将民间传统文化元素融入美丽乡村建设,以更好地实现屏山村以及徽州文化生态保护区的和谐发展。

二、屏山村木雕遗产的生态现状

皖南屏山村是徽州传统村落中文化遗产保存较完善的区域之一,其木雕伴随当地居民的生活与文化艺术观念而生。它作为文化的物质载体,多见于传统民居的建筑装饰上,是屏山村文化生态的重要组成部分。因此,它的生存与发展离不开特定的生态语境,而"从生态语境视角来看,传统艺术的传统生态由内在生态和外在生态构成。其内在生态是由传统艺术自身的内部诸要素及其相互关系构成的……艺术传承的外在生态是由艺术自身以外的诸要素及其相互关系构成的"②。基于这两个方面来分析屏山村木雕的生态现状,可以全方位、多层次

---

① 田川流等:《中国文化艺术可持续发展研究》,济南:齐鲁书社,2005 年版,第 11 页。
② 吴衍发,王廷信:《中华传统艺术的组织传承生态建构》,载《民族艺术研究》,2020 年第 33 期,第 49 页。

地把握各种因素,继而对其进行整体性保护。

(1)屏山村木雕的内在生态

屏山村木雕作为一种装饰艺术是依赖着建筑而产生、发展的,如今成为一项珍贵的物质文化遗产。而其营造技艺作为一项非物质文化遗产也与建筑相伴而生,其内在生态主要包括传承人、传承历史、传承技艺等因素。首先,徽州建筑有着悠久的历史,"汉代以后,徽州封闭的环境,算得上是当时人们心目中的'世外桃源',因为避乱之故,不断有中原移民迁至徽州,这是一个一直持续的过程,并非限于某朝某代。唐末黄巢起义,北宋末皇室南渡,皆有大量移民迁往徽州。不同的移民带来了不同的文化,徽州木雕正是在这种文化交融共生的格局中酝酿而生"[①]。木雕艺术也在宋朝发展起来,并在明清时达到鼎盛,这与当时徽州地区经济与文化的繁荣有很大联系。明代中后期徽商兴盛,他们凭借雄厚的经济实力大力营造住宅、祠堂、牌坊等建筑,并且雕梁画栋,将木雕装饰于房屋的门窗、檐柱、廊坊等各个角落,以祈福纳祥、光宗耀祖。这种习俗使当地培养出了大批能工巧匠,使得雕刻与建筑结构融为一体,正如当地俗语云:"有宅皆设计,无宅不雕花。"其次,作为物质文化遗产的屏山村木雕,它的传承者主要是屏山村古建筑内的原居民。徽州屏山村始建于唐代。徽州保持着一村一姓的严密而完整的宗族组织形式,这里是舒姓家族的聚落,因而又被称为"舒村"。以有庆堂为代表,这可以说是在屏山村内保存较为完善的古民居之一,据目前这座民居的主人舒志新说,有庆堂建于清道光年间,距今已经有近两百年的历史,他是第八代传承人,在1985年黟县开展以古建筑遗存为代表的乡村旅游之前,他与村子内的其他伙伴迫于生存压力到外地打工谋生。自1985年起,随着旅游业的发展,屏山村经济被拉动的同时也逐渐走进大众的视野,包括舒志新在内的许多屏

---

① 汪达西:《基于徽州地理、历史、文化的徽州木雕艺术特色浅探》,中国艺术研究院,2016年,硕士论文。

山村原居民又回到故土重拾旧业,民居内木雕遗产也得到了传承与保护。

(2)屏山村木雕的外在生态

屏山村木雕遗产的外在生态主要受到经济、政策、文化、信仰、民俗、商业、科技、交通、审美风尚、社会思潮、社会变迁等方面的影响。由于皖南屏山村独具特色的生态环境、地域文化、空间布局、建筑结构等因素,它依靠自身文化底蕴及区位优势发展旅游业,同时设立多处写生基地,带动了当地的经济发展。至今,一些世代相传的古代建筑依然有居民居住,但由于建造历史久远,木材极易潮湿、生虫,屏山村现存木雕遗作大多遭到一定程度的损耗,因此需要定期进行检查与维护。为了加强对遗产核心保护区房屋的维护与修缮,黟县政府于2017年4月颁布了《黟县西递宏村遗产核心区保护区房屋维护修缮管理暂行办法》,屏山村木雕遗产也得到了一定程度的法律保护。目前,屏山村对于文化遗产的保护主要分为两种。一种是以原真性保护为主,这种保护方式主要以原居民为主体,大多将古建筑进行修缮后作为商铺售卖当地特产,或者作为文化遗产对外开放参观,还有一部分古建筑由于已经无人居住,只能采取原地封存的方式对内部木雕等文化遗产进行保护,但这种保护方式也在一定程度上加快了其损坏的速度。另一种是以旅游开发为主促进保护。由于村内现以中老年人居多,大部分原居民在外务工、学习,原居民数量减少导致大量文化遗产无人照看。但与此同时,屏山村有着丰富的文化遗产,这些是潜在的旅游资源,村落现在的居民大多以旅游业为生,同时为了吸引游客对古建筑进行修复,但用于新建所需的人力与财力远少于复原,再加上现代机械化生产出的流水线产品难以超越古代工匠的雕琢技艺,因此为了发展旅游而开发和过度修复的木雕装饰反而打破了原有的文化意蕴与格调。因为在过去,这些建筑不仅是经济实力的象征,也是当时人们文化观念的集中体现。而徽州文化是一个非常广泛的概念,它是集儒家文化、徽商文化、徽派建筑文化等于一身的多元文化复合体,这对徽州木雕产生了极大的影响,同时也是屏山村木雕所蕴含的精神内核。

三、绿色美学视域下屏山村木雕遗产保护对乡村文化生态建设的价值分析

屏山村木雕是自然环境、宗族文化、儒家文化、徽商文化、民俗文化等的集中体现，这些文化以木雕装饰艺术的形式融于建筑之中。乡村文化生态建设追求的是一种人、自然、社会和谐发展的生存方式，各要素之间彼此共存，形成统一、相互促进的关系。而屏山村的自然环境与人文环境并不是一成不变的，因此其文化生态也处于动态的变化之中，对屏山村木雕遗产保护的同时也就促进了屏山村文化生态的建设。

（1）木雕遗产蕴含的人与自然的和谐是屏山村文化生态建设的基础

徽州木雕的发展与当地的自然资源以及文化观念是分不开的。屏山村坐落在皖南一片宽阔而平坦的盆地之中，北面有连绵的"屏风山"，东面为吉阳山，南面有石鼓山，西边为庙墩岭。由于群山环绕的特殊地理位置，这里自古就盛产丰富的木材资源，如松木、楠木、柏木、樟木、杉木、银杏木等。于是当地人们发挥聪明才智加以开采和利用，作为屏山村木雕的主要原材料。这些木材具有质地坚韧、易于雕刻、可再生且无污染等特点，并且在雕刻完成后均不以彩漆髹饰，而用桐油防腐，也彰显了木材本身的纹理与材质美。但这里气候多雨潮湿，在这样的环境中，木质建筑极易因受潮而腐朽，因此这也成了屏山村居民千百年来一直面临及需要解决的问题。他们在处理人与自然的关系上，追求"天人合一"的理想境界，并没有破坏原有的自然环境，而是发挥主观能动性积极地顺应自然环境并采取相应的措施，创造出宜居的建筑环境，使自然资源与人文景观达到和谐统一，保证了原有生态系统的完整性。乡村文化生态建设实践不同于以往的静态化保护方式，而是搭建了一个传统与现代沟通的文化纽带，而这个纽带正是以文化遗产为主要内容的，这是由于"传统民间艺术形态随时代发展而发展转化，在人类文化发展的相互交融与影响中，将以新的材料和艺术形态出现，但万变不离

其宗,这个宗就是中华民族的本原文化与本原哲学内核,即中华民族的文化基因"[1]。屏山村木雕文化遗产中所蕴含的天人合一思想以及徽州人的乡土情怀,承载着中华民族的文化基因,是屏山村文化生态建设的重要基础。

(2)木雕遗产体现的人与人的和谐为屏山村文化生态建设注入活力

"中国儒家文化也好,由朱熹、戴震所体现的徽州文化也好,都是讲求'亲亲而仁民'的。在徽州民居中,那种三间两过厢、一个天井,或再加前后庭院,然后一代代逐步生发与伸展的建筑模式,是最能体现徽州文化中根深蒂固的'亲亲'思想的。"[2]屏山村为舒姓一族的聚居地,他们的宗族文化是以血缘为纽带来维系族人之间的情感交流,《屏山舒氏族谱序》开篇就为:"宗法不立,天下无法家久已。"表明屏山村的人们对于礼制伦理的尊崇。为了适应这种需要,这里的木雕自然也是以儒家文化为坚实基础的,这些木雕从题材到形式都将人与人之间友善、恬淡的和谐关系加以提炼与深化。他们强调建筑的秩序性及装饰的象征性,在木雕艺术上表现为对称的布局、空间上严谨的主从构成、形式上的尊卑等第等,正与宗法礼教下的思想意识与心理结构相适应。木雕不仅作为装饰,还蕴含着丰富的象征意义。徽州人自古尚儒,屏山村自然也不例外,儒家道德伦理的影响体现在屏山村人经商、出仕、日常生活和生产的方方面面当中,屏山村木雕中出现许多有关"忠义""孝悌""德善""勤俭"等题材的作品,这是屏山村人们和睦相处,形成的一种相互支持以求和谐发展的集体力量在日常审美当中的表现。

(3)木雕遗产所反映的人自身的理想是屏山村文化生态建设的根本追求

在中国传统社会"尊儒重仕""重农抑商"的社会背景下,徽商"贾儒一体"。他们以儒学的人文思想为基础,在"富贵还乡"观念的影响下,回到家乡安居乐

---

[1] 靳之林:《论中国民间美术》,载《美术研究》,2003年第3期,第64页。
[2] 《郭因美学选集》(第三卷),合肥:黄山书社,2015年版,第559页。

业,修建房屋、祠堂、牌坊,精致的木雕不仅是他们追求美好物质生活的体现,也是他们美好理想与愿望的表征。"一般其他地区的门窗,格子用榫卯结构拼接,而徽州木雕的门窗格子,是独板镂空的作品,称为透雕,虽然品性和使用寿命不及榫卯结构,但满版布局是徽州木雕的一大特征。另外满版构图,也有人物,山水,花草树木景物集中表现在同一画面上,层层叠叠,热热闹闹,使徽州木雕具有了非常浓重的民俗味。"[①]不仅如此,屏山村还被民间称为"徽州风水第一村",反映了民间堪舆之学盛行。而堪舆讲究"阴阳之交",当地居民极其重视建筑的选址与设计,因此在木雕装饰中"阴阳"之说被大量运用,如单与双、龙与凤、飞鼠或双鱼等会均衡或对称地出现在木构件的装饰内容上,如屏山村有庆堂的双鱼月梁,就反映了人们追求祥瑞、繁衍兴旺的心理。徽州居民空间中的木雕艺术有一些通用的含义,但也各有其独特性和创造性。无论屏山村木雕题材与形式如何变化,它所承载的求善求美的寓意和愿望是恒常如新的,自始至终都朝着一个亘古不变的理想而发展,即如郭因先生所说的"愈来愈好地生存与发展并日益完善与完美"。

四、绿色美学视域下屏山村木雕遗产保护与乡村文化生态建设路径

"如联合国教科文组织的《公约》中所说,物质文化遗产和非物质文化遗产和自然遗产之间三者存在着'相互依存关系',古镇(村)的情况也一样,很难把物质和非物质的两种遗产截然分开。"[②]所以,对于屏山村木雕遗产的保护应是物质和非物质双重的,而乡村文化生态的和谐是木雕文化遗产保护与传承可持续发展的自然基础,因此两者之间相辅相成,彼此和谐共生与协调发展,都是为了屏山村当代人与后代人的发展与完美。

---

① 何晓道:《江南明清建筑木雕》(上),北京:中华书局,2012年版,第17页。
② 刘锡诚:《论古村镇的非物质遗产保护》,载《浙江师范大学学报》(社会科学版),2007年第3期,第15页。

(1) 增强村民的文化自信，提高全民保护意识

屏山村木雕的传承与保护是以当地民众的文化自觉为条件的，即从意识上对木雕文化价值肯定与自我珍视。当下，屏山村旅游业的发展如火如荼，当地人为了方便游客而大力开设商铺、建设民宿等。一些古建筑为了迎合现代社会而改头换面，以机械化的统一装饰品取代原有的装饰，其中原本的木雕部件已散落于各地或因年久而老化，以至当地村民也难以分辨哪些是自己真正的木雕艺术了，甚至难以区分哪些是自己的文化了。与此同时，只有政府主导或作为而失去当地村民参与和支持的保护，无法为木雕文化遗产营造活态传承与保护的环境和氛围，难以达到屏山村文化生态和谐统一的理想目标。因此，这就需要文化专家的积极介入，来维护保护区内居民的文化自信心，培育其文化自觉意识与文化认同感。但这也是一个漫长的过程，可以通过建立培训中心，请相关文化专家来帮助村民理解木雕的价值与意义，来增强村民的文化认同感，树立文化自信。

(2) 完善科学的管理机制，定期进行加固修复

随着木雕的载体——古民居的破损与坍塌，木雕文化遗产也面临着散失的困境。木雕囿于耐久性不长而容易受到各种侵害，屏山村木雕主要受到人为和自然环境两个方面的损害。首先，当下一些人为了追逐利益而借助对木雕进行修复的名义，对古建筑中的木雕进行拼凑或仿造，甚至存在贩卖的现象。因此，需要有关部门加强监管力度，尤其是加强对基层文物市场的管理。另外，笔者发现屏山村保存较完善的木雕也普遍存在开裂、变色、布满泥土污垢等问题。所以，需要政府完善科学的管理机制，相关部门进行实地调研，对于未来木雕文化遗产可能面临的各种情况做出前瞻性的预测，并及时提出指导性意见以及应对措施。古建筑的修复与维护对于当地村民来说始终是一个巨大的经济负担，不仅需要消耗财力定期进行修复，还需要耗费人力进行后期维护。目前，相关部门已经对屏山村传统建筑做了普查与登记工作，只是对于结构性部件的改造或维修需要登记与核查，但对于具有价值的木雕部件还需要请专业人员进行定期维

护。同时,对于必须拆除或出现严重问题的建筑中的木雕应做好登记工作,并放置于统一的场所进行妥善保管。

(3)坚持整体性保护原则,保护文化生态平衡

"作为耕稼时代主要标志之一的聚落(村落)生存方式,是以聚族而居、'差序格局'(费孝通语)为其特点的'乡土社会'。其特点是具有凝聚性、内向性和封闭性,与自给自足的农耕生产生活方式、家族人伦制度相适应的。而作为农耕文明的精神产物,非物质文化遗产和乡土文化,就是在聚落(村落)这一环境中产生并发育起来的。"①因此,屏山村作为一个具有悠久历史的古村落,其木雕文化遗产是在屏山村特定的乡土文化与生态环境中产生与发展的,需要尽可能地在原有村落形态上进行整体性保护。而木雕制作技艺作为一项非物质文化遗产,它的原材料都源自大自然,有着明显的地域特征。若村落的自然环境遭到破坏,失去本地特产的木材,就会直接影响到木雕技艺的生存与发展。首先,我们需要正视屏山村文化生态环境发生的各种变化,包括传统民居建筑、生活方式、风俗礼仪、村规民约等。其次,通过政府、专家学者、屏山村村民的共同努力保护木雕自身的完整性,我们看到的只是木雕艺术作品,其背后的制作工序与技艺也需进行全面保护。再次,屏山村木雕属于物质文化遗产,但雕刻木材的技艺若不能继续传承下去,往后面临修复木雕的问题时,将很难恢复其原本的艺术面貌,做到修旧如旧。

(4)转向遗产生活性保护,实现人与物的共生

屏山村流传着这样一句俗语:"三年不住人,房倒无处存。"保护屏山村木雕艺术即是保持其原有的完整性,尽量在不破坏原生态的基础上谨慎修复。而且保护这种原生态并不意味着收藏或封存,也不是刻意地再现以往的文化生态环

---

① 刘锡诚:《非物质文化遗产保护的中国道路》,北京:文化艺术出版社,2015年版,第160页。

境,更不能使村民与其恪守的文化环境割裂开来。正如郭因先生在提及徽州文化生态保护时所说:"就如全面恢复古徽州的经济生态、政治生态,不可能,不必要也不应该。因为当代徽州人有远不同于古人的生产条件与生活条件,生活需求与审美需求,不可能再像他们的祖先那样生产与生活。绝大多数物质文化和非物质文化也都只有使它融入现代社会生活,参与构成新的文化生态,才是真正的最好的保护。"[1]也就是说,如果为了保护而一味要求屏山村维持原生态,剥夺当下屏山村居民选择自己生活方式的权利,这就违背了以人为本的初衷。而乡村文化生态建设最重要的一点是回归生活本身,将真实的文化现象呈现出来。屏山村有庆堂就是一个很好的例子。现在这座民居的主人舒志新已经是有庆堂的第八代继承者,他在一楼进行当地特产的售卖以维持生计,不时有游客驻足参观,同时建筑内部保存较完善的木雕吸引大量学生在此进行写生活动,他也会经常检查建筑内部木雕及其他结构的状况。这样一来,不仅徽州木雕文化得到了传播,也使得建筑内部经常充满人的气息,有利于对木雕及古建筑的保护与传承。

五、结语

当下,乡村文化生态建设是美丽乡村建设的重要内容,对于徽州传统古村落来说,屏山村木雕文化遗产作为其中的一种文化现象,立足于此,是由于它属于徽州文化这个大系统,研究它有利于我们了解徽州的过去,谛视徽州的当下,同时展望徽州的未来。在对它进行保护时,应将其置于整个文化生态中进行整体性保护,因为它与徽州屏山村的自然环境、人文环境、社会环境是同源共生、休戚与共的整体。徽州屏山村并不是一成不变的传统村落,它正处于一个与现代社

---

[1] 郭因:《对徽州文化生态保护的若干思考》,载《江淮文史》,2009年第3期,第171—176页。

会融合发展的过程中,因此对于文化遗产的保护也应转向在村民的日常生活中进行保护,回归到生活本身当中。当然,最重要的就是激发屏山村村民及广大民众的关注,协调好文化遗产、环境、人三者之间的关系,重塑诗意的人文环境以及宜居的自然环境,重现传统古村落原生态的田园风光,最终实现人与自然、人与人、人自身和谐发展的目标。

作者简介:崔杨柳,安徽财经大学艺术学院硕士研究生。

郭因绿色美学思想对当代美丽乡村建设的意义研究

刘佳音

一、郭因绿色美学思想与建设美丽乡村的概念界定

(一) 郭因绿色美学思想

郭因的美学思想以绘画美学思想、技术美学思想和绿色美学思想三大核心内容为主,其中绿色美学思想是其较为成熟的美学思想,体现了他对人类的终极关怀,既有严谨的学理性,又具备完整的理论特征,是对生活和生命的真实体验,是立足当代、面向未来的美学思想。

郭因绿色美学思想,概括了人类基于根本愿望、根本要求的根本任务:使整个人类愈来愈好地生存与发展,并日益完善与完美。为实现这一根本任务所要面临的众多问题可归纳为三个问题,即人应该成为一个什么样的人?人与人之间应该有一个什么样的关系?人类应该有一个什么样的生存与发展的自然环境与物质环境,以及人类与环境应该有一个什么样的关系?为解决这三个问题,郭因先生总结出人类需要致力于三个根本事业:提高人的质量,提高人际关系的质量,提高人类生存与发展的环境的质量以及人与环境关系的质量。为了进一步提高三个质量,人类需要进行三个"化":首先,真化,及真理化,那就是使人类的

一切作为在符合人类的主观理想的同时又可以符合客观规律;其次,善化,即道德化,那就是使人类的一切行为符合个体利益、群体利益的同时,也要符合整个人类生存和发展的利益;最后,美化,即艺术化,那就是人类一切行为符合以最好地生存与发展为努力目标的行为准则,同时在心灵上也要自觉遵守,从而使人类的主观内心和生活的客观世界达到既有美的内容又有美的形式这一美的境界。为实现真化、善化、美化这三个"化",人类要进行三种建设:提供物质环境基础的物质文明建设,提供行为规范和保证规范的制度文明建设,以及可以使人们高度自觉地进行三个"化"的精神文明建设。

三个"化"和"三个建设"的目的,都是最大限度地提高人自身、人与人、人与环境关系的质量,三种关系的高质量发展便是不断递进的动态和谐。三大和谐以整体和谐为目的,而为实现这个目的,只能通过全面协调的手段。也就是说,上文提到的人类基于根本愿望、根本要求的根本任务可以简单概括为:以全面协调的手段去达到整体和谐的目的。

因此,把人自身、人与人、人与自然三大和谐看作人类应有的根本追求(这同样也是美学、文化应有的追求),并追求三大和谐,便是郭因绿色美学思想的基本观点和基本内容。

(二)建设美丽乡村

美丽乡村建设是继社会主义新农村建设之后的又一奋斗目标。美丽乡村是美丽中国的基本单元,是乡村振兴战略实施的重要内容。党的十六届五中全会在《中共中央国务院关于推进社会主义新农村建设的若干意见》中提出建设社会主义新农村的重大历史任务,提出了"生产发展、生活宽裕、乡风文明、村容整洁、管理民主"的具体要求;自2008年起,随着浙江省安吉县正式出台《建设"中国美丽乡村"行动纲要》,海南省明确提出推进"美丽乡村"工程,全国各地掀起了美丽乡村建设的热潮;2012年,党的十八大报告中首次提出"美丽中国"概念,这是"美丽乡村"的最高目标;2014年出台的《国家新型城镇化规划(2014—2020

年)》明确提出:要建设各具特色的美丽乡村。

建设美丽乡村是升级版的新农村建设,它既体现在自然层面,又体现在社会层面。建设"美丽乡村",符合国家发展的总体战略,符合社会发展的客观规律,符合新时代农村发展的实际情况,更符合广大人民群众的热切期盼,是实现中华民族伟大复兴的中国梦的必由之路。

二、郭因绿色美学思想与建设美丽乡村的关系

(一)郭因绿色美学思想与美丽乡村建设具有共同目标

美丽乡村建设主要是对政治、经济、文化、社会以及生态"五位一体"的统筹建设,推动美丽乡村建设中人与自然、人与社会、人与人之间的和谐发展,而郭因绿色美学思想的目的是追求人自身、人与人、人与自然三大和谐。由此可以看出,建设美丽乡村与郭因绿色美学思想对于和谐这一境界有着不约而同的向往,追求天地间的和谐共处,追求人与自然的协同共进,追求人与自身的最终和解。这也与马克思主义生态文明理论高度契合。在《德意志意识形态》中,马克思、恩格斯指出,任何社会面临的基本矛盾,无外乎两大类:一是人与人的社会矛盾,二是人与自然的生态矛盾。郭因绿色美学在注重这两点矛盾的同时,增加了对人与自身矛盾的处理。

(二)建设美丽乡村使郭因绿色美学思想得以落地实操

虽然郭因的绿色美学思想已成熟,具备了完整的理论体系,且是面向生活与未来、具有实践性的美学理论,但要说真正地投入实际应用,却没有相关案例。但一个思想的提出,绝不仅仅是为了存在于书本之中,相信郭因先生提出这一系列美学思想的初衷也是致力于让人类赖以生存的地球村变得更加健康。郭因绿色美学的研究并没有终止于学理的探讨,它不仅具有学理性,还具有实践性,而这正是绿色美学区别于其他美学研究的重要特点之一。郭因绿色美学思想是从中国大地上诞生的美学思想,具有全球视野的同时也不失本土情怀,带有中国本

土化特征,符合中国发展国情,因此,在郭因绿色美学思想与建设美丽乡村拥有共同目标的基础上,建设美丽乡村这一国家政策的提出为郭因绿色美学思想提供了一个展示的舞台,也为中国美学思想向世界证明其成熟、优秀提供了一次珍贵的机会。

(三)郭因绿色美学思想为建设美丽乡村提供理论指导

2012年,党的十八大报告中首次提出"美丽中国"的概念,这是"美丽乡村"的最高目标,其深层内涵就是生态文明建设,强调天地人的和谐相处。"美丽乡村"建设强调村落、产业、景观、文化的融合,即"宜居宜业宜游宜文"。宜居,在于注重乡村规划,切实考虑居民的生活质量、娱乐休闲等因素;宜业,在于充分考虑因地制宜的理念,寻找适合本乡村发展的特色产业;宜游,在于注重第三产业,对乡村自然文化景观资源加以保护和开发;宜文,在于对乡村传统文化的重视与开发,突出对文化力量的宣传与建设,不断满足乡村居民的精神世界需求。与郭因绿色美学思想拥有共同目标的美丽乡村建设政策目前正面临缺乏理论指导的局面,因此,二者结合并探寻共同发展、完善的路径是不二选择。

三、新时代建设美丽乡村现状分析

(一)村民绿色认识不足

美丽乡村建设的起点是解决"人"的问题。在实现乡村振兴战略的宏伟蓝图下,农民是美丽乡村建设的主体。长期以来,我国城乡发展的不均衡导致农民的受教育程度普遍偏低,这成为美丽乡村建设的不利因素之一。广大农民不仅要认识到美丽乡村建设的重要性,更要履行好自己的责任与义务。

改革开放以来,随着生产力水平的提高,我国民众对生态环境问题的认识有了一定程度的提高,但当面临环境与经济利益相冲突的情况时,人们却往往选择了后者,只关注自身利益的得失而未意识到每个个体与绿色发展之间的关系。特别是在我国农村,许多村民对生态环境现状并不敏感,对生态环境问题缺乏了解与认识,缺乏保护生态环境的主动性与自觉性。从根源上讲,村民生态意识的普遍欠缺并不单单是因为公民自身修养不够,它还与我国的生态环保教育力度不强、方法单一等因素有关。我国公民生态环境教育的低效、滞后,全民绿色生态教育的缺失是导致民众生态环保意识欠缺的一大原因。

(二)生态环境亟待保护

乡村在许多人的心中是蓝天白云、小桥流水人家的代名词,但长期以来,由于国家环保部门着重开展城市工作的同时没有给予农村相应的重视,并且在国家供给侧结构性改革和推行创建文明城市的背景下,许多污染产业从城市转移到了农村,给本就污染处理能力低下的农村以更大的打击。

除外界环境恶化的客观因素外,农民环保意识低下的主观因素也是造就农村生态环境岌岌可危的重要因素之一。焚烧秸秆、大量使用种菜膜布、滥用化肥等行为都为农村的空气、土地、水源等带来了难以自愈的伤害。而如果不进行绿色发展思想的普及教育,这种伤害农村生态环境的行为还会继续下去。

因此,通过积极推进落实美丽乡村建设计划中"宜居"的观念,来阻止乡村环境的进一步恶化,重新打造青山绿水,是实现中华民族伟大复兴中国梦的必由之路。

(三)法律监管制度不健全

当前,我国绿色发展还处于起步阶段,制度建设还不健全,甚至一些涉及许多政府部门及多方面的法律法规之间还存在相抵牾的现象,这在一定程度上使得政府各部门在建设乡村的过程中未能有效协调配合,从而影响了政府工作效率。

同时,也存在着责任认定不明确,政府对于绿色发展指标的监管力度不够等问题,虽然政府在不断地转变职能,但不同层次的法律法规之间存在着矛盾和空白之处,这让很多违法行为有空可钻,执法过程中存在矛盾和推诿现象。

绿色发展所需要的不仅仅是技术层面上的支持,上层建筑中法制制度的建设也是不可或缺的环节,在环境领域的立法保障不可或缺。

(四)传统文化难以传承

在当前的美丽乡村建设中,文化遗产的保存情况不容乐观。物质文化遗产在自然侵蚀下无人修缮而逐渐破败,抑或在不当的重建中变得面目全非,如屹立千年不倒的沧州铁狮子,在一些专家自以为是的修缮中面临毁灭。而民间技艺、传统习俗、节庆礼仪等非物质文化的传承同样面临困境。首先是传承人中的新生力量严重缺乏,很多年轻人轻视或者忽视乡村传统文化的传承,或是迫于生计不能参与到传统文化的保护与传承中来,而现任传承人数量不多,且普遍面临老龄化严重的问题。

四、郭因绿色美学观对建设美丽乡村的启示

(一)普及绿色发展思想

美丽乡村建设工作,不仅要关注经济发展,更要注重普及自然生态保护知识。绿色经济发展作为一种健康的、科学的、可持续的发展方式,想要扩大其推广和应用范围,就要从基层做起。绿色美学思想是否能在乡村地区推广,与农村居民的整体素质有着密切联系,然而绝大部分农村居民文化水平有待提升,因此,做好农民的宣传教育工作具有重要意义。

政府可通过联系电视台的"农业频道"和广播,以及利用微信公众号、短视频平台等新媒体手段进行全民思想普及教育,力争通过潜移默化的方式来向村民灌输绿色发展的思想,以绿色美学思想对村民的心灵进行洗涤。

(二)遏制污染产业进乡村

乡村存在以知识水平较低的妇女、难以从事田间重农活的老年人、寻求勤工俭学机会的青年人为主的大量的空闲劳动力,但缺乏绿色产业以及其可以带来的就业机会,于是就造成了许多乡村村民被迫从事高污染产业的现状。

例如烟台莱州路旺镇,以处理"洋垃圾"为主要产业已经十余年了,甚至成

立了塑料工业园,许多村民因此致富。但这不是长久之计,路旺镇的现状是:未到其村便可闻到处理废塑料和造粒的刺鼻味道,村子里的水早就无法饮用,村民只得掏钱喝净化水,整体的生态环境实在谈不上宜居,村民的日常生活都有困难。除了对生态环境的破坏这一方面,这种高耗能、高污染且以毁坏环境为代价的产业注定不会长久,随着国家对进口"洋垃圾"的抵制并出台了严查固体废物进口许可证的政策,加之成本增加、原料减少,"洋垃圾"给路旺镇带来的塑料产业的终结,变得可以预见。

农村产业发展要考虑绿色可持续性,任何以环境为代价换来的短期的经济振兴不过是饮鸩止渴,等这类高污染产业的风口停歇,留下的只会是破败的环境和一无所有的村民。

(三)探寻绿色生产模式

在我国整体经济发展进入全新阶段的背景下,高质量发展要求尽可能减少对环境的污染和破坏。在农村地区经济发展的过程中,也要遵循这一原则。美丽乡村建设过程中,在拒绝污染产业的同时,也要注重新型绿色产业的引入与发展,如旅游业、文创产业、特色农产品产业等,其中发展旅游产业已然成为许多乡村在建设美丽乡村这一政策下的不二选择。

譬如安徽省砀山县的酥梨产业,便是结合精准扶贫、特色农产品和乡村旅游三方面优势的成功案例。以农产品酥梨带动乡村旅游这一绿色产业,可以促进生态农业的发展,构建现代农业经济体系建设,加快农民脱贫致富的步伐。同时从国家层面分析,发展乡村旅游符合建设美丽乡村这一国家政策,是推动"乡村振兴战略"的重要举措。从资源合理配置的角度分析,乡村地区是旅游资源富集区,发展乡村旅游可以优化旅游产业的供给体系,使广大城市居民在乡村中体验大自然的闲适恬静。

(四)重振乡村文化遗产

乡村文化遗产是中华民族宝贵的精神财富,但是,由于城市化的快速发展,许多传统民居以及古祠堂、古树木等被盲目拆除、砍伐,众多非物质文化遗产也在现代化浪潮中被逐渐湮没,乡村传统文化的传承与发展受到严重挑战。而国家的美丽乡村建设这一举措为乡村传统文化的发展提供了重要契机。

美丽乡村建设这一政策提出时间不长,在乡村传统文化保护方面更是处于探索阶段。江西省婺源县因地制宜,寻求出适合自身发展的乡村传统文化保护道路。婺源县保留了众多官邸、宝塔、石碣、廊桥、祠堂等古建筑要素,对村落文化遗产进行了较好的保护与传承,乡愁氛围浓厚。因此也带动了旅游业的发展,提高了居民和县财政收入,满足了农村精神文明建设的需要。积极保护与传承乡村传统文化,对守住文化之根、民族之魂和实现中华民族伟大复兴的中国梦同样具有重要意义。

(五)敦促相关政策法规出台

想要推动绿色经济的发展,建设生态文明,完善的规章制度必不可少。国家对于美丽乡村建设这一政策,更多的是呼吁性质的号召,而缺乏明确的法律法规,这也使得许多监管工作无法落实。

应当将倡导性的政策转变为强制性政策,明确法律义务、法律责任,形成科学的、综合的法律治理体系,为农村经济的绿色发展提供强有力的法律保障。

五、结语

当代中国的乡村发展面临着严峻的生态环境问题的挑战,面对这些问题,中国走出了属于自己的实践道路——建设美丽乡村。建设美丽乡村立足于解决我国所面临的环境问题,延伸为为解决世界其他国家的乡村发展问题提供引领与经验。建设美丽乡村是中国的时代与现实需求,有助于中国社会变得更加美好。郭因绿色美学思想着重解释了人与自身、人与人、人与自然之间的和谐问题,为解决当代环境问题提供了丰富的理论基础,同时为建设美丽乡村提供了正确的生态观念、建设生态文明的思想,以及丰富的理论启示。

虽然美丽乡村建设提出时间较短，还处于探索阶段，相关法律法规和完备理论都未完全确立，但郭因绿色美学思想凭借其与美丽乡村建设的高契合度、较强的实践性，有望成为美丽乡村建设这一国家政策最合适的理论指导思想。两者应协同发展，共同完善，共同探索二者结合后的无限可能。

作者简介：刘佳音，安徽财经大学艺术学院硕士研究生。

生态文明视域下郭因绿色美学的当代价值

伍佳效

党的十八大把生态文明列入国家发展五位一体的总布局,将生态文明提高到了一个历史的高度。生态文明建设是中国未来发展的趋势,随着中国成为世界第二大经济体,我国的工业、农业、制造业等都位居世界前列。我们用了几十年的时间赶超西方国家几百年的发展,在经济发展上取得重大的突破。我国实现跨越式的发展后,各种矛盾、问题开始不断出现,其中生态环境问题尤为突出。早在20世纪80年代郭因就提出了绿色美学的概念,为使人类愈来愈好地生存与发展,并日益完善与完美,全人类应合力追求人与自然、人与人、人自身三大动态和谐,追求人类客观世界与主观世界的优化与美化。[1] 他从一个更加广阔的领域来看待美学的发展,认为美学的任务就是解决天人、人人,以及人自身的美的问题,追求和谐发展,美美与共,这与当下人类共同体意识不谋而合,其思想理论对于当下的发展具有重要的启发意义。

一、生态文明与绿色美学

"生态"一词最早可追溯到古希腊,指的是家庭或者环境。可简单理解为,

---

[1] 参见吕文:《郭因〈我的绿色观〉》,载《绿色视野》,2005年第03期,第40页。

生态是生物的生存状态,以及与整个大环境的关系。而"文明"则是人类在发展过程中精神财富的总和,是人类发展过程中形成的思想观念以及意识形态的具象化。所谓生态文明,是指人类在开发利用自然的时候,从维护社会、经济、自然系统的整体利益出发,尊重自然,保护自然,致力于现代化的生态环境建设,提高生态环境质量,使现代经济社会发展建立在生态系统良性循环的基础之上,有效解决人类经济社会活动的需求同自然生态环境系统供给之间的矛盾,实现人与自然的共同进化。[①] 生态文明是人类文明进化的产物,是反映人与自然和谐发展的意识形态,体现出人类文明发展概念的重大突破。当然,建设生态文明,也不意味着要杜绝一切工业发展,回到农耕社会,而是应该以当前的环境承载力为前提,以可持续发展为目标,实现人与自然的和谐发展。生态文明的提出,是人们对于当下发展问题认识深化的必然结果,我们要以文明的方式对待生态环境,树立生态文明发展观,推进生态文明的建设。

人类社会的发展往往充满了二元对立,我们一方面享受着物质文明、科技发展为我们带来的生活水平的提高,另一方面生态环境的制约也使得人们认识到自己在自然中的渺小,这促使人类不得不反思,寻求一条新的发展之路。而郭因提出的绿色文化与绿色美学就是为使人类社会有蓬勃生机、旺盛活力、绵延生命,有理解、宽容、善意、友爱、和平与美好,从而使人类愈来愈好地生存和发展而进行设想、设计、创造并产生积极成果的一种文化,和使人类的客观世界与主观世界都达到以真、善为基础为内容的美的境界的一门科学。[②]

随着全球性的生态危机爆发,全球资源短缺的形势日益加剧,环境争端问题不断发生,生态环境因素在国际社会中的地位日益明显,促使人们开始思考究竟

---

① 参见伍瑛:《生态文明的内涵与特征》,载《生态经济》,2000年第02期,第38—40页。

② 参见郭因:《关于绿色文化与绿色美学问答》,载《学术界》,1991年第04期,第62—66页。

以什么样的方式来推动生态文明的建设。而美学作为一门系统的科学,既有感性的认识,也包含理性的分析。因此,将郭因的绿色美学的概念融入当前的生态文明建设中,必然能使人类社会实现人与自然和谐相处,走向生态和谐之路。

二、我国生态文明之形势

自改革开放以来,我国无论是经济总量还是发展速度都是震惊世界的。当然,在经济飞速发展的同时,人们也忽略了很多的问题,尤其是关于生态环境的问题。党的十八大以来,在党的指导下,我国不断推进生态文明建设,并取得了一系列的成果,不断完善生态文明制度体系,积极履行全球生态责任,夯实我国生态文明基础工程,有效地维护了生态环境的再生与发展。但是,由于我国体量大,人口多,当前形势下生态文明建设依然存在着一些问题。

生态文明建设面临着国内外大环境的挑战。新冠疫情对全球的经济形势造成重大的冲击,全球的政治危机、经济危机与生态危机交织在了一起。一些结构性、根本性的问题尚未得到根本的解决。例如我国的空气质量仍与许多发达国家的历史同期有着不小的差距,秋冬季节空气重度污染的情况仍有发生。土地污染、水污染的情况依然存在。虽然借助于政策与监管,我国的生态环境取得了一定的改观,但是在整体生态环境局势下,我国的环境保护力度仍小于环境破坏程度,环境破坏所带来的危害仍在加剧。

人们的生态环境保护意识仍有待加强。虽然在当前提倡绿色发展、节能减排,但是不少地方和企业依然不管不顾,只看经济利益,不谈生态保护。生态文明制度体系的建设方向与执行力度有待加强,生态文明建设的政策实行与生态环境的监测也存在一定的滞后性。资源的开发与利用的循环性与合理性也需要提升,资源的不合理开发或者不及时利用,往往也会导致环境的恶化。随着相关环境政策的推行,部分地方与企业陆续将产业升级转化为可持续生产模式,但相关产业的覆盖面是远远不够的,无法达到生态环境保护的最终目标。

当前我国进入新的发展时期,为实现建设美丽中国的目标,单纯依靠宏观政策的调控以及法律的约束,还无法达到生态文明的新层次。必须依靠对人们意识形态和生活观念上的潜移默化的影响,使主观世界与客观世界达到和谐统一。

三、当代绿色美学之发展

郭因绿色美学的宗旨是"追求三大和谐,美化两个世界,走绿色道路,奔红色目标"[①]。追求三大和谐指的是追求人与自然、人与人、人自身的和谐。美化主客观世界,走绿色生态可持续的道路,实现物质极大丰富与精神极大自由的共产主义社会。其中追求三大和谐是绿色美学的基本观点和内容。人与自然的和谐是基础,如果人不管不顾地开发自然资源,导致生态环境恶化,无法承载人们的生存,那一切人们所创造的东西甚至人类自身也会不复存在。人与人的和谐是保证,如果人人相斗,互相伤害,战争不断,甚至动用生化武器、核武器等,弄得生态环境残破不堪,人类也会无法生存。人自身的和谐是动力,如果没有一个和谐的身体与心理,那么就谈不上思考人与自然、人与人的和谐问题。郭因的三大和谐理论,不仅仅是对之前哲学理论的总结,而且还有自己创新表达的观点。这三大理论是对传统美学中"天人合一"的超越,它孕育着一种新的哲学观念,正是这种新的哲学观念的诞生使得郭因的绿色美学不仅仅作为一种美学形态而存在,而更应该被称为一种生活观念,将绿色思想、绿色审美融入我们的生活中去,成为我们身体的一部分。

古往今来,意识到人与自然或人自身和谐的学者有很多,但是郭因不仅认识到人与自然、人与人、人自身和谐对于社会发展的重要性,而且他还对这三者的关系进行研究,将这三者有机地结合到一起,形成一个动态发展的过程。三大和

---

① 参见郭因:《关于绿色文化与绿色美学问答》,载《学术界》,1991年第04期,第62—66页。

谐是动态统一的，其中人自身的和谐是主要因素，只有人自身的观念以及思维发生变化，才能正确地对待自然，对待他人。郭因的三大和谐理论是马克思主义与中国传统文化思想的结合。郭因的绿色美学是针对现实生态危机而提出的，他的最终目的是让人类摆脱当下的生存危机，其美学思想不仅仅是理论化的概念，而是具体的、可操作的。我们可以通过这三大和谐理论发现郭因哲学观念的发展与突破，他以一种更加宏观的角度去对待自然、宇宙与人类的关系，形成整体和谐共生，万物相通的人生观与宇宙观。

当代社会与生态出现的问题，归根结底是"人"出现的问题，如果人人接受绿色美学的概念，并为此付诸行动，那必然能实现生态和谐和社会和谐的目标。在当下生态文明建设的倡导下，我们提出了"可持续发展""节能减排""退耕还林""绿水青山就是金山银山"等思想，并取得了一系列的成果。但是，生态文明绝不仅仅是政策方针，它更是一种潜移默化的思想文明，是一种绿色生活的文明理念。因此，将郭因的绿色美学思想结合当下生态文明理念进行传播，可以对人的思想观念、行为方式产生巨大的影响，从而实现生态文明发展建设。

让郭因的绿色美学思想深入人心并不是简单说说，而是需要我们真正地去付诸实践。首先，政府在制定和执行政策的时候应考虑相关绿色生态的概念，坚持绿色治理，注重生态保护。其次，相关的专家学者不应该仅仅停留在研究绿色美学的阶段，更要将绿色美学进行推广宣传，让绿色思想、绿色美学、绿色文化走进千家万户，走进我们的生活。最后，公众应积极践行绿色思想，树立绿色意识，从自己做起，达到自身的和谐，才能完成人与人、人与自然的和谐，实现绿色之路。

郭因的绿色美学不仅作为一种美学形态，拓宽、丰富了美学领域，为美学注入活力，而且还作为一种绿色生活观念，用来指导实践活动，从而美化主观世界与客观世界，实现共产主义社会的伟大目标。人类要把绿色作为一种生活方式，要以绿色的审美思维、和谐的观念来积极地改造世界、发展世界。

四、结语

在郭因美学探索的过程中,他的美学思想也是不断深化的。绿色美学将他的美学思想推向了一个新的高峰。绿色美学是对当下人类生存与发展问题的解答,其中蕴含着郭因对生命、自然、人类的理解。特别是在大力构建生态文明的当下,应当将郭因的绿色美学思想融入生态文明建设,发挥其价值。

作者简介:伍佳效,安徽财经大学艺术学院硕士研究生。

新文科建设如何做？
——基于郭因的绿色美学

杜海阔

德国哲学家叔本华说："这些粗制滥造的东西是极为平庸的头脑为了赚钱而作,也正是这一原因,这一类作品可是多如牛毛——而作为代价,这些读者对于历史上各个国家曾经有过的出色和稀有的思想著作也就只知其名而已,那么,还有比这更加悲惨的命运吗?!"①郭因的绿色美学思想大概就属于叔本华所说的这后一种思想,我们这个时代已经很难听到他的声音,甚至将其著作像其他粗制滥造的著作一样弃之如敝屣。可是当我们真正去了解其思想,我们才会发现其中宝贵的资源,发现其真正的价值。据郭因所说,他的绿色美学和绿色文化的基本内容是:只有递进实现人与自然、人与人、人自身三大和谐才能达到绿色文化与绿色美学所指望达到的目的,绿色文化与绿色美学理所当然地把人与自然、人与人、人自身三大和谐看作人类应有的根本追求,因此,可以说,追求三大和谐是绿色文化与绿色美学的基本观点和基本内容。② 这种以人为主体的思想,表达了郭因强烈的人文关怀,在当今原子化的社会具有十分重要的价值。郭因所说的人是社会中的具体的人,他的理论依据也主要是马克思的学说,他认为马克

---

① 《叔本华美学随笔》,韦启昌译,上海人民出版社,2004年版,第19页。
② 参见郭因:《关于绿色文化与绿色美学问答》,载《学术界》,1991年04期,第62—66页。

思所说的共产主义的本质,就意味人自身、人与人、人与自然三大和谐。郭因不仅在理论上建构绿色美学,而且在实践上倡导和践行绿色美学,这使他的理论在实践中不断检验自身,正如马克思所言:哲学家们只是用不同的方式解释世界,问题在于改造世界。郭因创建了安徽绿色美学会,并在社会中不断倡导自己的三大和谐观点。更为重要的是,郭因的理论不是一时的时髦著作,而是面向未来的,所以孙显元称之为绿色未来学。[①]

郭因的绿色美学无疑对当前我国的新文科建设具有十分重要的借鉴意义,特别是在当前文科的发展面临着前所未有的压力与阻碍之时,郭因的绿色美学思想既是一种建议,也是一种警醒。他对人的重视,对社会中相互关系的强调,以及对未来的展望为我国的新文科建设提供了方法论。本文从郭因的绿色美学思想出发,对新文科建设提出以下建议。

一、从实践中来,到实践中去

(1) 主客观世界的统一

新文科不仅关注人的主观世界,而且力图实现主客观世界的统一。长期以来,文科教育强调对人的主观世界的研究,而忽视对客观世界的认识。特别是近代以来人文主义与科学主义的对抗,使得文科教育更多地关注人的精神世界,而理工科则强调对客观物质世界的研究,这造成人的片面化的发展。郭因的绿色美学和绿色文化是要美化两个世界,这两个世界就是主观世界和客观世界。两个世界是统一的,而不是分开的。美化客观世界是美化主观世界的前提,当客观环境变得更加美丽时,人的心灵自然会受到熏陶而逐渐变得美好。美化主观世界是美化客观世界的保证,只有人的主观世界更加完善,才会合理地改造客观世

[①] 此论述详见孙显元:《中国绿色未来学的崛起》,载《合肥工业大学学报》(社会科学版),1998年第1期,第61—66页。

界,使其更加符合主观世界的要求。

新文科建设也是如此,它要实现人的主客观世界的统一。以人的主观世界为研究重点,但同时不能忽略对客观世界的研究。主客观世界的研究往往是相互促进、相互统一的。人从自身的需要出发,对客观世界进行改造,那么就要对客观世界有充分的了解,这样才能更好地改造客观世界。由于人自身条件以及客观条件的限制,这种改造往往会面临很多问题和阻碍,这时就要调整甚至改变自身的需要。以管理学为例,一个公司的管理者必须对自己的产品有充分的了解,这样才能制定合理的战略。比如一个医疗器械公司的管理者,不仅要懂管理理论,而且要懂医疗器械的基本知识。所以好的管理者,既要懂管理,又要懂技术。同样的,一个医疗器械公司招收的文字工作者,若是没有医疗器械的知识,也是很难进行产品的介绍与宣传工作的。只有对产品足够了解,才会发现自己之前的思想存在的不足,并进行改正。所以新文科建设要将对人的主客观世界的研究统一起来,而且也必须统一起来,才能形成良性互动。

(2)理论与实践的结合

新文科要在实践中不断检验自身的理论。一方面,要防止理论的空泛化,研究结果的空洞无物;另一方面,要将理论从书本中解放出来,在社会中检验理论。文科研究要防止研究的形式化,仅仅对文字本身进行改造,而没有实际的内容,形式大于内容,出现文科研究中的形式主义。郭因的绿色美学就是根据当时中国社会发展中只重视经济发展而忽视环境保护的背景提出的,是针对特定历史条件下所出现的特定问题而提出的理论。所以文科研究要带着问题研究,从实际问题出发。问题从社会发展中产生,也要在社会发展中得到解决。关键在于如何发现问题,问题的提出有时比问题的解决更加重要。

郭因不仅是绿色美学和绿色文化理论的创建者,而且是该理论的忠实实践者。他深入各个企业和社会组织去宣传和推广自己的绿色美学思想,呼吁更多的人加入到实现三大和谐的队伍中来。而当前的有些文科研究,仅仅停留在理论的层面,而没有进入实践的层面。马克思说:"批判的武器当然不能代替武器的批判,物质力量只能用物质力量来摧毁。"①人作为社会中的人,总是扎根于社会劳动实践中,这就使得人的认识不仅从实践中产生,而且要在实践中进行检验。费孝通在《乡土中国》的序言中写道:"它不是一个具体社会的描写,而是从具体社会里提炼出的一些概念。"②费孝通的意思是很明确的,就是要从具体的社会中发现一些问题,并进行总结概括。社会学的研究往往需要长期实践,并且在实践中检验自己理论的正确与否,费孝通本人也是基于长期的田野调查才完成自己的《乡土中国》《江村经济》等著名的社会学研究著作的。新文科更应该从社会中发现问题,进而进行深入的研究,并在社会实践中检验自己的成果。

二、学科间的互动与和谐

(1) 人文学科间的互动

正如叶朗所言:"美学和许多学科都有密切的关系,在一定意义上说,美学是一门交叉学科。"③在西方,美学属于哲学,而对美学的研究往往要涉及社会的方方面面。不仅在人文、艺术领域,而且在科学领域,都存在着美学的身影。美学和艺术、心理学、语言学、人类学、神话学、社会学等学科有着密切的联系。郭因的美学研究涉及艺术、哲学、历史等多个学科的研究,从而使他的理论更加具有普遍性。当前的文科研究内容已经不再是某个具体的学科所能涵盖的,它往往需要多个学科间的互动。就文科而言,首先就应该通读人文学科的基础书籍,对文学、历史、哲学的经典著作都应该有所涉及。黑格尔曾表示哲学就是哲学史。任何一门学科都有自身的历史,对一门学科的历史的研究是这门学科发展

---

① 马克思,恩格斯:《马克思恩格斯选集》,中央编译局编译,北京:人民出版社,1995年版,第9页。
② 费孝通:《乡土中国》,北京出版社,2011年版,第3页。
③ 叶朗:《美学原理》,北京大学出版社,2009年版,第18页。

的必经之路。所以一个研究哲学的人,不能不懂点历史学知识;一个研究历史的人,也不能不懂点哲学知识。实际上,黑格尔的这句话是有其特殊含义的,他并不是把哲学归结为哲学的历史,更不是把哲学研究限定为对哲学历史的研究,而是强调哲学的历史性。① 我在这里引用黑格尔的话是想表明,不管是哲学与历史、哲学与文学还是历史与文学,人文学科之间要加强互动与联系,这对于某个学科乃至整个人文学科都是有好处的。单一的学科研究,往往不足以支撑某一学科的进一步发展,特别是对于人文学科来说,学科之间的联系十分紧密,往往需要相互借鉴,才能共同发展。

新文科需要注重人文学科间的互动,是由研究的领域所决定的。通常说"文史哲不分家"就是因为文史哲间存在着研究领域的重合。很多民国的大师,不仅是文学大师,也是哲学、历史领域的大师,甚至在理工科领域也有涉猎。当然这与当时的学科划分有关,现在的学科划分自然是更加细化,比如文学一级学科下面就设有中国语言文学、外国语言文学和新闻传播学三个二级学科,而三个二级学科下又设有更多的研究领域。这种细分的学科自然是适应时代发展而产生的,然而对于人文学科来说,往往存在研究内容的重合。钱穆曾在《中国史学名著》中提出,《论语》应被看作是一部哲学书,还是文学书、史学书,是很难确定的。实际上不仅《论语》存在这样的情况,《庄子》《老子》等著作同样如此,很难将其简单地划入某一个领域。若是细究起来,哲学学科是从西方引进的,中国是否有像西方这样完备的"哲学"尚无定论,比如葛兆光言:"'思想史'在描述中国历史上的各种学问时更显得从容和适当,因为'思想'这个词语比'哲学'富有包孕性。"②葛兆光主张用"思想"来代替"哲学"则更为恰当。如此看来,人文学科间的细分就更成问题,因为学科界定的不明晰,在研究的内容和方法上就存在

---

① 相关论述详见孙正聿:《"哲学就是哲学史"的涵义与意义》,载《吉林大学社会科学学报》,2011年第1期,第49—53页。
② 葛兆光:《中国思想史》,上海:复旦大学出版社,2009年版,第6页。

很大的差异。

(2)文、理、工科间的交叉

新文科建设要建立文、理、工科沟通的桥梁。郭因先生所主张的美化两个世界,亦可说是对于文、理、工科间的沟通与协调,主观世界对应于文科,客观世界对应于理工科。新文科的这种要求,一是出于现实的需要,二是出于理论自身发展的需要。从现实来看,仅仅具备某个学科的知识难以应对现实中所出现的新问题。2021年1月,国务院学位委员会、教育部印发通知,新设置"交叉学科"门类,成为中国第14个学科门类。国家层面对于交叉学科的布局,显示出当前交叉学科的发展已是大势所趋。以医学为例,不再是单一的生物学、化学研究,而与计算机科学、工程技术学等学科形成交叉。北京大学生物医学跨学科研究中心的介绍显示:研究生培养项目所招收的学生既有来自生命科学、物理化学、基础医学等基础学科的,也有来自电子学、计算机技术、生物医学工程、临床医学等众多的工程和应用学科的,研究生指导教师来自北大的理学部、信息与工程学部、医学部和多家临床医院,他们在学科优势互补、交叉合作的基础上,开展生物医学跨学科前沿领域的人才培养。随着人工智能和大数据时代的到来,统计学在不同学科中起到越来越重要的作用。在医学领域,医学家可以通过大数据来分析某个药物的有效性;在工程领域,工程师可以通过大数据来分析实际工程中可能出现的问题;在金融领域,金融学家可以通过大数据分析来预测某个行业的发展走势。

从理论自身的发展看,前沿领域的研究越来越需要学科间的交叉与融合。这种多学科的交叉,对新问题的解决会产生更多样的方案,而且在前沿领域的科学攻关中,不同学科背景的科学家会碰撞出更多思维的火花,拓宽了自身的视野,弥补了单一学科的不足。因此,文、理、工科间的交叉有利于理论自身的发展。

三、面向未来的新文科

（1）一种新的博雅教育

郭因的绿色美学是一种绿色未来学，它是面向未来的。郭因的理论以马克思的理论为基础，坚持发展的观点，因而具有长久的生命力。新文科建设，也应该是面向未来的。新文科，首先应该是一种博雅教育，其次要具有中国特色。博雅教育是欧美大学的教育模式，即 liberal education，这种教育模式强调人的全面发展。这种教育模式最典型的体现是哈佛大学的通识教育（general education），通识教育是对博雅教育的继承，目的就是为了培养"自由人"。要成为"自由人"，就要具备自由的思想，所以西方的大学从一开始就强调独立思考的重要性。哈佛大学的通识教育强调知识体系的完善与人格的健全。科学家不是蛮人，而应该成为绅士。正如约翰·纽曼所说："自由教育造就的不是基督教徒，也不是天主教徒，而是绅士。成为绅士是件好事；具备有教养的才智，有灵敏的鉴赏力，有率直、公正、冷静的头脑，待人接物有高贵、谦恭的风度是好事——这些都是广博知识天生具有的本质。"[1]这种博雅教育不仅要求学生具有完备的知识，而且具有完善的人格。在通识教育中，人的知识体系是金字塔型的结构，塔基的稳定决定了整个金字塔是否稳固，以及能否继续搭建。所以哈佛在本科生阶段不会设置具体的专业，而是必须修满一定的学分，这些学分在人文、社科和理工领域都占有一定的比例，只有修完相应的学分，才能选择在某个自己喜欢的领域继续研究。

但我所说的这种新的博雅教育，不同于欧美的博雅教育，而是有中国特色的博雅教育。之所以具有中国特色，一是由于中西方不同的文化传统，二是由于我

---

[1] 约翰·亨利·纽曼：《大学的理想》，徐辉、顾建新、何曙荣译，杭州：浙江教育出版社，2001年版，第40页。

国目前所处的历史时期。在文化上,不可厚此薄彼,中西方文化各有各的优点。中国的儒家文化和西方的古希腊文化,具有非常不同的特点。因此中国的博雅教育,就不能以西方的"自由人"为标准,而应该以中国传统文化中的核心概念为标准,比如"仁义""诚信"等。其次,西方的大学建立较早,像哈佛大学、耶鲁大学已经拥有三四百年的历史,在大学的教育内容和方法上比中国拥有更完备的体系。而中国最早的一批大学,像北京大学的前身京师大学堂,成立于洋务运动时期,也仅仅有一百多年的历史。中国目前大部分大学的创办历史还不足一百年,所以与西方的一些一流学府相比,仍然是有差距的。从历史条件来看,在学习西方的博雅教育或通识教育时,就不能一蹴而就,而要循序渐进,先在发达地区的个别学校实施,总结经验,再面向全国推广。

（2）一种新的视野

习近平总书记指出,当前中国处于近代以来最好的发展时期,世界正面临百年未有之大变局。面对着世界中心的逐渐转变,中国迎来了发展机遇,但也应该看到,世界局势仍然有不稳定的因素,比如以美国为代表的发达国家开始阻碍中国前进的步伐。在这个挑战与机遇并存的时代,新文科要培养学生新的视野,从而抓住机遇,克服挑战。这种新的视野,在我看来,包含两个方面:一是现实的,二是理论的。这两者不是严格区分的,而是一体两面,理论与现实往往是交织的。新的视野是国际视野、宇宙视野和全局视野的综合。国际视野要求新文科不再仅仅是中国的文科,而是世界的文科,以扩大中国文科的国际影响力。宇宙视野要求新文科站在整个人类的视角来看问题,从整个人类的角度来看自身理论的生命力。全局视野是整合的视野,这里的整合既是对前两种视野的整合,也是对以往所有视野的整合。

郭因认为,三大和谐使人类能很好地生存和发展,能实现真正的幸福。因此,绿色文化与绿色美学会永远有生命力。① 郭因的这种新的观点,是站在整个人类的视角提出的,和我所说的宇宙视野是不谋而合的。郭因的绿色美学的生命力不在于对具体问题的解决,而在于他提供了一种新的视野,他的理论是面向未来的。

作者简介:杜海阔,安徽大学哲学院硕士研究生。

---

① 相关论述详见郭因:《关于绿色文化与绿色美学问答》,载《学术界》,1991年第4期,第62—66页。

郭因其人其文研究

郭因——人民的美学家

欧远方

郭因同志是一位有卓越成就的美学家,而且是一位具有强烈正义感的人。19年前我第一次阅读了他的著作《艺廊思絮》,就觉得他的作品思想深邃,文字优美,使我这个对美学完全外行的人初步懂得什么叫作美学。后来听说他这本书是他被错划为右派以后在条件异常艰苦的情况下,一边烧饭,一边抽空在锅台上陆续写出的,他的这种执着和毅力,更使我敬佩不已。说他有强烈的正义感,不仅因为他敢于讲真话而被划为"右派",还因为当他在改正错划之后,仍然敢于讲真话,不随波逐流。

为了弥补他因遭受磨难20多年而失去的最宝贵的光阴(他最能出成果的时期),他加倍努力,继《艺廊思絮》之后,又陆续出版好几本美学著作,如《中国古典绘画美学中的形神论》《中国绘画美学史稿》《审美试步》等,还写了大量论文。鲁迅集《楚辞》句为友人书写的对联云:"望崦嵫而勿迫,恐鹈鴂之先鸣。"郭因同志正是本着这种精神而勤奋工作、笔耕不止的。

后来见到郭因同志,他高兴地向我介绍他正推广技术美学,把美学运用于发展生产与美化生活。据说一个工厂的设计、装饰、布局如运用美学原则,可以打造一个使劳动者精神愉悦的环境,大大提高其劳动兴趣和效率云云。我更觉得新鲜,可见他并没有把美学当作纯学术来研究,更不是走向象牙之塔,而是将美学和人民生活相结合,和生产实践相结合。我到处宣传过他的观点。我想这项工作如能推广开来,定能产生很显著的效果。

近几年来,他沿着这条路继续前进,倡导绿色文化、绿色美学,成立了组织,创办了刊物。他的这个倡议,目的之一在于加强环境保护,为人类创造一个美好的环境,这正是当代的世界性政策(也是中国国策)"可持续发展"的核心内容。在《绿潮》刊物上,我读到探讨绿色文化、绿色美学如何运用于建设上的有说服力的文章,觉有振聋发聩的作用,这是一项意义更大的开拓性工作。这些都反映了郭因同志视野开阔,具有心系国家与人民的气度和胸怀。我乐于参加他所倡导并推行的活动,并已获益匪浅。

从郭因同志做的工作看,他堪称人民的美学家。在他创建的绿色文化、绿色美学学会成立十周年之际,我衷心地祝愿他所开拓的事业,为更多的人所知道,所理解,并在实践中取得更大成果。他虽已年逾古稀,但身体健康,精神尤佳。我期待他生产出更多更好的作品,贡献给祖国与人民。

作者简介:欧远方,安徽省社会科学院原院长。

绩溪两名贤
——也谈郭因与胡适

鲍义来

接到安徽省美学学会发来的邀请参加郭因先生学术思想研讨会的通知,我想我是应该参加的。老人是前辈,是师长,春风化雨几十载,且已九六高龄,我有幸躬逢,聆听高论,见证历史,可谓难得。至于参会文章,原想写写受教点滴,然而"郭因与胡适"这个题目,却不时在脑海中出现,总感到他们很有些相通相似之处,就决定写这样一篇文章。

一、郭因与胡适都很儒雅

虽然二人所处的时代不同,阅历不同,所做的学问也不同,但同是学者,都有很高的学养和敏捷的思维,气质也都温文尔雅,也都有让人平心静气的气场。

比之陈独秀的执拗、鲁迅的辛辣、李大钊的炽热,胡适显得温和,由于与人观点相左、政见不同,他常遭到批评、讽刺乃至攻击,无论对方是政敌还是朋友,胡适都从不以牙还牙,相反倒是常常以德报怨,总是记住对方的好处和友情,以文商榷时表现得十分宽容和儒雅。

郭因先生也有这样的气度,在与别人的意见分歧比较大而且是对方理亏的时候,许多人可能要坚持明断是非,郭老却总宽容对方的认知,以平和的办法处理此类的不同意见,与对方始终友好相处。他这一路走来自然经历了很多逆境和磨难，然而没有见他谈过、写过一生所遭遇的危难与委屈之下的一点私愤。

二人的儒雅涵养，应该与徽州文化的熏陶和家风家训的影响有些关系。

二、郭因与胡适都是读书的种子

两人从小就爱读书。胡适3岁，时在上海，他的父亲便教他认字，他很快认识了700多字。父亲染瘴气死在福州，给妻子留下遗嘱，说儿子"天资聪明，应该令他读书"，也给胡适留下了"要努力读书上进"的话。母亲带着胡适回到绩溪上庄，3岁多点的小孩，读的书就超过了别的大孩子。胡适先读的是父亲所编的四言韵文，而后读的是《诗经》《孝经》《论语》《大学》《中庸》《尚书》《易经》《礼记》。有时老师外出办事，其他学生都外出玩耍，他一人静静读书，直到天黑才回家，因为他并不觉得读书是件苦事，反而读出了书的味道。除了课本，他还大量阅读了唐宋话本、明清小说。他12岁到上海读书，由于在家中打下的基础，他很快跳了级，被认为是神童。

郭因先生也是难得的读书种子，他高小毕业后读过徽州农业职业中学和安徽茶叶专科学校，之后当过小学、中学教师。他读初小时，读完了一套《儿童文库》；读高小时，读完了一套《中华文库》。后来在两位老秀才的辅导下，读了《古文观止》《史记》《汉书》《纲鉴易知录》和"四书五经"，"十子全书"中的《荀子》《老子》《庄子》《列子》《韩非子》《墨子》等。青年和中年时期又看了大量中外名著和马克思主义的一些著作。他一生除了的确无法读书的特殊情况，总是手不释卷。他之所以能够有今天的成就，也是爱读书的结果。解放战争后期，他跑到香港参加了民盟，随后又回到皖南参加了中共领导的游击队，新中国成立后长期从事文化工作。反右派斗争时他遇到挫折，就静下心来读书，并开始了美学研究。郭老认为人生最幸福的生活便是有书、报可读，写文章不必提心吊胆，家人平安健康。郭老每天只睡四五个小时，醒来以后便看书、写文章，我和他多次一同住宾馆，深知他这样的生活规律。他常说拿破仑讲得对，每天睡觉超过4个小时,是浪费生命。他从少年时代起就养成了一天只睡四五个小时的习惯,这样每天就比一般人多出了三四个小时,又全用于读书和写作,因此他的阅读量大,又著作等身便不难理解了。有人头天递给了他一本书,第二天他就看完了,还写出了读后感,就是这一原因。

三、郭因与胡适同好议政

书生议政,士子忧国,自古如此,但多数也只是议议而已,因为相对于政权,一介书生的作用实在微弱,这二位又何尝没有领教过？然而他们又都是理想主义者,怎么也没有办法放弃对政治的关心。胡适作为一个学者,一生以极大兴趣和极多精力关心着国家命运、民族前景,期盼的是尽快实现科学、民主、自由、人权的中国现代化。他去美国留学后,开始产生对西方政治制度的兴趣,尽管以后不断地试图转换角色,但总是不断地开出他自以为的救世良方。晚年在台湾地区,为了雷震一案,他还不惜冒颜顶撞蒋介石,坚持政治民主,反对独裁专制。我们不是说胡适那一套主张怎样管用,但他一介书生,几十年来一直关心中华民族的出路,竭诚致力于中国的现代化,甚至连耽误了他同样非常心爱的学术研究也在所不惜,其良苦用心天地可鉴。

郭因先生比之胡适,更是远离权力中心,仅是一个"政治票友"而已,然却有着"为天地立心,为生民立命,为往圣继绝学,为万世开太平"的伟大胸怀和极大热情。他结合中国历史上的各种治国学说和现实情况,于20世纪80年代提出了"追求三大和谐,美化两个世界""走绿色道路,奔红色目标"的绿色理论与政治主张。他长期研究绘画美学,进而倡导绿色美学,党中央提出的科学发展观,人类要合作不要对抗,要互利共赢不要零和博弈,要构建和谐社会、构建人类命运共同体等主张,正和郭老的"追求三大和谐"理论相契合,因而大大改善了郭老的理论处境。

为何这样一对绩溪人士特别执着于对政治的关心呢？这是否与徽州文化的

影响有关？徽州是产生朱熹、戴震等大儒的地方,也是自宋以后尤其是明清时期的学术重镇,而胡适则被称为自朱熹、戴震后徽州的第三座学术高峰,这里还产生了"理学三胡"及近代思想家胡铁花、邵作舟、程秉钊等历史人物,从更大范围的徽州来看,这里还诞生了马克思《资本论》中唯一提到的中国人王茂荫和人民教育家陶行知、画坛泰斗黄宾虹等一流人物,直到现当代郭因先生的出现,他们虽身份不同、职业各异,但都同样对国家、民生表示了极大的关心。应该说,这无不与这里的自然人文地理环境有关。

四、郭因与胡适皆擅演讲

除都对政治热心关注外,二人都擅长演讲。胡适在美国留学的时候就受过演讲训练。任何活动,他有请必到,演讲时条理清晰,风趣幽默。近年从海外传来他不少演讲视频,让我们有幸聆听他演讲的声音,分享他的演讲风采。他的演讲一如他的为人和文章,温文尔雅,让人如沐春风。

郭老也很擅长演讲,在许多活动中,他都被请去作会议主旨发言,他也像胡适一样,从不推辞,借各种机会宣讲自己的主张。在颍上的管子研究会上,他谈管子的治国理念和对当下的启示,在列出一些党风、士风、民风使得社会不很和谐时,起承转合,头头是道,有理有据,丝丝入扣的演说,令人叹服。就以本次学术研讨会来说,96岁高龄的他不仅在开幕式上致了词,还在闭幕式上作了答谢词,那环环紧扣的演说,真如水银泻地,滴水不漏,思路之清晰、表达之准确、措辞之得体,都很令人惊叹。

二人学识渊博,每次演讲又都有备而来,临场又有新的发挥,事后演讲作为文章留存,便成了他们学术体系的一部分。

五、郭因与胡适都喜欢写字赠人

二人都喜欢给人写字,然而都没有想以书家名世,故也就没有专门在写字上下功夫，他们就像前人说的"游于艺，性情所至，笔走龙蛇"。你说不出胡适的书法出自什么体，也不知道郭老临过什么帖，然而二位的书法有一个共同特点，字如其人，天然率性，自由灵动，富有书卷气，与人一样儒雅。这是怎样来的？这是从他们的气质中来的，"腹有诗书气自华"，是从他们做人和做学问中来的。

有一次胡适在上海一家徽菜馆请朋友吃饭，他进了店，便与老板说了句绩溪方言，老板便用绩溪话吆喝起来，说是胡适带了客人来，要掌勺的把菜做好点。在等菜烧制时，胡适让店主笔墨侍候，和客人一起写了一些字赠予老板。同样，郭老也是这样闲不住的性格，常见他在饭前饭后也安排写字画画，我跟着他吃过一些饭局，有一次也是在绩溪老乡开的饭店，还未坐下，便见他让服务员将纸笔拿来，又写又画。这样的情况，出差的时候尤其多，我也因此得到过一些他的墨宝。

饱学之士所书之字，其内容便和一般人不同，胡适的一些经典语句都能在他的书法作品中见到，比如"怕什么真理无穷，进一寸有一寸的欢喜""做学问要在不疑处有疑，待人要在有疑处不疑"；也有比较抒情的，如"山风吹乱了窗纸上的松痕，吹不散我心头的人影"等。郭老写字的内容也是随手拈来，因为他有着写作《艺廊思絮》和《关于真善美的沉思刻痕》锻炼成的本事，又特别喜欢张潮的《幽梦影》，洪应明《菜根谭》中的许多警句，和许多古典诗词名句。他还喜欢为朋友作嵌名联，我也有幸获得过，让我好生感动。

胡适小时候也喜欢书上印着的画，并也曾照着描过，然而被大人制止了，生怕耽误了他的学业，从此掐死了他的这一兴趣，但他对绘画艺术的潜质还是有的。他的同乡好友汪采白出版《黄海卧游集》时请他作序，只见他开门见山便总结了作为新安画派传人汪采白的绘画特点："用青绿写他最熟悉的黄山山水，胆大而笔细，有剪裁而无夸张，是中国现代画史上的一种有意义的尝试。"借此也批评了当时画坛："近人作山水画，多陈陈相因，其层峦叠嶂，不是临摹旧本，即是闭门造山。"看来胡适对我国画坛还是了解的，也是懂画的，他曾让徐悲鸿住

355

过他家,又接受齐白石之请编其年谱,也让黄宾虹找人为他刻印,只是没有引人注意,《胡适全集》也漏收了这篇为汪采白画册所作的序言。

郭老不仅擅书法,也爱画画,他喜欢新安画派的高山流水、清风明月,一如他的为人和文风。黄宾虹说自己的画是齑菜炖骨头,汪采白的是青菜煮豆腐,代表了两人的不同风格。郭老虽然非常敬佩黄宾虹的浑厚华滋,但更喜欢汪采白的清逸秀丽。

六、郭因与胡适同有正义感

为人正派,富有正义感,也是二人的共有禀性。尽管胡适对共产党存在着不理解和误会之处,但国民党反动政府捉拿关押陈独秀、李大钊等朋友以及他的亲戚石原皋,他没有囿于党派,而更看重这些人的品德学问,从而给予同情,施以担保和营救。台湾的雷震案发生时,他不相信雷震触犯了法律,便施以辩护。在学术上也一样,他敢于主持正义,因为传说戴震在四库馆整理《水经注》有袭赵一清之嫌,他欲帮助戴震申冤辩白,竟以后半生之力收集资料进行研究,这种敢于辩诬申白的精神是难能可贵的。

郭因先生也一样。原供职于省建设厅的罗来平,视古建筑保护为生命,然而他因坚持自己的主张常和主管单位发生矛盾,因而得罪了一些领导而遭冷遇,以致"欲哭无泪"。他将这一类文章整理成书,郭老为此作序题词,将罗氏好提意见比之长一张"乌鸦嘴",他写道:

乌鸦之所以在一个地方叫得不停,不就是因为嗅到了难闻的腐烂气味吗?

一个国家、一个民族,罗来平这样的乌鸦嘴是不能没有的!

即使一丛美丽的不得了的鲜花,如果所有的人都只是围着它叫美,或者还有若干勤快的人忙着给它浇水施肥,可却没有一个人去除虫,甚至发现了致命的害虫也不肯吱声、不敢吱声、不想吱声、不好意思吱声,这花能活得好吗?甚至能活得了吗?

罗来平多年来不断发现国家在自然生态环境与人文生态环境中存在这样那样的问题,不断提出问题和解决问题的建议,不断奔走呼号,不断写文章,甚至上书中央领导人,渴求解决这些问题。

有多少人能如此一贯,如此不懈,如此不辞辛苦,如此屡遭冷眼、屡遭冷遇,甚至屡遭打击,仍然坚决不肯闭上一张"乌鸦嘴"呢?

我这一生,能有罗来平这个朋友,这个朋友又总要我为他的书作序,或题词,或题写书名,我这一生也该算是过得相当光彩了。

在一个许多利己主义者常常事不关己,高高挂起的情境下,郭老勇敢地站在罗来平一边,给予同情、支持,为他鸣不平,为他唱赞歌,这不仅温暖了罗来平的心,也让我们感受到了郭老滚烫的学术良知。

七、郭因与胡适同有家乡情怀

二人都非常热爱家乡,对徽州文化都有浓厚的兴趣。

胡适出生在上海,3岁随母亲回到上庄,12岁外出读书,然后留学,回来在北京教书,之后再回家乡,住的时间虽不长,对家乡却充满了感情。他的《四十自述》和在美国所作的口述自传,都有对家乡的美好回忆,并提出了小徽州与大徽州的关系、"无徽不成镇"的来由、徽州教育领风气之先并产生了许多学术名家的文化现象,还参与了婺源回归徽州运动。晚年胡适在美国和中国台湾做寓公时,还经常记起杨万里的诗:"万山不许一溪奔,拦得溪声日夜喧。到得前头山脚尽,堂堂溪水出前村。"由此想到家乡小河,想到了如他一样的徽州青年对世界的向往;想到了他在台湾还为绩溪同乡会题写了"努力做徽骆驼"的书幅,开口闭口"我是徽州人"。如此等等,都展现他对家乡的美好情愫。

郭老对徽州也一往情深。他有一篇写老家绩溪霞水的美文，满眼皆绿，一心是爱。然而等到晚年再回去时，许多大树不见了，河水被污染了，一些老房子损坏严重。黄山市成立时绩溪又被划出了徽州，他想在徽州文化生态保护区的基础上申报徽州文化特区未引起重视。如此等等，都伤了老人的心。为了徽州复名，绩、婺回归，他参与了许多调研，撰写了不少文章。不久前为歙县举办的徽州得名900周年活动上，他还题写了"子规夜半犹啼血，不信东风唤不回"诗句，表达了殷殷希望。翻开他的文集，还可看到他对徽州文化、徽学定义以及学科建设等的许多真知灼见，他还是20世纪80年代初我省开展对徽州文化研究的发起人及安徽省徽学会的筹备人之一。作为我省老一辈徽学先驱，他已是硕果仅存的了。

八、郭因与胡适都很节俭

胡适在他的同事中，算是拿了比较高的薪金的，因此他大部分时候也基本不缺钱，但他从来没有对钱怎样经营的想法。相反，青年学子或是朋友遇到困难向他借时，他从不吝啬，而且借过以后，也不指望对方归还。然而胡适自己的生活却非常节俭。他家常以一品锅接待客人，无非是将一些肉类、豆腐及家常的萝卜、青菜还有笋干、豆角分层集中于一锅煮炖，甚至去了美国后，也常以一品锅待客。胡适的夫人还用炒豆腐渣加青葱来款待客人，不仅色彩鲜艳，还营养丰富。当然也有困难的时候，比如新中国成立之初他到美国，因为收入有限，生活不宽裕，但他从不接受无来由的资助。胡适去世后，人们帮助他夫人整理遗物，只见胡适的白衬衫、内衣补了又补，好的袜子只有两双，其余的袜子都打了补丁。

郭因先生在被错划"右派"得到改正、工作有了较好安排之后，所拿薪金渐多，然而也没有任何的理财观念。有那么一个阶段，存钱利息很低，且还收利息税，许多人都在谋划着怎样理财，有人问郭老的打算，他说就这样存着，赚也罢，亏也罢，都在存折上，反正是政府给的钱，个人亏了，政府赚了，也应该。郭老的生活非常节俭,衣服多是城隍庙地摊上买的便宜货,当年女儿胡迟待字家中时,一家三口吃饭常是几个大馍夹点豆腐乳。后来女儿结了婚,组建了家庭,郭老夫妇吃得更是简单,有时就在小区食堂吃盒饭。我们跟郭老在外面吃饭时,常见他将饭桌上多余的饭菜打包带回家,并要我们也这样做,带头实行光盘行动,主张过低熵生活。

九、郭因与胡适的文字都通俗好懂

胡适提倡白话文,所写文章通俗好懂,就是一些考据文章,也是有一说一,开门见山。郭老写文章也很少引经据典,总讲大白话,讲心里话,娓娓道来,明白易懂。要问二位的文风为何这样相近,是偶然的吗?还是有内在的因素?这大概可以从他俩的生活与学习经历中找到些原因。

胡适从小便看了许多唐宋话本和明清小说,留学美国又是学的西方文化,他以为扫除文盲也应以白话文最能见效,因此他提倡白话文,自己也用白话文,便是天经地义的事情,文章明白晓畅也就理所当然了。

郭老从小就爱看白话文的小说,又爱看梁启超、胡适等用白话文写的文章,再加上有古文做底子,故也自然就能将深奥的学理寓之于通俗易懂的文字之中了。

十、文脉传承

胡适生前大概不知,以后同乡中有位名为郭因的会对他十分关注,而笔者看到的是文脉的传承。

郭老在童年时代就知道胡适,并非常景仰这位同乡前辈。但当他向往并参加革命后,眼见这位前辈一心追随蒋介石反动派,被公布为战犯,以后全国又对胡适开展了批判运动,国内许多与胡适有这样那样关系的知名人士都与胡适划清界限,并对他进行口诛笔伐,郭老此时也对胡适的表现深感惋惜。不久反右派斗争开始,郭老因向组织提了意见,也很快陷入了灾难。

"文革"结束,拨乱反正开始,郭老的错划右派得到改正,在被安排到安徽省政协文史部门工作之后,由于看了一些过去看不到的资料,他对陈独秀与胡适两位安徽先贤有了更深的了解。自此,他一面支持石原皋撰写《闲话胡适》,一面积极提议在省里成立胡适和陈独秀研究会,对这二位文化先驱的生平和学术思想进行实事求是的研究和评价。也就在这前后,他两次为胡适故居题诗题字。诗是"高歌尝试世人钦,小卒过河享臭名。莫谓人情多浇薄,从来历史最公平";又题胡适人物像:"一代英才,迷误堪哀;风清日朗,魂兮归来。"但因此引来了不少议论,有的人说不该如此吹捧胡适,有的人说不该对胡适如此贬损。但我们知道,人们对胡适的真正了解和正确认识必然有一个过程,郭老也是一样。

郭老对胡适了解得更多,是在受命主编《中国地域文化通览·安徽卷》之后,于是便有一篇《胡适的再造文明思想》写成,他在其中写道:

> 可以说,他终其一生都是一个对中西学理及现实社会的评判者,对解决一个个现实问题的办法的寻求者。……他显然是十分向往一个和谐的人类社会的。
>
> 胡适有历史上抹不掉的成就和积极影响,作为他的同乡和同宗,我是情不自禁地感到自豪的。

总结郭老对胡适的认识和评价:他早年对胡适敬佩,中年对胡适存疑,晚年对胡适基本肯定。甚至可以说,郭老与胡适应有更多的文脉传承。

十一、选题由来

再回头交代一下我为什么选这个题目,又为什么用了"也谈"字样。

起初我并不知道"上庄的女儿"、资深媒体人、我的同事胡跃华已选了这个题目。她那文章的题目是《郭因和胡适——两代徽州文人的隔世情缘》。之后遇到了紧靠上庄的余村的汪振鹏先生,汪说他早些年已在《华夏纵横》上发表过了《胡适与郭因的神交》。

会后我拜读了他们二位的大作,都写得很好,我大受启迪。而今我也"自然而然"写了这一题目,故加了"也谈"二字。虽然三个人都写着共同的题目,但都有各自的角度和体会,这正说明了两位大儒名贤所具有的文化魅力。我们作为后辈,当还有未完成的使命,尤其是徽州文化复兴这一使命,其中也包括对胡适与郭老的进一步研究。这使命的完成尚待我们的努力。

作者简介:鲍义来,歙县人,《安徽日报》原高级记者,现退休。曾任安徽省徽学学会副会长,著有《徽州工艺》《潭渡》《石谷风口述历史》,参与撰写《安徽文化史》《徽商研究》《安徽文化通览》等,编辑出版《汪世清书简》《汪世清谈艺书简》《汪采白画集》《汪采白诗画录》等。

郭因与胡适——两代徽州文人的隔世情缘

胡跃华

寒风冷雨里,94岁的郭因面对着胡适雕像,神情庄重,深深地鞠下一躬。一年前,在上庄胡适故居,两代徽州文人隔空交流的这一幕,在家乡已然成为美谈。

郭因与胡适虽然隔着一个时代,冥冥中,他们有着一份天然的情缘。

一、"差点成了一家人"

新文化运动时期,章太炎说过这样一句话:"以适之为大帝,以绩溪为上京。"就因为胡适当时如此影响盖天,便屡有人把他与绩溪"金紫胡"在血缘上连缀起来,以致弄出许多讹传。首先犯错的是北大校长蔡元培,他在为胡适《中国哲学史大纲》作序时称"适之先生生于世传'汉学'的绩溪胡氏,禀有'汉学'的遗传性"。另一位弄错胡适家世的著名人物是梁启超,他在《清代学术概论》中称"绩溪诸胡之后有胡适之,亦用清儒方法治学,有正统派遗风"。他们都将胡适与绩溪"金紫胡"挂起钩来。对此,胡适专门在他的《四十自述》中作了澄清。

由于蔡元培、梁启超文化学术地位上的影响,他们一错之后,便引得后面不少人跟着再错。如杨家骆,他在编《新世纪高中国文选》时便称:"适之为绩溪汉学家胡培翚之后,故云家世汉学。"传到日本,胡适竟径直变为"胡培翚之子"了。日本诸桥辙次编的《大汉和辞典》中"胡适"条目下,毫不含糊地写着"安徽绩溪人,胡培翚之子"。不过,由此也可以看出,绩溪"金紫胡"一族在经学领域的地位和影响。

"金紫胡"世居绩溪县城东街,因宋代名臣胡舜陟获封金紫光禄大夫而得名。"金紫胡"崇文重教,是著名的书香门第,人才济济,先后出现了胡仔、胡匡衷、胡秉虔、胡培翚等诗学、理学大家。南宋胡仔所编撰的《苕溪渔隐丛话》在中国文论史上占据重要地位,此书和他的《孔子编年》均收入了《四库全书》。清代"金紫胡"一门又有胡匡衷、胡秉虔、胡培翚三位学者,引领学界一时之风气,被称为"理学三胡"。

郭因就是"金紫胡"一脉的后人。他原名胡鲁焉,幼名胡家俭。郭因解放战争时期参加革命,新中国成立后,他担任过地区报社领导,干过安徽省政府文教委员会的政策研究工作,在历史研究单位主编过学术刊物。1957年,反右派斗争时被错划为"右派分子",之后又赶上"文革",他遭遇了常人难以忍受的磨难和困苦。然而,即使在那样恶劣的环境里,他也坚持研究和创作,完成了《艺廊思索》《中国绘画美学史稿》等轰动一时、影响深远的美学专著。他还创造性地提出了绿色文化和绿色美学的思想理论,为我们今天提倡"绿水青山就是金山银山",营造绿色生态文明环境开了先河。1992年他被国务院授予了"为发展我国文化艺术事业做出了突出贡献"的专家称号,享受国务院政府特殊津贴;2013年获中国美协授予的"卓有成就的美术史论家"称号;他的名字在国内被收入《中国当代名人录》《中国当代美学家》《中国作家大辞典》《中国美术家人名辞典》《中国当代艺术名人录》,在国际上被英国剑桥世界传记中心和美国传记协会收入多种名人录。郭老的名望,使他无愧为当代"金紫胡"的杰出代表。

二、《闲话胡适》的催生者

20世纪80年代,有一本《闲话胡适》的书在社会上影响很大,有人称这是一本替胡适翻案的书。写这本书的作者石原皋恰恰是郭因视为恩人的他的忘年之交,而这本《闲话胡适》的出炉,郭因是重要的推手。

石原皋祖籍绩溪石家村,是北宋大将石守信后裔。他出生于一个药商世家,毕业于北京大学,曾赴德国留学,在德国柏林大学攻读生物学博士学位。在德期间,结识了后来的新中国外交家乔冠华,抗日战争全面爆发后,两人一同回国参加抗日。1944年,石原皋带着自己研发生产的高效止血药"仙鹤草素",投奔了新四军。他曾任新四军军部参议,为抗日战争和解放战争作出过诸多贡献。新中国成立后,石原皋先后在多个教科单位担任领导职务,最高职务为安徽省科学技术协会副主席。

石原皋还有一个身份,他是胡适的亲戚,两家渊源很深。胡适之父胡铁花任台东知州时,延请石原皋的外祖父胡宣铎做西席幕僚,教胡适兄弟几人读书。胡适13岁离开家乡赴上海读书前,还曾在石原皋祖父锦山公于泾县开办的恒升泰药店当过半年学徒。石原皋在北大上学期间,不时出入胡适家,在胡适家过夜也是常有的事。江冬秀很喜欢石原皋耿直的性格,给他取了个"石头"的外号,不管在什么场合,胡适夫妇一直都喊他"石头"。1945年春,江东秀从上海回上庄老家修复祖坟和祖屋,石原皋派人一路护送。1948年1月石原皋在上海第二次被捕时,是胡适找关系将他营救出狱的。胡适离开大陆前,石原皋受党的高级领导指示,去动员胡适留在大陆,他做通了江冬秀的工作,却未能说动胡适,这成了石原皋心里最大的遗憾。改革开放后,胡适故居开放,石原皋为此上下奔波,费尽心力。

石原皋晚年开始写些东西,曾和郭因商量写什么。郭因建议他写胡适,这是他独家的,能写出别人写不了的。石原皋接受了郭因的建议,两人一同商定了初步的写作篇目。郭因那时在安徽省政协文史办工作,他与有关领导商量,由《安徽文史资料》来陆续发表石原皋写的这些文章。石原皋写的头几篇,都交给郭因做些文字加工。后来因为有人对发表回忆胡适的文章有些顾虑,《闲话胡适》就改投安徽省文艺研究所的《艺谭》杂志连载了。石原皋以自己的亲身经历和切实掌握的第一手资料写成的《闲话胡适》，为胡适的生平以及家世解开了若干疑问，为人们研究胡适的某些学术观点和政治主张，提供了不少背景资料，引起了国内外学术界的重视与好评，反响巨大。

石原皋去世20年后，郭因还整理发表了他的一篇遗作。那是由石原皋口授郭因执笔的一篇文章草稿。石原皋在此文中坦诚了对胡适的看法，他说："对于胡适，我想，历史总会给予极其公正的评价的。"

在郭因的心里，石原皋不仅是他敬佩的长辈，更是他永生感激的大恩人。

郭因与石原皋一度是科学研究所的上下级同事，绩溪人到哪里都有说家乡话的习惯，让他们很快从不认识到认识。巧的是，1957年，郭因被错划为"右派分子"的时候，石原皋也成了"右派分子"，他们与另外一个"右派分子"老乡差点被别有用心的人拉入一个右派集团，乘机大做文章，结果对方没有得逞。这另一位老乡就是劳苦功高的爱国主义人士程士范，一个名字载入中国铁路史的工程技术专家。他曾在担任淮南铁路总工程师时，大胆革新，购买国外使用过的路轨，调换钢轨内外侧，把已经磨损的一面朝外，未磨损的一面朝里，让车轮安稳运行。他因而建成了当时世界上造价最低质量过硬的铁路线，在国际上引起轰动。

郭因自被错划为"右派分子"后，将近20年时间没有工作，没有收入，仅靠着妻子微薄的工资维持一家生活。而在精神上，他还要忍受种种折磨。多亏有石原皋一直在旁边援助和接济，使他有力量在困难中坚持创作。郭因那时写成的文稿，都被抄家抄走了，只得从头再来。为避免悲剧重演，郭因每写完一部分，石原皋就拿到自己家藏起来。最让郭因感动的是，他妻子身体一直不好，怀孕时没有营养滋补身体，石原皋和夫人三天两头过来照应他们，等到妻子生下女儿胡迟那一天，石原皋老夫妻两人，一个颠颠地跑到老远的农贸市场去买来两只老母鸡，另一个在家做了一大坛糯米甜酒，又准备了许多鸡蛋和红糖，一起送到郭因家，给产妇坐月子补身子。这在那个年代，想想都是不容易的事。

"四人帮"垮台后，如果说郭因开启了生命的春天，那么石原皋就是他春风万里的一块铺路石。石原皋联合程士范长子、时任合肥市建委副主任的程龙,一起找到张恺帆书记,将郭因安排在安徽省文史馆当驻馆馆员,彻底解决了郭因的吃饭问题。

1987年1月1日,石原皋去世,郭因写了一副挽联纪念他:发明仙鹤草素,造福人类;撰写闲话胡适,驰誉文坛。

三、与胡适有关的一段"公案"

上庄胡适故居里,至今挂着两幅作品,一幅是郭因写的七言绝句:高歌尝试世人钦,小卒过河享臭名。莫谓人情多浇薄,从来历史最公平。还有一幅是黄山画家叶森槐画的一幅胡适像,画面上有郭因的题词:一代英才,迷误堪哀;风清日朗,魂兮归来。这是20世纪80年代,胡适故居对外开放时,郭因应县里和画家叶森槐的要求而写的。不承想,这引起了一场不小的风波。

作为同乡,郭因对胡适的认识和情感经历了一个起伏变化的过程,崇敬的心理也夹杂着一些与时代同步的矛盾。

上小学时,郭因的校长兼语文老师是胡适的粉丝,特别热衷于选取胡适的诗文给学生阅读,因此打那会儿起,少年郭因便对胡适这么一个了不起的同姓老乡满心崇拜。

稍长时,随着整个社会对胡适的批判,郭因对胡适的态度跟着起了变化。那年,北京发生一起美国兵强暴北大学生沈崇事件,国人同愤,而胡适却主张息事宁人。这使得郭因仇恨起胡适来,曾写了一篇短文《呜呼!我的同乡胡适之》,把他臭骂了一顿。

再后来胡适作了一首诗:略有几茎白发,心情已近中年,做了过河卒子,只能拼命向前。"左"派人士都说,这是胡适以此鸣志,死心塌地跟着蒋介石反动到底了。于是,郭因便对他恨上加恨了。

新中国成立后,全国上下批判胡适,清算胡适反动思想,被洪流裹挟着的郭因理所当然地成了其中一员。

经过"文革"的洗礼,郭因对事物的认识回归了理性客观的态度,开始一分为二地看待曾经又爱又恨的老乡胡适。当时,身为安徽省政协文史办公室副主任的他,曾建议成立陈独秀研究会和胡适研究会,组织力量对这两位著名的安徽老乡进行深入研究,科学分析,公正评价,然而未能如愿。后来,县里要开放胡适故居,郭因不但赞同,而且在行动上给予大力支持。

按说,郭因给胡适故居写的诗句是客观平和、实事求是的,然而,却先后遭到了持有两种不同观点的人的不同批评。先是有人批评郭因为胡适翻案,打抱不平;后来,又有人认为胡适一生清醒,从来没有迷误过,郭因所谓过河卒子的臭名纯属谬言。持两种态度的人都觉得,这诗有损郭因形象。只有张先贵、叶君健和美国圣约翰大学历史学教授李又宁三人在参观胡适故居之后,各自在报刊上发表文章,在文中客观地表达了对郭因这两幅作品的印象和感觉。

风起于青萍之末,郭因一度成为各种文化人聚会场合的热门话题。面对着平地而起的风波,从大风大浪里走过来的郭因心里坦然,他沉默以对。直到1998年,他接受《皖赋》导演王正采访时,才对自己的创作初衷与思想作了必要的说明和解释。他说,诗的重点在最后一句"从来历史最公平",因为现在还不能给胡适下最后的大家都能认同的结论。至于"小卒过河"那一句,如果诗是胡适在任驻美大使时写的,那么这句话的确该改,但该改的不是他曾享过臭名的事实,而只能改他之所以有臭名的原因。至于胡适画像题词上的"迷误"两字也可不动,因为即使不牵涉政治,他后半生不去从文化的角度思考与研究国家大事、世界大事,而只是为了还戴震一个清白,去苦钻《水经注》的牛角尖,这对一个文化巨匠来说,也是一种迷误。何况他在新中国成立前夕抛下一切,走了。

郭因为此还认真地查阅了胡适年谱,发现胡适那首"过河卒子"的诗,虽然是在1938年任驻美大使时写的,但却在1946年参加伪国大时,于会议中将此诗写成单立条幅,还将其中的"略"改为"偶",将"已"改成"微"。由此表达他当时的心情。

风雨过程中,甚至有人劝郭因将两幅作品拿下,郭因却认为,胡适一生遭人谩骂诋毁,从来不理,自己又何必虞惧。何况,胡适故居里多一点惹人争议的东西,不也正好体现了讲民主、讲自由、讲宽容的胡适主张吗?他始终认为,对胡适和对别人一样,应该永远一分为二,既不捧为神,也不贬为鬼。

后来,郭因专门写了一篇题为《我与胡适的一段"公案"》的文章公开发表,开诚布公地谈了他在"公案"发生前后的心路历程。

有一分证据,说一分话。这是胡适做人的格言。当郭因与胡适这两代徽州文人在这起"公案"中相遇时,我们从郭因的身上,不也能看到胡适的影子吗?

其实,郭因有关胡适的文字远不止胡适故居里张挂的两幅,在他出版的600多万字的《郭因文存》中,用心读过的人都不难发现,里面有多篇文章都写到胡适,其中的《胡适的再造文明思想》一文,显现他对这位老乡前辈透彻的研究。郭因在文章中总结出胡适早期再造文明思想的几个特点。第一,胡适认为西方一切学理都该输入,就因此,他赞成江亢虎宣传当时被看作"洪水猛兽"的社会主义。第二,他认为一切都要以一种批判的态度去对待,因此,从外国输入的种种学理自然也就不能不加批判地照单全收。第三,他认为再造文明也得从中国传统文化中吸收该吸收的营养,因此,他主张同样以批判的态度去整理国故。第四,他认为输入学理与整理国故都是为了用以研究一切问题并解决一切问题,而一点一滴地解决问题也就是一点一滴地再造文明。第五,这种再造的文明最为重要的内容是政党与行政人员都成为人民的公仆,人民有思想言论的自由,社会上没有贫富不均的现象;整个世界上则该是各国都遵守国际公约,没有强国对弱国的侵略,而有持久的世界和平。郭因文末的结论是:胡适终其一生都是一个对中西学理及现实社会的评判者,对解决一个个现实问题的办法的寻找者。

郭因对胡适的著作可以说耳熟能详,胡适的名言他信手拈来。他常给人写字,写得最多的就是胡适的"上帝我们尚且可以批评,何况国民党与孙中山"和

"容忍比自由更重要"这两句。

1999年,郭因的老友宋亦英赠送一本施议对编著的《胡适词点评》,他很惊喜。一般人都不知道胡适会作古典词,而且作得很好;更不能想象胡适是如何从古典词走到白话诗的。他由此觉得《胡适词点评》这本书出版很有意义和价值,立即写了一篇《略谈胡适的诗词》在《安徽老年报》发表。文章择选了胡适三首诗,并进行了点评:

只壮志新来与昔殊,
愿乘风役电,
戡天缩地,
颇思瓦特,
不羡公输。
户有余粮,
人无菜色,
此业何尝属腐儒。
吾狂甚,
欲斯民温饱,
此意何如?

胡适24岁,有如此诗词,有如此抱负。

文章革命何疑,
且准备攀旗作健儿。
要前空千古,
下开百世,

收他臭腐，

还我神奇，

为大中华，

造新文学，

此业吾曹欲让谁？

诗材料，

有簇新世界，

供我驱驰。

胡适 25 岁，有如此诗词，有如此气魄。

与民贼战，

毕竟谁输，

拍手高歌，

新俄万岁，

狂态君休笑老胡。

从今后，

看这般快事，

后起谁欤？

胡适 26 岁时，是如此思想，如此情感。

今日许多这个岁数的年轻人在想些什么，做些什么呢？[1]

---

[1] 《郭因文存》(卷十)，合肥：黄山书社，2016 年版，第 491 页。

他还说，胡适的一生，有他的成功之处，也有他的失败之处，但他毕竟在历史上有抹不掉的成就和积极影响，自己为与胡适同乡同宗而感到自豪。

俗话说，一方水土养一方人。郭因是继胡适之后绩溪又一代大儒，这是人们公认的。郭因与胡适虽为两代徽州文人，但在很多方面都有相同之处，尤其是在乡情上，他们对家乡都怀着浓得化不开的深情，不论何时何地都牵念着徽州生他养他的这片热土。胡适一开口，动不动就说："我是徽州绩溪人。"郭因如出一辙。2009年5月，郭因在纪念徽州获名888周年大会上的发言，至今豪迈有声："我是绩溪人。""我是徽州绩溪人。""我是绩溪牛。""我是徽骆驼。""我是朱熹、渐江、戴震、胡适、陶行知、黄宾虹、汪采白……的同乡后辈。""我永远感激徽州这片热土，感谢创造了徽州文化的一代又一代的乡贤。"

郭因最不能忘的是在台湾拜谒胡适墓的情景。1999年冬，郭因应邀赴台参加国际生态艺术研讨论坛会，并作为大陆去的唯一学者，在会上作了《绿色之梦》的学术讲演。会议间隙，他与同行的绩溪老乡章飚等四人前去参观胡适纪念馆，拜谒胡适墓。

郭因伫立在胡适墓前，想到胡适生前那么孝顺父母，对家乡的山水那么一往情深，想到他最终未能落叶归根，与自己日夜思念的慈母安葬在一起、长眠在一起，郭因不禁泪湿眼眶。

再回到文章的开头。2020年元月，郭因牵头的安徽绿色书画院在绩溪博物馆举办书画展，寒风冷雨中，他坚持要去上庄胡适故居拜谒。到了故居，他推开众人搀扶，在胡适雕像前伫立许久，深深鞠躬。

我很想知道，倘若此时胡适魂兮归来，徽州这两代文人之间，将进行怎样的对话呢？

作者简介：胡跃华，资深媒体人、作家，出版文集有《上庄的女儿》等。

美学大师郭因的管学情缘

龚武

1982年我第一次拜会郭老的时候,不过二十几岁,而今业已年逾花甲。当然,与95岁高龄依然精神矍铄的郭老相比,我还算是个"年轻人",这只能更令我备感恩师是个老寿星的好处。

39年前,我手捧一大摞美学手稿,敲开了郭老的房门,恰是12月25日之夜。虽是素不相识,郭老却礼贤下士,热情接待,一席促膝之谈后,郭老带我走进了美学学术领域。2003年我出版美学文集《美的沉思》,郭老欣然命笔作序,继续予以奖掖和鞭策。

一直为稻粱谋而"躬耕颍上"的我,有很长一段时间在基层任职,忙于公务而疏于学术,郭老却似乎始终惦记我,利用参加安徽省政协会议的机缘,通过颍上籍的委员周俊鲁长辈给我捎过信。也许就是这样温馨的提示,使得我在工作之余始终不忘读书和学习。

一次,郭老作为省政协委员赴颍上视察,捎信约我见面。在他下榻的宾馆里,我们畅叙了别情和其他一些话题。他大概是针对地方发展中的某些现象有感而发吧,就说:"要扎扎实实,不要搞得富丽堂皇。"他的真知灼见发人深省,后来的实践证明,过于超前的不平衡发展建设,确实掩盖了一些深层次的问题,而这些问题总有一天要暴露出来。

2003年,我请郭老为我的《美的沉思》作序,那时他还没有搬进现在琥珀山庄的居所,谈话中他说人生的境界该是"物质低要求,精神高享受"的。每一次见面,郭老几乎都以智者的思想光芒、长者的睿智,使我如沐春风,心头一暖,获益良多。所以,我一直视郭老为恩师,而以作为他之私淑弟子为荣。

这里扼要说几桩郭老与管学结缘的往事。

当主帅"友情出演"

2006年,是我正式接手颍上县政协文史工作的第三个年头,知道郭老曾做过省政协文史工作负责人,我就在奉命筹备首届管子文化节和管子学术研讨会期间,拜访郭老并邀请他出席,希望以郭老的名望和影响力,助力并推动古代杰出的大政治家、思想家管仲故里的管研事业和管子文化发扬光大。耄耋之年的郭老应邀到会捧场,热情地发表了演讲,由此与管研也与颍上结下了不解之缘。从2006年的第一届管子学术研讨会,到2012年第七届管子学术研讨会,郭老连续七年赴颍参会,为管研事业操心,为管子学术充电,为管子文化添彩。

自2006年第一届管子学术研讨会成功举办之后,第二届参与的省内和全国各地专家学者阵容更为可观,当时我们还只是一个县级学会,与会学者纷纷提出应该成立省级学会,颍上县的党政领导大力支持。筹备成立省级学会,自然有一些门槛限制,包括会长人选的资格,挂靠单位的级别等,都有一定的要求。第一道门坎,会长人选,我就想到了郭老。征求相关方面领导的意见,大都说可行,也有人担心不能请动。我登门相告以事,郭老谦让一番,竟同意了,使得我喜出望外。于是,郭老和我作为安徽省管子研究会的发起人,向主管部门提交社团筹备成立的申请。有郭老的亲自挂帅,筹备工作得以顺利进行,安徽省管子研究会于2008年5月12日召开成立大会,在颍上顺利挂牌成立。大会选举郭老为第一届会长和法人代表,我为秘书长。从师生关系到在省管研会共事,郭老与我之间的情谊,平添许多内涵,得以不断升华,成就了缘上加缘的一段佳话。

做会长"无为而治"

郭老从 2008 年到 2012 年担任安徽省管子研究会主要负责人。在一届一次会长会议上，郭老就提出把会长职权委托给颖上一位担任学会领导的政协负责人，表示自己不问事。考虑到郭老的年事既高，且秘书处设在颖上，郭老居住合肥，工作也欠方便，会上就接受了郭老的提议。我作为秘书长，本来是辅佐会长开展工作的，一方面郭老豁达放权，一方面我仰仗郭老是恩师，不必事无巨细请示汇报，再加之工作单位在颖上，因此除了学会的会议和活动，以及学会的重大人事、财务事项之外，日常工作更多的是遵照郭老提议，向他委托的政协负责人请示汇报得多一些，而向郭老请示汇报得就少一些，时间一长，难免有冷落郭老之嫌。郭老对此并不介意。一次年会期间，我到郭老的房间汇报工作，他开玩笑地对我说："你是魏王，自己做主就可以了。"事后我反省：我身为秘书长或许有意无意之间做过礼节不周的事，说了不该说的话吧。现在回想起来，还是感激郭老的宽宏大量和善意点拨。这段经历让我在以后主持学会的工作中，更加注意自己的言行举止，处理好协调好方方面面的工作关系。

在郭老"无为而治"的领导下，首届学会常务理事一班人同心同德，各司其职，学会工作开局顺利，按章办事，活动正常，班子和谐团结，学会成果丰硕，影响力增强，推动了地方文化旅游产业的发展，受到地方党政的夸赞，年轻的学会在制度建设和规范化建设等方面，很快迈入了先进学会行列，先后受到安徽省社科联、民政厅和阜阳市政府的表扬。2012 年学会理事会换届，郭老对我说，当初说过的，他就干一届。真乃"君子一言，驷马难追"，会上，郭老遂辞去会长一职，程必定出任第二届会长，新老两位会长长时间拥抱，场面十分感人。之后郭老被聘为名誉会长。

有了郭老领导的第一届理事会打下的好基础，接下来的各届理事会继续努力，到了 2017 年学会被评为"全国社科联先进社会组织"，2019 年被授予"5A 级中国社会组织"的荣誉;推出了一系列管学研究新成果,目前已正式出版的管学成果近10种,近千万字。学会会员发展到220名,特邀研究员40多人,顾问20人。成员来自省内外,其中高级以上职称专家学者占比5成以上。学会举办了十五届管子文化旅游节、十五届全国管子学术研讨会,学会平台发布的管学论文在全国年度占比约有50%。安徽省管子研究会已经成为享誉海内外的管学高端平台、学术高地。由此促进了管子故里颍上县经济社会发展,管子文化旅游得到长足发展,自2006年以来,旅游综合收入翻了6番半,成为县经济支柱产业,颍上县已经成为全省文化旅游强县,正在创建全国全域旅游示范区、全国文明城市。

传"薪火"功成不居

回顾学会历程,往事历历在目。郭老出生于徽文化腹地、名人辈出的绩溪县,他在徽文化建设,美学文化的建设,绿色文化的建设等方面都卓有建树,特别是他提出著名的"三大和谐"(大意为人类社会在实践中努力实现人与人、人与社会、人与自身的和谐)思想,堪称当代人文社科理论最重要的成果之一。然而,郭老在诗文著述中将自己比作"小草""萤火",晚年则更以"春蚕""残烛"自况,写道他当拼着老命,继续前进,"直到余丝吐尽,残烛成灰"[①]。

当年,我请郭老做安徽省管子研究会会长向他征询意见,他谦逊地对我说:"让我做会长,我怕做不好啊。"我说:"您行,没问题。"他说:"主要是我对管子研究不够,知之不多,过去参会随便说一点外行话吧还行,做会长恐怕就不够了。"我说:"目前国内管子学术研究水平本来也不算高,现在又青黄不接,以您老的学养和学术功力,研究管子应当不是问题。"他说:"真的让我做这个会长,你得

---

① 郭因:《管子事功和当代中国》,载郭因,龚武主编:《管学论集》(上卷),合肥:黄山书社,2010年版,第6页。

给我弄一套《管子》全本,我得读读书才行。"我说:"行。"不久,我就专门赶往合肥,登门给郭老送去一套中华书局黎翔凤校注本《管子校注》。很快,郭老就以他紧紧把握时代律动的思想能力,高屋建瓴、经世致用的学术智慧,鞭辟入里的表达,简洁儒雅的文风发表了一系列管学讲演文章。为了让更多的学术后生领略郭老的道德文章,我特意把他的演讲安排在每次学术研讨会的闭幕式上,当作压轴大戏。

郭老的管学文章和讲演大抵有六七篇,数量不多,篇幅不长,但篇篇精粹,集思想的积淀、学术的智慧和文采的火焰于一炉,成为管学研究的经典之作,分别收录进郭老和我主编的三卷本《管学论集》,以及程必定和我主编的五卷本《管学论丛》第一、二卷中。

郭老对管学研究的贡献很大,简略归纳如下:

1. 提倡文化自信。郭老认为:"西方文化弄出的毛病,该由东方文化,特别是中国文化来治疗了。"①十年前就提出这样的观点,这是非常有远见卓识的。

安徽是文化大省,文化大省就该有文化大省的担当。管仲作为安徽文化名人,也是位列北京世纪坛的中华文化名人,其立德、立功、立言影响深远。管子的学说,即我们称为管学的,在中华乃至世界思想宝库中都是特色鲜明、独树一帜的瑰宝,却长期不被重视,光芒被遮蔽,精髓得不到光大,智慧价值被埋没。我们正处于一个大变局的时代,中华优秀传统文化资源内生的张力,与时代的需求产生了高度的耦合性,我们有必要重新认识、认真研究管子和管学。

2. 端正治学态度。对待古人和传统学术,治学第一条是态度,就是实事求是,尊重先贤,然后阅读其言,对照其事,考察其行,审视其功,结论在后,而不是先入为主。由于历史原因和传统文化宗派内卷的背景,研究管子管学,端正治学

---

① 郭因:《安徽文化与管子》,载程必定、龚武主编:《管学论丛》(第二卷),合肥:黄山书社,2013年版,第325页。

态度尤其重要,态度端正等于成功了一半。

郭老在治学上给学会同人做出了好榜样,尤其增强了我按照既定的方向研究管学的信心。郭老的学术思想有一个辩证的整体观,这体现在他的社会学美学思想和艺术史论的学术研究中,也同样体现在管学研究中。任何研究都最忌讳教条的"我注六经"或随意的"六经注我",那样就成了"八宝楼台"拆而不成片段,"如入宝山空手回"。研究的关键在于融会贯通,比如要善于从管子思想文化遗产中汲取那些"三三得九,而不是得八"[1]的那些经世致用的好东西,拿来为当代中国所借鉴。不能抽象地肯定,而具体地否定掉人类的先贤,从而否定或掏空文明的内容。

人类古今中外的思想文化遗产中必定有许许多多的共识、共性,共通甚至共同的东西,这就是文明的根脉。

3. 贵在推陈出新。郭老在管学研究中,承续但又不拘泥于"管书是否管著"的旧说,对《管子》书与管仲的关系做出客观公允的判断,提出"只要《管子》中说是管氏的言论,那些言论又可以从管子毕生的事功中得到验证,就都可以认为全是管氏的思想观点,就完全可以据以论证管子"[2]。

这与会内一批学者的观点不谋而合,而又另辟蹊径,对紧盯"管书是否管著"的命题,形成了突破,起到学术呼应和观念引领的作用。

4. 着力经世致用。管子的学说本质上是治国理政的经世之学。2012 年,郭老在《安徽文化与管子》的演讲中指出,从安徽历史看,经世之学的发展线索,可归结为"通过讲民本到讲中国特色社会主义民主来实现从黄色到绿色和谐。在这条发展线索中,管子是一个发动机带变压器的人物。他既是奠基者之一,更是

---

[1] 郭因:《管子事功与当代中国》,载郭因,龚武主编:《管学论集》(上卷),合肥:黄山书社,2010 年版,第 4 页。

[2] 郭因:《管学论集·序言》,载郭因,龚武主编:《管学论集》(上卷),合肥:黄山书社,2010 年版,第 2 页。

一个极其重要的承先启后者"①。

该文获得"首届管学优秀成果一等奖",奖金5600元。郭老在答词中却说:"我知道我的文章其实没有这么好,却让我获得了这个奖,是主办方和大家共同为了哄我这个老头子高兴呗。"显然这是郭老谦虚。

新时代,习近平同志在党和国家治国理政的指导思想中增加"文化自信"的内容,特别重视从中国传统经世之学中汲取优秀的资源。习近平同志系列重要讲话中多次引用了管子的经典名言,包括"以法治国""以人为本""礼义廉耻,国之四维""政之所兴,在顺民心"等。郭老从经世之学的视角认知和解读管学,他紧紧把握时代脉搏,与国家民族的进步同频共振的思想观点,全面呈现的是郭老在管学学术上坚定的立场、踏实的学风、深厚的造诣、朴实的话语,和他与祖国人民同呼吸、共命运的崇高情怀。

2012年之后,为给郭老创造一个更安宁的老年生活环境,学会已较少邀请他出席安徽省管子研究会的活动,但他依然心系管研,关心颍上。有一次,个别人利用我与郭老的关系,假借我的名义,把郭老拉到乡下参加一个活动。郭老发现我并未出席,后来就打电话问我原因。我说:"确实不知道,不然怎么会不见?"郭老说:"原来他们骗我。以后不是你邀请,我就不去了。"郭老就是这么纯真、可爱、可亲、可敬。

郭老作为学会的名誉会长至今依然保持着对管学的热爱,为学会学术把脉,支持学会的发展,关心我的个人成长。

郭老是著名的美学家、文学家、书法家和画家,安徽省管子研究会的发起人和首届会长,也是一位文化薪火功成不居的传播人。郭老每次赴颍参会除了写文章做演讲,还挥毫写字,舞墨作画,给友人留下珍贵墨宝。在赠我的书法中,有

---

① 郭因:《安徽文化与管子》,载程必定,龚武主编:《管学论丛》(第二卷)合肥:黄山书社,2013年版,第326页。

一幅书写的是清代思想家龚自珍的名句:"落红不是无情物,化作春泥更护花。"我想,这不正是郭老自己精神的写照吗？想当年,郭老年逾八旬,为管研七赴颍上,犹如"老骥伏枥,志在千里,烈士暮年,壮心不已"。正是:春蚕丝未尽,落红更护花。祝郭老福寿安康。

作者简介:龚武,安徽省管子研究会常务副会长、秘书长,安徽社科联委员,安徽省文史馆特约研究员,北京大学国家文化软实力研究中心特邀研究员、管子文化研究专业委员会秘书长。

郭因老的点滴印象

张承权

当郭因老临近九十华诞之际,我又听到他的文集即将出版的消息,在这双庆时刻,郭老的音容不禁又在我脑海浮动起来。

我与郭老接触的时间不算长,但也不算短。知道郭因老的大名,是在他的《艺廊思絮》的问世后,但一直没有谋面。最早接触郭老,大概是在1994年绿学会(安徽省绿色文化与绿色美学学会)的一次会议上。当时,合肥联大中文系以张先贵为首的一批老师对办绿学会会刊《绿潮》很热心,他们还建有一个切磋和演奏古筝的团体(是否叫什么研究会,我记不得了)。大概是因为我在出刊经费和活动场地上给了他们一点支持的缘故,张先贵老师便把我拉去参加了这次会议。我是抱着听听看的想法去的,没想到郭因老却要我在会上发言。在对绿色文化毫无概念且措手不及的情况下,我实在不知从何说起,只好把我在给学生讲《中国文化史》时所谈到的各国现代化过程所回避不了的三个问题拿来敷衍一下,这三个问题是人和自然的关系问题、公平与效率的关系问题以及传统与现代化的关系问题。没有想到郭因老倒颇给这个即兴发言面子,要在《绿潮》上刊发。这是郭因老给我留下的第一个印象:在别人不经意处,他反倒很认真。

我与郭因老的第二次接触,是他主编《学术百家》的时候。可能是1997年,我突然接到一个陌生电话,一听竟是郭因老打来的。他大概是从孙以楷先生那里听说我写过陈抟,于是便电话约稿。我告诉他,我对陈抟其实没有什么研究,手头正在看方东树的东西,也没有时间。谁知陈抟没有推掉,又多了个方东树——他似乎未加思索就说:"方东树也请您写。"到郭因老家交稿子的时候,我与他随便聊了一会,在闲聊中我谈到桐城派的先驱应包括钱澄之、戴名世等人,他立即让我把这两个人也写一写,我当时没有答应。谁知过了一段时间,他来电话说还是要我写,我勉强写了戴名世,以为可以交差了。但没有想到过了三个多月,他又来电话,还要我写钱澄之。这时,钱澄之的全集尚未出版,我手头关于钱澄之的资料也不多,只好到图书馆复印了钱澄之的作品,这几乎用去了当月工资的一半。于是,我对郭因老产生了又一个印象:有"咬劲"。

第三次与郭因老的接触是编写《中国地域文化通览·安徽卷》(以下简称《通览·安徽卷》)的时候。这次是长达三四年的接触,我跟随他集中改稿就不下十次。在这段时间内,由于有近距离的接触,郭因老又给我增添了很多新的印象。其中比较深刻的印象有:

一、高度的学术责任感

这一印象首先是从郭因老对《通览·安徽卷》一书的定性上得来的。他从一开始就强调编写《通览·安徽卷》的指导思想应该是"以史资政",认为这是由文史馆的性质、人员结构和任务所决定的,也只有这样,才能使文史馆编写的《通览·安徽卷》区别于一般的文化史。这与我一向只凭兴趣看书写作显然有很大的反差,也正因为如此,更使我强烈感受到郭因老高度的学术责任感。我感到,他绝不属于那种书斋里的学者,不会生活在纯学术的象牙塔中。

郭因老不仅提出"以史资政"的观点,而且一直坚守这一观点。我记得中央文史馆在谈到编写《通览·安徽卷》的指导思想时,虽然也强调《通览·安徽卷》的编写要立足于现实,要从政府的角度考察和理解当地文化的历史和现状,要能为政府制定政策提供重要的参考,但对《通览·安徽卷》的定性则概括为"文化地图"。既然是"文化地图",编写的重心自然就要放在展现地域文化的构成、分布和发展的状况上,这虽然与"以史资政"的定性没有什么明显冲突,但在撰写的角度上毕竟有一些区别。郭因老虽然也讲"文化地图",但我觉得他在骨子里始终没有放弃"以史资政"这个指导思想,他讲"文化地图"仍然是想把"文化地图"落脚到"以史资政"上。所以在编写《通览·安徽卷》时,他特别注重揭示前人的"和谐"理念、"民本"思想、"经世致用"主张以及勤政廉政史迹等等,使得"以史资政"就像主旋律一样回荡在《通览·安徽卷》的全书中。郭因老对"以史资政"理念的坚守,让我看到了一位老学者关注现实、关注国家、关注以学术服务社会的拳拳之心。

二、深刻的历史感

《通览·安徽卷》的稿件提供者来自全省各地,大家都想突出本地区的文化地位。最后整合时,便产生了分歧,于是出现了按水系将安徽文化分为淮河文化、皖江文化和新安江文化这种板块式的设想。这种写法,突出了"区位",冲淡了"历史",且使一些地区无法纳入这个框架。郭因老当时就表示要放弃这种按水系划分安徽地域文化的写法,而将《通览·安徽卷》上编改为按历史演进的过程来写。书稿结构上的这种改变,使《通览·安徽卷》上编更突出了安徽文化发展的历史脉络,也表现出郭因老深刻的历史感,表明他把握住了自春秋战国以来由于安徽亚文化区域发展的不平衡,从而导致的安徽地域文化重心逐渐由北向南转移的客观历史趋势。

在编写过程中,有专家曾建议将"新安理学"从上编抽取出来,作为专题放到下编。"新安理学"是安徽学术文化中的一个亮点,不是不可以作为专题来写的,但郭因老却婉拒了。这可能也是他的"历史感"在起作用。试看《通览·安徽卷》,如果将"新安理学"从上编抽掉,南宋到明代这一段安徽学术史就会让人产生"断层"的感觉。

我们知道,"历史感"不是简单地在撰写历史作品时对历史事件按历史顺序排列,它是将历史事件放在历史发展流变过程中来加以考察的一种历史理性,包括揭示和理解历史事件所遵循的历史价值观。我感到,在《通览·安徽卷》对事件、人物的选择和叙述文本中,郭因老都希望体现出他的"历史感"。郭因老是如何看待"历史感"的呢?他在《通览·安徽卷》一书组委会和编委会的讲话中,曾特地讲了他对文化史的理解,他说:"文化史应该就是人类为求愈来愈好地生存与发展并且日益完善与完美而从事的一切设想、设计与创造的不断进步的历史,也就是经济基础及与之相应的物质创造、上层建筑及与之相应的制度创造、意识形态及与之相应的精神创造不断发展的历史。"我认为这便是郭因老对"历史感"的认知。他对文化史的界定当然可以讨论,但他在主编《通览·安徽卷》时,确实在体现他的"历史感",体现他对历史事件意义的理解、他的历史价值观。

三、清晰的思路

《通览·安徽卷》初稿出来时,多达70余万字,远远超出中央文史馆提出的全书不超过50万字(除去图版占字,仅45万字)的要求。一本书稿要压缩掉三分之一以上,涉及70余个作者,又无法请本人修改,这对我们几位统稿者来说,确实是一件很头疼的事。这时,"主编负责制"给我们帮了大忙:如何删存去留,如何修润文字,便请主编拿主意。没有想到,已经80多岁高龄的郭因老对去人物、删事件、改文字都不厌其烦地一一拿出具体意见,而且保持了全书的系统性,不致伤筋动骨。一本数十万字的《通览·安徽卷》,涉及的知识点数以千计,碰到问题他能够即时一一拿出意见,何况找他的时候常常是在深更半夜,我们这些比他小十几二十岁的人都已经感到疲惫不堪,郭因老却思路清晰、要言不烦地表达他的意思。这确使我们很惊诧:真不知道他的精力是从哪里来的?

郭因老是一个"内涵"很丰富的人物,可惜我不是画家,没有丹青妙笔,也不是摄影师，没有全景式摄取影像的本事，也就只好尽我所能勾勒他片段的侧影，在他"双庆"的时候表示致贺之意。

作者简介：张承权，原为合肥学院教授。

过阳光生活 抱明月情怀

——郭因先生在徽州二三事

吴军航

自从 20 世纪初成为一门独立学科的美学传入我国之后,我国许多学者对"美"下了各式各样的定义,迄今仍无定论。但学界在美学的学科性质和研究对象上逐渐达成共识,即美学是研究人与世界审美关系的一门学科,其研究对象是外在的客观世界和人类自身的精神现象。安徽省当代美学家郭因先生在美学园地辛勤耕耘半个多世纪,他的美学研究植根于鲜活的现实生活,不纠缠于烦琐枯燥的学理争论,他主张学术研究应服务于现实人生和普通民众。近些年来,他经过长期的思考酝酿,结合中国的国情,提出了绿色美学思想,给中国当代美学注入了一股清泉活水。绿色美学的核心要义是:美化两个世界,追求三大和谐,走绿色道路,奔红色目标。"美化两个世界",即美化客观世界和人的主观世界;"追求三大和谐",即追求人与自然、人与人、人与自身的三大动态和谐,其中人与自然的和谐是基础,人与人的和谐是保证,人自身的和谐是动力;"走绿色道路,奔红色目标",即大力发展文教科技,提高全民素质,保护生态环境与自然资源,按照人的合理需求,进行有计划的合理生产与分配。物质上低消耗,精神上高享受。和谐与自由相结合,权利与义务相结合,发展高度真善美的、低熵模式的生态学社会主义,也即绿色社会主义,最终达到全人类共同幸福这一崇高目标。

一、绿色美学思想的地理环境因素

郭因先生的绿色美学思想,是其独特的生活阅历和长期学术探索的产物,有着鲜明的徽州地域文化特色,同时适应了当今时代发展的主流趋势,可以说是在徽州自然地理和人文环境土壤中萌发出的理论新苗,因而具有浓厚的生活气息和旺盛的生命力。

郭因先生的故乡在皖南绩溪县的霞水村,那是一个被青山绿水环抱的徽州山村。周围重峦叠嶂,云兴霞蔚,风光旖旎,村中有七姓六祠堂,与绝大多数徽州古村落一样,是古代中原移民文化与山越土著文化交融之地,两种文化的融合催生了明清时期盛极一时的徽州商帮。与绩溪近代文人胡适、汪静之等人相同,郭因先生自幼受徽州自然山水及人文的滋润熏陶,在家乡度过了愉快的童年。小桥流水的田园风光、"十室之村,不废诵读"的文化传统、耕读传家的家族门风,成就了其朴实敦厚、细腻敏感的性格和诗人气质。长大后,他离开家乡外出求学,并走上了革命道路。童年的生活经历,在他的心灵世界营造了一方富有诗意的绿色天地,在漫长的人生岁月中随时给他以精神慰藉。随着年龄的增长,这个绿色之梦变得越来越清晰,乃至一发不可收。在其学术生涯中,郭因先生有幸结识了美学家朱广潜、哲学家冯友兰等人,并在他们的引领下走上了美学研究的道路。

郭因先生早年家境贫寒,但好学深思,笔耕不辍,勇于探索真理。1948年夏天,他奔赴香港,开始了他的革命生涯。他在同乡孙起孟的介绍下认识了周新民、李相符,经由周、李二人介绍加入民盟。1949年2月,他秘密潜入皖南山区,参加中国共产党领导的皖南游击队,协助渡江战役以及皖南全境的解放。新中国成立后,他主要从事新闻出版和文艺工作,他写作了大量的美学杂感和文艺评论文章。工作之余,他还旁涉诗文书画创作,这些大大丰富了他的文艺修养,助益于其学术研究的广度和深度。他的《艺廊思絮》《中国绘画美学史稿》《中国古典绘画美学中的形神论》《山水美学》《我的绿色观》等,既是严谨扎实的学术论著,也是文采斐然的文艺美文。书中充满了作者评文论艺的真知灼见和灵心妙悟,但又是通过生动流畅、妙趣横生的散文化(诗化)语言来表达的,文笔优美,丝毫没有一般学术著作的晦涩和枯燥,将精深的理论素养和丰富的美学修养熔为一炉,给读者以轻松愉悦的阅读享受。

郭因先生的绿色美学思想,没有高深的理论建构,没有庞大的理论体系,简易朴实,通俗明了,但贴近当代中国普通民众的日常生活,回答了他们的日常关切,具有很强的实用性和可操作性。接地气是学术研究走出书斋、服务社会的未来方向。绿色美学思想与徽州乡土文化注重日常人伦、讲求实用是一脉相承的,这也是明清两代徽商成功经营的法宝。在古徽州有一副家喻户晓的对联,上联"读书好,营商好,效好便好",便反映了徽州人求真务实、不好高骛远的品格。明代文学家汪道昆(1525—1593)在《太函集》中多次表达了这样的观点:"夫贾为厚利,儒为名高。夫人毕事儒不效,则弛儒而张贾;既侧身飨其利矣,及为子孙计,宁弛贾而张儒。一张一弛,迭相为用。"这就是古代徽州人普遍信奉的"出儒入贾、亦商亦儒、贾而好儒"的人生哲学。徽州自明代出了个汪道昆,就奉行了"实用原则"。汪道昆父亲汪良彬的家训,便是"引正义督其子,先实用而后文词也"[①]。郭因先生绿色美学在实践方面深受徽商前贤的启发,切时切地,讲究实效。

二、寄情徽州接地气,故友相逢乐丹青

美学不仅是学术研究,同时也是人生实践活动和精神生活历程。从广义上说,人类一切有意识的物质及精神活动,都体现着一定的美学思想,即马克思所说的人类是按照美的规律来从事创造的。绿色美学号召美学家到人民中去,到

[①] 吴军航:《名人与西溪南》,合肥:合肥工业大学出版社,2014年版,第119页。

大自然中去,美化我们生活的世界。郭因先生曾说:"美学家同样不应该满足于从美学的角度去解释世界,而应该从美学的角度帮助人民去美化世界。美化客观世界,也美化主观世界。"①郭因先生能诗善画,具有多方面的艺术修养,这些特长有助于他深化自己的理论思考,同时将理论应用于实践活动中。他认为,理论只有落实于日常生活,才能永葆其生命力。

1984年夏天,郭因先生有过一次愉快的徽州故里之行。他借到屯溪参加学术会议之机,见到了阔别多年的老朋友:任教于现在的黄山学院的书法家黄澍教授,和吴立奇、吴荣奋夫妇。他们既是徽州老乡,也是革命战友。吴立奇是黄山市徽州区西溪南村人,20世纪30年代就参加皖南地区的革命活动,是一位资深的老革命,新中国成立后历任厦门大学党委代书记、中共上海市委副秘书长等职。郭因先生与吴立奇在解放战争中成为革命战友,之后因忙于各自的工作,很少谋面。这次在屯溪邂逅老友,大家都分外高兴。郭先生另几位在屯溪的朋友吴存心、郑恩普、方前、程绍懋、徐忠信,闻讯也赶来相聚,聚会地点就在黄澍教授家中。饭后有人提议要作一幅画赠予徐忠信作为留念。于是,郭、吴二先生欣然命笔,很快创作了一幅新安山水横幅。吴立奇并吟诗一首:"笔底烟云生,毕竟劫何处?新安好山川,低徊不忍去。"由黄澍教授挥毫题写,落款云:"甲子初夏与立奇、荣奋、郭因诸兄聚于时雨轩,忠信兄烹调,与饮者存心、恩普、方前、绍懋诸同志。酒后与立奇、郭因二兄合写此帧,以赠忠信兄留念。不知尚有新安画派韵味否?立奇题诗。"这幅画可谓诗书画"三绝"的合璧之作,记录了这次文坛雅集的佳话。

光阴似箭,16年后,即2000年秋天,黄澍教授在徐忠信家复见此画,睹物思人,感慨万千,遂于灯下填《采桑子》词一阕,复题于画后:

---

① 郭因:《我的绿色观》,香港:国际炎黄文化出版社,2004年版,第7页。

右画作于一九八四年。乃旧友相聚,酒后挥洒而成,忠信兄藏已十六年矣。而今立奇、存心已逝,绍懋则卧病海阳,予亦于九年前赋悼亡。郭因远在合肥,恩普、方前在屯,亦少晤叙。予年逾八十,垂垂老矣。展卷思人,不胜惆怅。爰成采桑子一阕志感:

星移斗转层楼夜,绍酒飘香,徽墨飘香,一幅溪藤情意长。

而今展卷情怀致,旧雨凄凉,旧梦凄凉,孤月残灯独断肠。

庚辰仲秋之夜灯下,黄澍并识。

今年秋天,笔者有幸见此画作,才得知郭因先生30多年前在徽州的这一段艺苑掌故,更增加了对郭先生人品和画艺的感佩之情。

三、奖掖后学指方向,鼓励勤绘故乡情

笔者对郭因先生奖掖后学的故事时有耳闻,而笔者亲身感受郭先生的古道热肠,是在1996年春天。那年,黄山市"江兆申艺术基金会"举办成立之后的首届评奖活动,特地从合肥聘请郭因、鲍家、郭公达、章飚等先生为评委。江兆申先生是徽州岩寺人,1949年去台湾,受业于溥心畬先生,是著名的书画家,曾在台北故宫博物院任职27年,先后担任书画处处长、博物院副院长,书画造诣精深,尤擅于山水画。1991年江先生退休后,经常回大陆举办画展和讲学,还在黄山市设立了"江兆申艺术基金会",扶持家乡的艺术事业和书画人才的培养。1996年春,黄山市"江兆申艺术基金会"举办第一届作品评奖活动。

评委们经过认真评审,评选出优秀书画作品若干幅,笔者的一幅画作有幸入选,颁奖仪式在屯溪经纬大酒店会议厅举行。当天下午,黄山市书画院青年画家王焘代表获奖者发表获奖感言。王焘的绘画题材以徽州的山川风物为主,其创作的"徽州古村落"系列山水画,洋溢着徽州山村特有的风韵和浓厚的山野生活气息,吸引了同为徽州人的郭先生的眼光,引起了他对自己童年生活的回忆。郭

因先生对王焘的画作画境赞赏有加，同时诚恳指出其今后的努力方向，并提出了自己中肯的意见。这次活动让王焘认识了郭因先生，也让他感受到了郭先生德艺双馨胸怀坦荡的人格魅力，尤其是郭因提携、奖掖后学的古道热肠，让王焘获益良多，至今难忘。

会面交谈中，郭因先生得知王焘要出版一本写生画集，就欣然答应为《王焘徽州写生作品集》写前言。郭因先生回到合肥不久，就寄来写好的《前言》。先生在文中肯定了王焘以心灵作画的特色，并提出他对王焘的殷切期望：

> 艺术原本是心灵的产物，一个心灵纯洁、高尚、美好丰富的艺术家，当他以这样的心灵作画，当他的作品就展示了他这样一个心灵的时候，他的作品岂能不使人注目和动情？
>
> 王焘到我房里，问我他该如何去走他前面的路。我说："你的根在徽州、在黄山、在祁门，你大可把根永远扎在这方土地，以一颗有如子女爱父母的心去爱它，画它，讴歌它。你可以天涯海角，远走高飞，但你对于这人间少有的美丽的家乡，应该如不断线的风筝与它紧密相联朝夕相处。你画它，只宜用你所认为最适合于表现它的、足以使它形神俱肖的技巧，而不必管这种技巧何家何派，更不必赶什么时髦，跟什么浪潮。徽州就是徽州，你就是你，这都无可代替。你就得永远不放弃这种无可代替的追求。"[①]

郭因先生的鼓励和指引，坚定了王焘坚守自己的本色和方向的决心，此后他笔耕更勤，每年都有新画作涌现，风格艺境也日趋成熟。

多年来，王焘一直与郭因先生保持着亦师亦友的忘年交。郭先生94岁高龄时，还书赠王焘一幅书法作品："画家王焘对客观事物有一种独特的认知，对绘

---

① 王焘：《王焘徽州写生作品集》，合肥：安徽文艺出版社，1998年版，第3—4页。

画应如何反映现实有一种新颖的看法。就因此,他创作出了一种富有个性的,异于常人的,如此这般绘画作品。人们应该完全尊重他的这种别致。我的这一个看法不知能否得到若干人的共鸣。"

四、关心徽学研究,行动平易近人

郭因先生情系故乡,还表现在他对徽学研究的关注上。2014年11月,郭因先生来屯溪开会,当他得知黄山市徽州区有一个徽文化研究会时,就想去考察。11月20日,即会议结束的第二天,郭因先生与画家张仲平等一行七人,在徽学专家张脉贤陪同下,来到位于岩寺镇的徽州区徽文化研究会调研。他在听取了徽文化研究会的工作情况汇报后,对该研究会的工作予以充分肯定,并欣然提笔题词:

> 弘扬徽州文化,为构建和谐徽州作重大贡献。——徽州区徽文化研究会多年来为弘扬徽州文化作出不懈努力,对构建和谐徽州有很大贡献,特写此以贺。

据许又雄会长说,郭因先生在即将离开岩寺时,还意犹未尽,当即又写下了"爱我徽州"四个大字,以示勉励。此后,徽州区徽文化研究会刊物《徽州》,就把郭因先生的题词"爱我徽州"印在封面上。郭因先生还在《徽州》2015年第1、2期合刊上发表《国学的基本精神与当代和谐社会的构建》一文,阐述他对徽学研究的基本看法及其绿色美学观念,表达对家乡文化事业的支持。徽州区徽文化研究会的同志们说,郭因先生作为美学家、大学者,他平易近人,和蔼可亲,从不摆架子,其学问、人品确有大家风范。

郭因先生热爱家乡、热爱生活、热爱艺术的人生态度令人钦佩,他严谨认真的治学精神值得大家学习,其生活本身就是一部充满阳光、充满绿色的美学教科书。今年春节,他撰写了一副对联:"过阳光生活,抱明月情怀。"表达了他积极乐观的生活态度和清风明月般的美学追求,是他坦荡襟怀的写照,也是他对世人的美好祈求。

作者简介:吴军航,安徽省黄山市徽州区人。黄山市屯溪六中美术教师,中教高级职称。系安徽省美术家协会会员,安徽省书法家协会会员,安徽省美学学会理事,黄山市书画院特聘画家。

地球村的村民呼唤"绿色美学"

——读郭因《绿色文化 绿色美学》感悟

郭道成

最近,我拜望郭因老人,他对我说:"我的头经常发晕,再也不能看书和写作了,只能偶尔画画或练习书法以休闲了。"此时,我对心中敬仰的老人愈看愈觉得其人格伟岸与崇高,但也愈想愈心中震颤与不安!今后很难看到他的美学创新博论了,也不好求教老人给我看稿或提意见了。同时回忆起老人在2015年12月1日亲手拎一包《郭因美学选集》(五卷本)赠我,且在第一卷扉页上写:"送给普及美学的郭道成老师。"我双手接过这沉重的一包书放在身边,再握着他那双温暖而柔软的手,一股爱与美的精神之力瞬间联通到我心身!几年来,我基本读完全书,其美的精神与力量促使我写此感悟,且与大家分享,绝不辜负老人对我的教育与期望。回顾老人谆谆教诲,自觉努力做好美学的宣传与普及工作,我的《美学下嫁》(由合肥工业大学出版社于2019年出版)就是在他指导下编著的。我现将读《绿色文化 绿色美学》的感悟写出以求教诸位热心于文化与美学的读者。

1. 他在中国传统文化"天人合一"思想上呼唤绿色美学

郭因从少年时代就喜欢欣赏书画作品,且在传统文化熏陶下养成一颗爱心,不仅爱人、爱国,更热爱和重视中国传统文化研究。如"天人合一"思想,他认为在古代"那时人类不自觉地讲求'天人合一'的原始的绿色美学"①,进一步研究认为:"只有强调'天人合一'的中国文化传统,才能使人类更好地生存和发展。"②他把"天人合一"提升到人类重要的思维与意识形态之一,并从反面论证:"我们更应该吸收巴比伦、哈巴拉、玛雅三种文明由于生态遭到破坏而致毁灭的严酷教训。"③从而提出一个新观点:"我们应该从人类中心主义者转变为生态中心主义者。我们应该认识到人类征服自然、破坏自然生态已经带来了危及人类生存的恶果,而且自然生态危机进而带来了社会领域内人际关系、群际关系的恶化,以及个人生理与心理的畸形与变态。"④

"天人合一"含义深远,意义重大,至今人们对此仍有各种不同解读。根据郭因的研究,"天人合一"诠释为:"天"就是大自然,"人"就是我们人类。天人关系就是人与自然的关系。这一理论的重要价值,被往后的科学发展验证了。

例如,1966年霍金第一次描述了"宇宙大爆炸":在最早期,宇宙是个无限小、时空密度极大的——"奇点",从这个"奇点"开始,我们的整个不断膨胀的宇宙突然爆发,随之而来是我们如今所了解的时间和物理规律。这从宏观理论上证实"天人合一"符合物理结构的自然规律。

又如,2017年三位美国科学家分享诺贝尔生理学或医学奖,他们发展且解释了植物、动物和人类如何通过调节生物节律,与地球旋转实现同步,即基因如何控制生物钟的分子机制。这就从微观的生理学规律上又一次验证"天人合一"思想符合自然发展规律。若违背这一规律就使生物钟节律失调,人的身心就得不到健康发展。如长途旅行,跨越多个时区之后,必然有时差反应,影响身体健康,甚至增加罹患某些疾病的风险。由此,我们坚信21世纪是"天人合一"

---

① 郭因:《郭因美学选集》(第一卷),合肥:黄山书社,2015年版,第424页。
② 郭因:《郭因美学选集》(第一卷),合肥:黄山书社,2015年版,第431页。
③ 郭因:《郭因美学选集》(第一卷),合肥:黄山书社,2015年版,第539页。
④ 郭因:《郭因美学选集》(第一卷),合肥:黄山书社,2015年版,第539页。

的绿色发展的世纪。

特别值得关注的是在《1844年经济学哲学手稿》中,马克思说:"在这种自然的类关系中,人对自然的关系直接就是人对人的关系,正像人对人的关系直接就是人对自然的关系,这就是他自己的自然规定。"①在我认为,这句话不妨理解为"天人合一"思想的另一种表述。由此,在马克思的美的概念中"人生产从任何一个种的尺度和内在尺度中,求数的和和谐的规律,使人的本质的对象化"(见本人博客上《马克思是最深刻的"美学家"》)。在此,"人的本质"可以理解为"自然的本质"了,而大自然本质特点呈现"绿色"形式,这样,人与自然和谐共生为绿色,即绿色发展方式和生活方式,把人与自然和谐上升到绿色美的境界,就是新时代的一项伟大的发现,连同创新、协调、开放、共享的新理念应是社会主义重要意识形态内容之一,更是绿色美学应有之义。

由于科技进步和时代发展,郭因经深思熟虑而确定,在20世纪90年代,把"大文化大美学"转化为"绿色文化绿色美学"的表述这也是与时俱进的创新性发展,重要的是更促进人的观念更新和思维的进步。例如,在公园看到告示牌上"小草有情,脚下留绿",这就意味着人对自然关系即是人对人的关系,联想到草原或麦田的绿色都与人有情感,而情感就是生命的连接。这些绿色生命的根都往深处扎,叶往上长,接受地气、阳光和空气,很快形成一片绿色,绿得连天连地,一望无边,一幅"天人合一"生态画面呈现在人们面前,且这绿色提供了人类的食品和一切生活资料,维持人类生命需要。我们要爱护与珍惜生命就要培养绿色,爱护绿色。还有,绿色光线象征着安全,绿色植物不怕风吹、雨打、雪压和严寒,它具有特别坚强、柔韧的特性而能挺住任何艰难和风险!由此,他又提出绿色的"自然的本质",在全书总序中说:"和谐为美,而美源于绿。绿是蓬勃生机,

---

① [德]马克思:《1844年经济学哲学手稿》,中共中央马克思恩格斯列宁斯大林著作编译局译,北京:人民出版社,2000年版,第80页。

绿是绵延的生命,绿是一种共存共荣的宽容,绿是一种协同共进的和平,绿是一种普天同庆的快乐。"[1]在此,这"自然的本质"即是"人的本质",绿色应成为马克思所说的"人的本质的对象化"之美的概念的重要内涵。绿色美学不仅从质(绿代表全人类利益)的方面区别于以往时代的任何一种美的概念,而且在形式方面成为拥护、支持和捍卫绿色文化全面发展的社会主义乃至共产主义的审美意识,也大大拓展了美学的价值。在我认为,这是自称地球村的村民呼唤绿色美学用意之所在。

2. 他从美学入门成为一位自觉的马克思主义者和绿色美学家

第一,他终生竭尽全力为人类的"人生艺术化"而努力。郭因青年时代在安徽省贵池中学工作时,就经常读朱光潜先生的著作,受其影响很大。认为"朱光潜所写文章和书,深入浅出,善于取譬,生动活泼,通达晓畅,说理透辟,娓娓动听,在青年知识分子中很受欢迎"[1]。从此,美学思想广泛地渗透到他学习、工作和生活的领域,且以追求"人生艺术化"的目标开始去研究美学、讲美学、写美学。他说:"我搞美学、讲美学和一般搞美学、讲美学的同志不太一样。"[2]他善于把深奥的美学理论,从象牙之塔里下嫁到民间,为平民百姓所了解与运用。他终生追求的目标是用美学指导和帮助人们美化人类的客观世界和主观世界。这条思路的新时代价值体系,应是"注重天人和谐,以求持续发展;注重人际和谐,以求共同幸福;注重每个人身心和谐,以求全面发展"[3]。他又从中华民族传统文化和美术史中发掘美学经典内容,结合当代社会实践进行解读,以充实审美文化的内容与创新,因此,中国美术家协会授予他"卓有成就的美术史论家"的荣誉称号。同时他又博览从西方翻译过来的美学著作,以国学眼光批判地汲取营养,提出"大文化与大美学"观念,这是与其他同志追求美学"不太一样"的地方。尤

---

[1] 郭因:《郭因美学选集》(第二卷),合肥:黄山书社,2015年版,第47页。
[2] 郭因:《郭因美学选集》(第一卷),合肥:黄山书社,2015年版,第12页。
[3] 郭因:《郭因美学选集》(第一卷),合肥:黄山书社,2015年版,第462页。

其是他还研读了马克思的《1844年经济学哲学手稿》《资本论》等著作。如在《资本论》第三卷中提到共产主义社会是"最无愧于人,最适合人性"的理想社会,郭因读后,感到"从马克思这里找到了济世良方"[1]。由此,根据他对现实生活的体验,他提出由于人们缺乏科学发展观,就缺乏"和谐""和睦"的思想观念,造成严重的"生态危机""人态危机"和"心态危机",为解决这些危机,关键在于有个理想的社会制度,那就是共产主义社会制度。他说:"在我看来,马克思主义的精髓在于追求人自身、人与人、人与自然的三大和谐。"[2]又说:"我的绿色观,便是我的哲学观。""我的绿色观便是我的美学观。"[3]因此,马克思主义的世界观便是他的哲学观,也即他的绿色美学观。也由此,他确认:

> 最美的社会是共产主义社会。
> 最美的思想,解放全人类,实现共产主义。
> 最美的情感,对解放全人类,实现共产主义伟大事业的热爱。
> 最美的行为,为解放全人类,实现共产主义战斗到最后一息。
> 是的,我过去这样认为,现在这样认为,今后还是这样认为。
> 因为,共产主义社会是最适合人性的社会。[4]

以上这些应是绿色美学内容之一。由此,我认为他不仅是坚定的自觉的马克思主义者,而且是与众不同的绿色美学家,又是地球村的智者,《郭因美学选集》《郭因文存》就是他智慧的结晶,将成为后来者创造"人生艺术化"的丰富资源。

---

[1] 郭因:《郭因美学选集》(第一卷),合肥:黄山书社,2015年版,第4页。
[2] 郭因:《郭因美学选集》(第一卷),合肥:黄山书社,2015年版,第451页。
[3] 郭因:《郭因美学选集》(第一卷),合肥:黄山书社,2015年版,第411页。
[4] 郭因:《郭因美学选集》(第一卷),合肥:黄山书社,2015年版,第478页。

第二,人与自然的和谐,应是解决一切危机的基础。随着国家对生态环境的重视,人们已看到有些地方重现绿水青山,这充分说明绿色美学家的先见之明和远大目光。郭因提出:"人类走向一种最好的社会模式——从绿色高科技的合理生产、合理消费、物质低消耗、精神高享受的生态学社会主义,进入更高的绿色科技的、更好地合理生产与合理消费的、物质低消耗、精神高享受的生态学共产主义。而建设程序是:从以生态农业为核心的生态农村,以生态企业为核心的生态城市的建设入手,进而建设生态国土、生态地球。"①

第三,他因亲身受到"人态危机"的摧残与磨难,所以深刻体会到人与人和谐的重要性。他就是"人态危机"的受害者之一,从1957年被错划为"右派分子"后,又经牢狱之灾,备受凌辱,但他不改初心,且在极度悲愤中体悟到"一个人要是该怎样做就怎样做,做时又能掌握好火候与分寸,永远使自己的身心平衡、心理平衡,就总能吉利,或者能逢凶化吉"②。在我认为,这就是"绿色文化、绿色美学"创造出的人自身的谐和典范。他又在《真、善、美的沉思刻痕》一文中,以结绳记事的方式在狱中刻下一些经过反复思考而富于哲理、热情、义愤和诗意的语言表达心底声音,例如:

枪杆子可以出政权、保政权,
——假使人心贴在枪托后。
枪杆子不能出政权、保政权,
——假使人心抵在刺刀前。③
狼如果有人喂肉,它终会变成狗。

---

① 郭因:《郭因美学选集》(第一卷),合肥:黄山书社,2015年版,第461页。
② 郭因:《郭因美学选集》(第一卷),合肥:黄山书社,2015年版,第15—16页。
③ 郭因:《郭因美学选集》(第一卷),合肥:黄山书社,2015年版,第99页。

鹰如果有人喂米,它终会变成鸡。①
从心跳开始的爱情,才是爱情。
从眼热开始的爱情,只是买卖。
心跳的根子是美学,
眼热的根子是算盘。②

仅此三例,他把美丑揭示得多么深刻与感人,在黑暗中也放射出智慧与美的光芒!

尽管历经千难万险,但由于有了坚定执着的崇高信仰与爱的精神力量,他坚持了活下来,最后,还在党的关怀下得到改正。尽管迟建家庭但还养育了可爱的宝宝,享受到了家的温馨,又看到伟大祖国繁荣富强起来,人人过上美好生活,他心中感到无限幸福与欣慰。这也是绿色观的胜利,事实证明了"我们的绿色文化与绿色美学会永远有生命力"③。

第四,人自身和谐即是重要的动力,更是归宿,这真正体现绿色美学以人为中心。对此,郭因说:"从一个和谐入手即可达到三大和谐的整体境界。也即抓住一种和谐作为突破口,便可带动另两种和谐。因此,只要每一个人自己愿意和努力,三大和谐的实现并不遥远。"④因此,他特别重视教育,认为只有人全面发展,才有人自身的和谐,以家庭教育为例,可以窥见一斑。他尤其关注家庭教育中的美育,即以绿色美学促进孩子身心发展。如在《郭因美学选集》第五卷《美与家庭》一文中,他认为"环境美化是家庭美化的基础"。从他给女儿的一封信中可以看到其家教缩影:首先从墙上挂的条幅,李白一句诗"万物兴歇皆自然"

---

① 郭因:《郭因美学选集》(第一卷),合肥:黄山书社,2015年版,第129页。
② 郭因:《郭因美学选集》(第一卷),合肥:黄山书社,2015年版,第132页。
③ 郭因:《郭因美学选集》(第一卷),合肥:黄山书社,2015年版,第455页。
④ 郭因:《郭因美学选集》(第一卷),合肥:黄山书社,2015年版,第464页。

入手,写以诗教陶冶孩子文化素养;其次,要求孩子做人必须有爱心,"时刻准备着"——"爱美、爱人们、爱生活"。之后,用《钢铁是怎样炼成的》文学语言教导孩子:"只为家庭活着,这是禽兽的私心;只为一个人活着,这是卑鄙;只为自己活着,这是耻辱。"[①]精心培养孩子一心为公和全心全意为人民服务的思想。由上例可以看出他是家教中实施美育的典范,在治家和培养下一代方面取得明显效果。

综上所述,"天人合一"的生态绿色美学和马克思主义把人类社会与自然界看作一个整体,既追求人的全面发展,又追求人与人、人与自然的高度和谐的共产主义思想是一脉相通的。因此,这种绿色美学就是对地球村的人类命运的整体的思考,是以"公"为最高境界的美学。因此,无论家庭、学校与社会,都应遵照绿色美学家的要求:"今后美学研究的侧重点应该更多地放在技术美学与审美教育方面。"[②]只有以公心去做人做事,才能加快生态文明体制改革,建设美丽中国。

作者简介:郭道成,原任安徽省桐城中学高级教师、桐城中学教科室主任,教学之余研究教育科学与美学。

[①] 郭因:《郭因美学选集》(第五卷),合肥:黄山书社,2015年版,第499页。
[②] 郭因:《郭因美学选集》(第一卷),合肥:黄山书社,2015年版,第9页。